逆向工程与材料快速成型技术

彭必友 杨 韬 陈 刚 等编著

U0228873

化学工业出版社

·北京·

内容简介

以 3D 打印为代表的材料快速成型技术将带来深远影响。本书全面、系统地介绍了逆向工程和材料快速成型技术中的关键技术及相关软硬件，重点讲述了逆向工程中的数据采集技术及设备、逆向设计中的三维建模技术、基于 Altair OptiStruct 结构优化设计、快速成型技术概述、快速成型技术及其成型原理、快速成型设备及材料、快速成型技术的精度控制技术、快速成型工艺中的数据处理、4D 打印技术及其发展现状等内容。

全书强调理论联系实际，配合大量案例，能快速提高解决实际问题的能力，为工作和学习奠定坚实基础。本书可供广大从事 3D 打印、材料成型与模具设计制造的设计人员、技术人员和科研人员参考，也可作为高等院校材料成型及控制工程专业、材料类和机械类相关专业师生的教学参考书或教材。

图书在版编目（CIP）数据

逆向工程与材料快速成型技术/彭必友等编著 . —
北京：化学工业出版社，2021.7（2023.2 重印）
ISBN 978-7-122-38884-1

Ⅰ.①逆… Ⅱ.①彭… Ⅲ.①工业产品-设计-高等
学校-教材②快速成型技术-高等学校-教材 Ⅳ.①TB4

中国版本图书馆 CIP 数据核字（2021）第 063325 号

责任编辑：朱 彤　　　　　　　　　文字编辑：陈 喆
责任校对：王鹏飞　　　　　　　　　装帧设计：刘丽华

出版发行：化学工业出版社（北京市东城区青年湖南街 13 号　邮政编码 100011）
印　　装：北京印刷集团有限责任公司
787mm×1092mm　1/16　印张 13¾　字数 373 千字　2023 年 2 月北京第 1 版第 4 次印刷

购书咨询：010-64518888　　　　　　售后服务：010-64518899
网　　址：http://www.cip.com.cn
凡购买本书，如有缺损质量问题，本社销售中心负责调换。

定　　价：75.00 元

前言

近年来，随着科技的发展，制造业正逐步走向数字化、信息化和智能化，智能制造是世界先进制造业发展的重要方向，也是"中国制造 2025"中重要的组成部分。由设计到制造的正向工程逐渐难以满足工业产品的设计需求，因此由产品实物到数字化模型的逆向工程应运而生。逆向工程是新产品开发和消化、吸收先进技术的重要手段，可对产品进行分析与再设计的创新处理，从而使产品表现出更加优良的性能。以 3D 打印为代表的材料快速成型技术是一种全新概念的制造技术，被认为是现代制造技术的革命性发明，对促进企业产品创新、缩短新产品开发周期、提高产品竞争力有积极的推动作用，是实现逆向工程的重要手段之一。

本书全面、系统地介绍了逆向工程和快速成型技术中的关键技术及相关软硬件。全书共分为逆向工程、结构优化和快速成型三大部分，其主要内容包括：逆向工程中的数据采集技术及设备；逆向设计中的三维建模技术；基于 Altair OptiStruct 结构优化设计；快速成型技术概述；快速成型技术及其成型原理；快速成型设备及材料；快速成型技术的精度控制技术；快速成型工艺中的数据处理；4D 打印技术及其发展现状等内容。

本书注重将专业理论技术与实践紧密结合，强调基础性和实践性，以解决相关系统应用的具体问题，有利于培养读者的动手能力以及创新实践能力。本书既可作为机械类、材料类、工业设计类等专业教学参考用书或教材，也可供有关工程技术人员参考。

本书由彭必友、杨韬、陈刚等共同编著完成。本书在编写过程中，得到了四川省科技厅重点研发项目（编号 2018GZ0037）、四川省科技创新苗子工程项目（编号 2019075）及西华大学人才引进项目（编号 Z202075）的支持和帮助。此外，课题组杨鑫、弋戈、白雨松、邱俊哲等同人都参与了本书有关内容的素材收集、内容整理和校对工作；李祥、黄海峰、李西敏、黄立新等也为本书的编写做了大量工作，在此深表感谢。

此外，还要感谢 Altair 公司、安世亚太科技股份有限公司、上海数造三维科技有限公司、江苏长沐智能有限公司等为本书提供了相应的素材。

由于水平和时间有限，难免有疏漏之处，我们诚恳希望使用本书的读者批评和指正。

编著者
2021 年 5 月

目录

第6章　快速成型技术及其成型原理 / 096

第10章 4D 打印技术及其发展现状 / 203

第 1 章

概 述

从人类发展过程和现代经济技术发展可以看出，产品技术的正向开发虽然是主流，但逆向思维也普遍存在。在设计制造领域，任何产品的问世，包括创新改进和仿制，都蕴含着对已有科学技术的应用和借鉴。据有关资料表明，各国 70% 以上的技术都来自国外，要掌握这些技术，正常的途径都是通过逆向工程。由此可以看出，逆向思维在工程中的应用源远流长；受到科技水平特别是人类思维水平的局限，自底向上的发展较为普遍。

消化、吸收国外先进产品技术，并进行改进是重要的产品设计手段。逆向工程技术为产品的改进设计提供了方便、快捷的工具，它借助于先进的技术开发手段，在已有产品的基础上设计新产品，缩短开发周期，可以使企业适应小批量、多品种的生产要求，从而使企业在激烈的市场竞争中处于有利的地位。逆向工程技术的应用对缩短我国企业与发达国家的差距具有特别重要的意义。

1.1 什么是逆向工程

逆向工程（reverse engineering，RE）也称为反求工程、反向工程等，是近年来发展起来的消化、吸收和改进先进技术的一系列分析方法及应用技术的组合，其主要目的是改善技术水平，提高生产率，增强经济竞争力。

逆向工程是相对于传统正向工程而言的，它起源于精密测量和质量检验，是设计下游向设计上游反馈信息的回路。传统的产品开发过程遵从正向设计的思想进行，即从市场需求中抽象出产品的概念描述，据此建立产品的 CAD（计算机辅助设计）模型，然后对其进行数控编程和数控加工，最后得到产品的实物原型。概括地说，正向设计工程是由概念到 CAD 模型再到实物模型的开发过程，而逆向工程则是由实物模型到 CAD 模型的过程。在很多场合，产品开发是从已有的实物模型着手，如产品的泥塑和木模样件，或者是缺少 CAD 模型的产品零件。逆向工程是对实物模型进行三维（3D）数字化测量和构造实物的 CAD 模型，并利用各种成熟 CAD/CAE（计算机辅助工程）/CAM（计算机辅助制造）的技术进行再创新的过程。正向工程与逆向工程流程如图 1-1 所示。

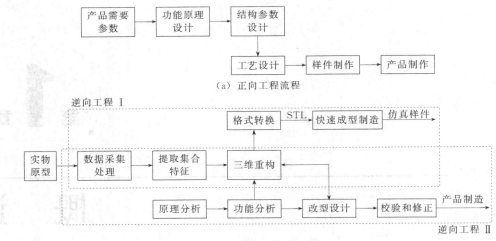

（a）正向工程流程

（b）逆向工程流程

图 1-1　正向工程与逆向工程流程图

　　逆向工程的大致过程：首先由数据采集设备获得样件表面（有时需要内腔）的数据；其次运用专门的数据处理软件或带有数据处理能力的三维 CAD 软件进行前处理；再次进行曲面和三维实体重构，在计算机上复现实物样件的几何形状，并在此基础上进行修改或创新设计；最后对再设计的对象进行实物制造。其中，从数据采集到 CAD 模型的建立是逆向设计中的关键技术，如图 1-2 所示。

实物模型　　　　　　　　　三维点云　　　　　　曲面重构的CAD模型

图 1-2　某模具的逆向设计流程

1.2　逆向工程的应用

　　随着新的逆向工程原理和技术的不断发展，逆向工程已经成为联系新产品开发过程中各种先进技术的纽带，在新产品开发过程中居于核心地位，被广泛地应用于摩托车、汽车、飞机、家用电器、模具等产品的改型与创新设计，成为消化、吸收先进技术，实现新产品快速开发的重要技术手段。逆向工程技术的应用对缩短发展中国家的企业与发达国家的企业差距具有特别重要的意义。

　　据不完全统计，发展中国家 65％以上的技术源于国外，而且应用逆向工程消化、吸收先进技术经验，并使产品研制周期缩短 40％以上，极大提高了生产率和竞争力。因此，研究逆向工程技术，对科学技术水平的提高和经济发展具有重大意义。具体来说，逆向工程技术的应用主要集中在以下几个方面。

　　① 在飞机、汽车、家用电器、玩具等产品开发中，产品的性能、动作、外观设计显得特别重要。由于设计过程能通过模型信息与数字数据的转换达到快速准确的效果，在对产品外形的美学有特别要求的领域，为方便评价其美学效果，设计师广泛利用油泥、木头等材料进行快速且大量的模型制作，将所要表达的意图以实体的方式呈现出来。因此，产品几何外形通常不是应用 CAD 软件直接设计，而是首先制作木质或油泥全尺寸模型或比例模型，再利用逆向工程技术重建产品数字化模型。汽车油泥模型如图 1-3 所示。飞机三维扫描数据如图 1-4 所示。因此，逆向工程技术在此类产品的快速开发中显得尤为重要。

图 1-3　汽车油泥模型　　　　　　　　　　　图 1-4　飞机三维扫描数据

　　② 由于工艺、美观、使用效果等方面的原因，人们经常要对已有的构件做局部修改。在原始设计没有三维 CAD 模型的情况下，将实物零件通过数据测量与处理，产生与实际相符的 CAD 模型，进行修改以后再进行加工；或者直接在产品实物上添加油泥等进行修改后再生成 CAD 模型，能显著提高生产效率。因此，逆向工程在改型设计方面可以发挥正向设计不可代替的作用。

　　③ 当设计需要通过实验测试才能定型的工件模型时，通常采用逆向工程的方法，如航天航空、汽车等领域，为了满足产品对空气动力学等的要求，首先要求在模型上经过各种性能测试建立符合要求的产品模型。此类模型必须借助逆向工程，转换为产品的三维 CAD 模型及其模具。

　　④ 在缺乏二维设计图样或者原始设计参数的情况下，需要在对零件原型进行测量的基础上，将实物零件转化为计算机表达的 CAD 模型，并以此为依据生成数控加工的 NC 代码或快速成型加工所需的数据，复制一个相同的零件；或充分利用现有的 CAD/CAE/CAM 等先进技术，进行产品的创新设计。

　　⑤ 一些零件可能需要经过多次修改，如在模具制造中，经常需要通过反复试冲和修改模具型面，方可得到最终符合要求的模具，而这些几何外形的改变却未曾反映在原始的 CAD 模型上。借助于逆向工程的功能和在设计、制造中所扮演的角色，设计者现在可以建立或修改在制造过程中变更过的设计模型。逆向工程成为制造—检验—修正—建模—制造过程中重要的快速建模手段。

　　⑥ 某些大型设备，如航空发动机、汽轮机组等（图 1-5），经常因为某一零件的缺损而停止运行，通过逆向工程手段，可以快速生产这些零部件的替代零件，从而提高设备的利用率和使用寿命。

　　⑦ 应用逆向工程技术，还可以对工艺品、文物等进行复制，可以方便地生成基于实物模型的计算机动画、虚拟场景等。图 1-6 所示为部分 VR 应用场景，空间中的物体可通过逆向工

程进行数字化设计。

图 1-5 汽轮机组举例

图 1-6 VR 场景应用举例

⑧ 在生物医学工程领域（图 1-7），骨骼、关节等的复制和假肢制造，特种服装、头盔的制造等，需要首先建立人体的几何模型。采用逆向工程技术，可以摆脱原来的以手工或者按标准确定为主的制造方法。通过定制人工关节和人工骨骼，保证重构的人工骨骼在植入人体后无不良影响。在牙齿矫正中，根据个人制作牙模，然后转化为 CAD 模型，经过有限元计算矫正方案，大幅度提高矫正成功率和效率。通过建立数字化人体几何模型，可以根据个人情况定制特种服装，如宇航服、头盔等。

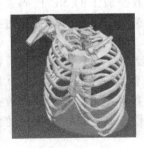

图 1-7 生物医学应用举例

⑨ 产品制造完成以后，采用逆向工程方法测量出该产品的点云数据，与已有标准 CAD 数据进行比较，分析误差，也称为计算机辅助检测。特别是在模具和快速成型等领域，工业界已用逆向工程来定期地抽样检验产品，分析产生误差的规律，成为质量控制和分析产品缺陷的有

力工具（图 1-8）。

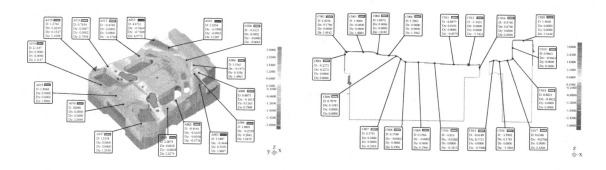

图 1-8　逆向工程在三维检测中的应用举例

从逆向工程的应用领域分析可以看出，逆向工程在复杂外形产品的建模和新产品开发中有着不可替代的重要作用。据资料报道和实例验证，应用逆向工程技术后，产品的设计周期可以从几个月缩短为几周；逆向工程也是支持敏捷制造、计算机集成制造、并行工程等的有力工具，是企业缩短产品开发周期、降低设计生产成本、提高产品质量、增强产品竞争力的关键技术之一。因此，这一技术已成为产品创新设计的强有力的支撑技术。充分利用逆向工程技术，并将其和其他先进设计和制造技术相结合，能够提高产品设计水平和效率，加快产品创新步伐，提高企业的市场竞争能力，为企业带来显著的经济效益。

1.3　快速成型技术

在传统的逆向工程中，设计样品时要经过数据采集、曲面重构、三维数字化结构设计，之后再进行样品加工等大致流程。而在样品加工这一步骤中，传统的制造方法已分为两大类：一类是以成型过程中材料减少为特征，通过各种方法将零件毛坯上多余材料去除掉，通常采用切削加工、磨削加工、各种电化学加工方法等；另一类是以成型过程中材料增加为特征，通过材料的叠加来实现零件的制造，例如液态光敏树脂选择性固化、粉末材料选择性激光烧结等方法。这类制造技术也可称为快速成型技术。

快速成型（rapid prototyping，RP）技术又称快速原型技术，是在现代 CAD/CAM 技术、激光技术、计算机数控技术、精密伺服驱动技术以及新材料技术基础上集成发展起来的。不同种类的快速成型系统因所用成型材料不同，成型原理和系统特点也各有不同。但是，其基本原理都是一样的，那就是"分层制造，逐层叠加"，类似于数学上的积分过程。任何三维零件都可以看成是许多等厚度的二维平面轮廓沿某一坐标方向叠加而成的。因此，依据计算机上构成的产品三维设计模型，可先将 CAD 系统内的三维模型切分成一系列平面几何信息，即对其进行分层切片，得到各层截面的轮廓。按照这些轮廓，激光束选择性地切割一层层的纸（或固化一层层的液态树脂，烧结一层层的粉末材料），或喷射源选择性地喷射一层层的黏结剂或热熔材料等，形成各截面轮廓并逐步叠加成三维产品。

形象地讲，快速成型系统就像是一台"立体打印机"，因此 3D 打印技术是一系列快速原型成型技术的统称，其基本原理都是叠层制造。根据对 RP 技术的定义，快速原型技术具有以下特点。

① 由 CAD 模型直接驱动。快速原型技术实现了设计与制造一体化，在快速原型工艺中，计算机的 CAD 模型数据通过接口软件转化为可以直接驱动快速原型设备的数控指令，快速原型设备根据数控指令完成原型或零件的加工。由于快速原型以分层制造为基础，可以较方便地进行路径规划，将 CAD 和 CAM 结合在一起；成型过程中信息过程和材料过程的一体化，尤其适合成型材料为非均质并具有功能梯度或有孔隙要求的原型。

② 能够制造任意复杂形状的三维实体。快速原型技术由于采用分层制造工艺，将复杂的三维实体离散成一系列层片加工和加工层片间的叠加，从而大幅度简化了加工过程。它可以加工复杂的中空结构且不存在三维加工刀具干涉的问题。因此，从理论上讲，可以制造具有任意复杂形状的原型和零件。

③ 具有高柔性。快速原型技术在成型过程中不需要模具、刀具和特殊工装，成型过程具有极高的柔性，这是快速原型技术非常重要的一个技术特征。对于不同的零件，只需要建立 CAD 模型，调整和设置工艺参数，即可快速成型出具有一定精度和强度并满足一定功能的原型和零件。

④ 材料适用性好。快速原型技术具有极为广泛的材料可选性，其选材从高分子材料到金属材料，从有机材料到无机材料，这为快速原型技术的广泛应用提供了重要前提。采用快速原型技术可完成材料梯度结构，将材料制备与材料成型紧密地结合起来。

⑤ 成型速度快。快速原型技术是并行工程中进行复杂原型和零件制作的有效手段。从产品 CAD 设计到原型件的加工完成只需几小时至几十小时，比传统的成型方法速度要快得多。快速原型的"快"并不是由于成型过程中机器运行速度快，而是因为快速成型设备由零件 CAD 模型直接驱动和高度柔性，减少了从设计到制造的中间环节，提高了全过程的快速响应性。

⑥ 有良好的经济效益。快速成型技术使得产品的制造成本与产品的复杂程度、生产批量基本无关，如图 1-9 所示。快速成型技术可降低小批量产品的生产周期和成本，这有利于制造厂家把握商机，考虑新颖、复杂甚至以往认为没有效益的制造要求。

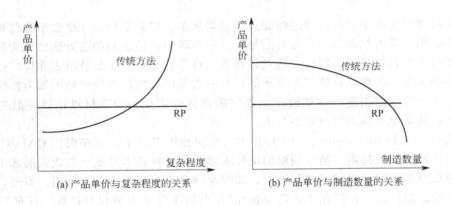

图 1-9　快速成型与传统制造方法的产品单价比较

⑦ 快速成型技术尤其适合新产品的开发与管理，适合小批量、复杂、不规则形状产品的直接生产，不受产品形状复杂程度的限制。该技术改善了设计过程中的人机交流，使产品设计和模具生产并行，从而缩短了产品设计、开发周期，加快了产品更新换代的速度，在很大程度上降低了新产品的开发成本，同时也降低了企业研制新产品的风险。

⑧ 技术高集成化。快速成型技术是集计算机、CAD/CAM、数控、激光、材料和机械等于一体的先进制造技术。整个生产过程实现数字化与自动化，并与三维模型直接关联，所见即

所得，零件可随时制造与修改，实现设计制造一体化。

　　快速成型技术并非"无所不能"，还有许多技术困难没有得到完美解决。在产品精度、强度、硬度、实用性等方面还有很大的提升空间。在现实技术条件下，快速成型技术仍存在一些缺陷或劣势。

　　① 制造精度问题。快速成型技术的成型原理是"逐层制造，堆叠成型"，这使得其产品中普遍存在台阶效应。尽管不同方式的快速成型技术（如粉末激光烧结技术）已尽力降低台阶效应对产品表面质量的影响，但效果并不尽如人意。分层厚度虽然已被分解得非常薄，但仍会形成"台阶"。尤其对于表面是圆弧形的产品来说，精度的偏差是不可避免的。此外，很多打印方式需要进行二次强化处理，如二次固化、打磨等。在处理过程中，对产品施加的压力或温度都会造成产品的形变，进一步造成产品精度降低。

　　② 产品性能问题。逐层堆叠成型方式使得层与层之间的衔接无法与传统制造工艺整体成型产品的性能相匹敌，在一定的外力作用下，打印的产品很容易解体，尤其是在层与层之间的衔接处。由于成型材料的限制，其制造的产品在诸如硬度、强度、柔韧性和机械加工性等性能和实用性方面，与传统制造加工的产品还有一定的差距。而在工业领域的快速成型，由于在精度、表面质量和工艺细节上有很大提升，在航空航天、医疗、军事等领域有较多的功能性应用。

　　③ 材料问题。目前可供快速成型使用的材料，虽然种类在不断扩大，但相对于应用需求来讲还是太少。此外，由于快速成型加工方式的特殊性，很多材料在使用前需要经过处理制成专用材料（如金属粉末、塑料线材），这使得打印成型的产品在质量上与传统加工产品有一定的差距，影响功能性应用。另外，一些快速成型方式制成的产品表面质量较差，需要经过二次加工处理才能应用。

　　④ 成本问题。目前高精度的 3D 打印快速成型机价格高昂，成型材料和支撑材料等耗材的价格也不菲，这使得在不考虑时间成本时，快速成型对传统加工的优势荡然无存。另外，如果打印成品的表面质量不高，后处理成为必要环节，人力和时间成本也随之上升。

1.4　快速成型技术的发展趋势

　　单件小批量、个性化及网络社区化的生产模式，决定了快速成型技术与传统制造技术是一种相辅相成的关系。快速成型设备在软件功能、后处理、设计软件与生产控制软件的无缝对接等方面还有许多问题需要优化。从 RP 技术的研究和应用现状来看，快速成型技术的进一步研究和开发工作主要有以下几个方面。

　　① 开发性能好的快速成型材料，如成本低、易成型、变形小、强度高、耐久及无污染的成型材料。

　　② 提高 RP 系统的加工速度和开拓并行制造的工艺方法。

　　③ 改善快速成型系统的可靠性，提高其生产率和制作大件能力，优化设备结构，尤其是提高成型件的精度、表面质量、力学和物理性能，为进一步进行模具加工和功能实验提供基础。

　　④ 开发快速成型的高性能 RPM 软件。提高数据处理速度和精度，研究开发利用 CAD 原始数据直接切片的方法，减少由 STL 格式转换和切片处理过程所产生的精度损失。

　　⑤ 开发新的成型能源。

⑥ 快速成型方法和工艺的改进和创新。直接金属成型技术将会成为今后研究与应用的又一个热点。

⑦ 进行快速成型技术与 CAD、CAE、RT（快速模具）、CAPP（计算机辅助工艺过程设计）、CAM 以及高精度自动测量、逆向工程的集成研究。

⑧ 加大网络化服务的研究力度，实现远程控制。

思考题

1. 什么是逆向工程？
2. 逆向工程较正向工程有何主要区别？
3. 逆向工程的应用领域有哪些？
4. 简要概括快速成型技术的基本原理。
5. 简要概括快速成型技术的优点和缺点。
6. 简要概括快速成型技术的发展趋势。

第**2**章

逆向工程中的数据采集技术及设备

2.1 逆向工程采集技术简介

数据获得是逆向工程系统的首要环节，能够准确、快速、完备地获取实物模型的三维几何数据是重要的步骤之一。根据测量方式的不同，数据采集系统可以分为接触式测量系统与非接触式测量系统两大类。接触式测量系统的典型代表是三坐标测量机，非接触式测量根据测量原理可分为光学测量、超声波测量、电磁测量等方式。常见的逆向工程数据采集基本方法如图2-1所示。

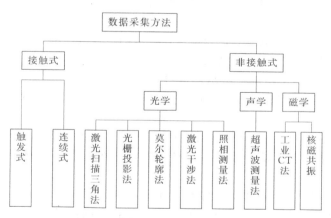

图 2-1 逆向工程数据采集基本方法

（1）接触式数据采集方法

接触式数据采集方法主要有两种，即基于力触发原理的触发式数据采集方法和基于模拟量开关探头的连续式数据采集方法。

① 触发式数据采集方法。触发式数据采集采用触发式探头（或测头）。当测头的探针与样件的表面接触时，由于探针尖变形触发采样开关，数据采集系统即可记下探针尖（测量球中心点的当时坐标），探针沿样件表面轮廓逐点移动，就能采集到完整的样件三维数据。

② 连续式数据采集方法。连续式数据采集的探头采用模拟量开关，模拟式探头与样件的表面接触时会产生侧向位移，经可变线圈感应，会产生相应的电压变化，此模拟电压变化信号转换成数字信号送入处理器，探针沿样件表面轮廓移动，就能采集到完整的样件表面轮廓数据。由于这种方法的数据采集过程是连续的，测量速度比触发式探头快许多倍，采样精度也较高。但使用模拟式探头时必须保持实时与样件接触，测量过程中不能中途离开样件表面。这种测量适用于曲率变化平滑的样件表面。由于与样件的接触力较小，可以用小直径的探针去扫描具有细微部分或由较软材料制作的模型。

（2）非接触式数据采集方法

非接触式数据采集方法主要是利用光学、声学、磁学等学科的基本原理，将一定的模拟量转化为被测模型表面的坐标点。该方法包括激光扫描三角法、光栅投影法、照相测量法、超声波测量法和工业 CT 法等。其中，激光扫描三角法是逆向工程中复杂曲面数据采集应用更广泛的方法。

① 激光扫描三角法。其原理是将激光束照射到被测物体上，用 CCD 得到漫反射光成像点。根据光源点、被测物体表面反射点和 CCD 上的成像点之间的三角关系，从而计算出被测物体表面某点的三维坐标。

激光扫描三角法的优点是速度快并且不与被测工件表面接触，因此适合测量尺寸较大、外部曲面复杂的零件。随着先进技术的不断发展，激光扫描三角法将成为应用最为广泛的方法之一。

② 光栅投影法。其原理是利用投影仪将光栅影线投影到被测物体的表面，光栅影线受到被测样件表面高度变化的影响而发生变形。通过解调变形的光栅影线可以计算出被测样件表面高度值，再通过解码即可确定被测件的三维坐标。

光栅投影法的优点是测量精度高、范围大、速度快、成本低、操作方便；缺点是只能测量表面曲率变化不大的物体，对于表面形状有突变的物体，光栅影线在陡峭处经常会发生相位突变，从而影响测量精度。

③ 照相测量法。其原理是用一个或多个照相机，从不同方向拍摄三幅以上被测物体的照片，利用交会原理和模式识别，计算出各个特征点，进而综合计算出物体表面三维曲面轮廓。

照相测量法的优点是测量范围大，速度快，可以测量复杂曲面，不受环境的影响；其缺点是在对物体轮廓边界进行测量时，精度较低。

④ 超声波测量法。其原理是利用超声波脉冲在与被测物体的两种介质交界表面处发生回波反射，通过检测零点脉冲与回波之间的时间间隔，即可计算出被测物体各面到零点的距离。

超声波测量法设备简单，成本低，但是测量速度慢，测量精度较低且容易受物体材料及表面特性的影响。由于超声波在高频下的方向性很好，它在三维扫描测量中的应用研究已成为热点。

⑤ 工业 CT 法。其原理是以被测物体对 X 射线的衰减系数为基础，通过用 X 射线逐层扫描被测物体，然后用数学方法经过计算机处理而重建各个断层的图像，最后得到完整的三维图像。

工业 CT 法的优点是能同时测量物体的内外表面，并且不需要其他处理措施，即可获得精度高、数据密集的 STL 模型。但它测量速度慢，重建三维图像的计算量比较大。

接触式测量与非接触式测量广泛应用在工件质量检测、工装检测和逆向工程中。这两种测量方式在逆向工程中也最为常用，且各有特色。其中，以激光扫描仪非接触式数据采集和三坐标测量机接触式数据采集技术应用最广。表 2-1 总结了激光扫描仪非接触式测量和三坐标测量机接触式测量的技术特点。

技术特点	激光扫描仪	三坐标测量机
方式	非接触式	接触式
精度	$10 \sim 100 \mu m$	$1 \mu m$
传感器	光电接收器件	开关器件
速度	$1000 \sim 12000$ 点/s	人工控制（较慢）
前置作业	无基准点，需喷显像剂	设定坐标系统，校正基准面
工件材质	无限定	硬质材质
测量死角	光学阴影处及光学焦距变化处	工件内部不易测量
误差	随曲面变化大	部分失真
优势	● 测量速度快，曲面数据获得容易 ● 不必做探头半径补偿 ● 可测量柔软、易碎、不可接触、薄、变形细小的工件 ● 无接触力，不会伤害精密表面	● 精度较高 ● 可直接测量工件的特定几何特征
缺点	● 测量精度较差，无法判别特定几何特征 ● 激光无法照射到的地方无法测量 ● 工件表面与探头表面不垂直，则测量误差变大 ● 工件表面的明暗程度会影响测量的精度	● 须逐点测量，速度慢 ● 测量前须做半径补偿 ● 接触力大小会影响测量值 ● 接触力会造成工件及探头表面磨耗，影响光滑度 ● 倾斜面测量时，不易补偿半径，精度难保证

2.2　三坐标测量机

2.2.1　简介

三坐标测量机（coordinate measuring machining，CMM）是 20 世纪 60 年代发展起来的一种新型高效的精密测量仪器。它的出现，一方面是由于自动机床、数控机床高效率加工及越来越多的复杂形状零件加工需要有快速可靠的测量设备与之配套；另一方面是由于电子技术、计算机技术、数字控制技术以及精密加工技术的发展，为 CMM 的产生提供了技术基础。1960年，英国 FERRANTI 公司研制成功世界上第一台 CMM，到 20 世纪 60 年代末，已有近 10 个国家的 30 多家公司在生产 CMM，不过这一时期的 CMM 尚处于初级阶段。进入 20 世纪 80 年代后，以 ZEISS、LEITZ、DEA、LK、三丰、SIP、FERRANTI、MOORE 等为代表的众多公司不断推出新产品，使得 CMM 的发展速度加快，出现了各种 CMM。根据分类方法的不同，CMM 主要有以下四种不同的分类方法。

（1）按 CMM 的技术水平分类

① 数字显示及打印型。这类 CMM 主要用于几何尺寸测量，可显示并打印出测得点的坐标数据，但要获得所需的几何尺寸形位误差，还需进行人工运算，其技术水平较低，目前已基本被淘汰。

② 计算机数据处理型。这类 CMM 技术水平略高，目前应用较多。其测量仍为手动或机动，用计算机处理测量数据，可完成诸如工件安装倾斜的自动校正计算、坐标变换、孔心距计算、偏差值计算等数据处理工作。

③ 计算机数字控制型。这类 CMM 技术水平较高，可像数控机床一样，按照编制好的程序自动测量。

（2）按 CMM 的测量范围分类

① 小型坐标测量机。这类 CMM 在其最长一个坐标轴方向（一般为 X 轴方向）上的测量范围小于 500mm，主要用于小型精密模具、工具和刀具等的测量。

② 中型坐标测量机。这类 CMM 在其最长一个坐标轴方向上的测量范围为 $500 \sim 2000mm$，是应用最多的机型，主要用于箱体、模具类零件的测量。

③ 大型坐标测量机。这类 CMM 在其最长一个坐标轴方向上的测量范围为大于 2000mm，主要用于汽车与发动机外壳、航空发动机叶片等大型零件的测量。

（3）按 CMM 的精度分类

① 精密型 CMM。其单轴最大测量不确定度小于 $1 \times 10^{-6}L$（L 为最大量程，单位为 mm），空间最大测量不确定度小于 $(2 \sim 3) \times 10^{-6}L$，一般放在具有恒温条件的计量室内，用于精密测量。

② 中、低精度 CMM。低精度 CMM 的单轴最大测量不确定度在 $1 \times 10^{-4}L$ 左右，空间最大测量不确定度为 $(2 \sim 3) \times 10^{-4}L$，中等精度 CMM 的单轴最大测量不确定度约为 $1 \times 10^{-5}L$，空间最大测量不确定度为 $(2 \sim 3) \times 10^{-5}L$，$L$ 为最大量程。这类 CMM 一般放在生产车间内，用于生产过程检测。

（4）按 CMM 的结构形式分类

CMM 的结构类型主要有以下几种：桥式、龙门式、悬臂式等，如图 2-2 所示。悬臂式测量机的优点是开敞性较好，装卸工件方便，而且可以放置底面积大于工作台面的零件；不足之处是刚性稍差，精度低。桥式测量机承载力较大，开敞性较好，精度较高，是目前中小型坐标测量机的主要结构形式。龙门式测量机一般为大中型坐标测量机，要求有好的地基，结构稳定，刚性好。

(a) 桥式　　　　　　　　　(b) 龙门式

(c) 悬臂式

图 2-2　CMM 的主要结构类型

2.2.2 原理及结构组成

此处以触发式测头为例对三坐标的工作原理进行说明。CMM 的基本原理是将被测零件放入它的测量空间，精密地测出被测零件在 X、Y、Z 三个坐标的数值，根据这些点的数值进行计算机数据处理，拟合形成测量元素，如圆球、圆柱、圆锥、曲面等，经过数学计算算出形状、位置公差以及其他几何量数据。

如图 2-3 所示，要测工件上一圆柱孔的直径，可以在垂直于孔轴线的截面 I 内，触测内孔壁上的三个点（点 1、2、3）。根据这三个点的坐标值，可计算出孔的直径以及圆心坐标 O_I；如果在该截面内触测更多的点（点 1、2、⋯、n，n 为测量点数），则可根据最小二乘法或最小条件法计算出该截面圆的圆度误差；如果对多个垂直于孔轴线的截面圆（I、II、⋯、M，M 为测量的截面圆数）进行测量，则可根据测量点的坐标值计算出孔的圆柱度误差以及各截面圆的圆心坐标，再根据各圆心坐标值又可以计算出孔轴线的位置；如果再在孔端面上触测三点，则可计算出孔轴线对端面的位置度误差。由此可见，CMM 的这一工作原理使其具有很大的柔性与通用性。从理论上说，它可以测量工件上的任何几何元素的任何几何参数。

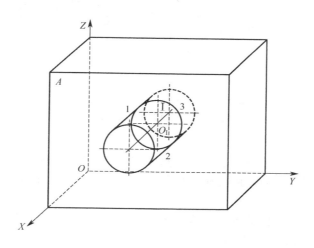

图 2-3　坐标测量原理

CMM 通常指一类测量设备，它在三个相互垂直的方向上设有导向机构、测长元件、数显装置，有一个能够放置工件的工作台，测头可以用手动或机动方式轻快地移动到被测点上，由读数设备和数显装置把被测点的坐标值显示出来。有了 CMM 的这些基本结构，测量容积里任意一点的坐标值都可以通过读数设备和数显装置显示出来。

CMM 的采点发信装置是测头，沿着 X、Y、Z 三个轴的方向装有光栅尺和读数头，其测量过程就是当测头接触工件并发出采点信号时，由控制系统去采集当前机床三轴坐标相对于机床原点的坐标值，再由计算机系统对数据进行处理。

在测头内部有一个闭合的电源回路。该回路与一个特殊的触发机构相连接，只要触发机构产生触发动作，就会引起电路状态变化并发出声光信号，指示测头的工作状态；触发机构产生触发动作的唯一条件是测头的探针产生微小的摆动或向测头内部移动，当测头连接在机床主轴上并随主轴移动时，只要探针上的触点在任意方向与工件（任何固体材料）表面接触，使得探针发生微小的摆动或移动，都会立即导致测头产生声光信号，指明其工作状态。

在测量过程中，当探针的触点与工件接触时，测头发出指示信号，该信号由测头上的灯光和蜂鸣器的鸣叫组成，这种信号主要是向操作者指明触点与工件已经接触。对于具有信号输出功能的测头，当触点与工件接触时，测头除了发出上述指示信号外，还通过电缆向外输出一个经过光电隔离的电压变化状态信号。

三坐标测量机由硬件系统和软件系统组成，其中硬件系统可分为主机、测头、电气系统三大部分，如图 2-4 所示。

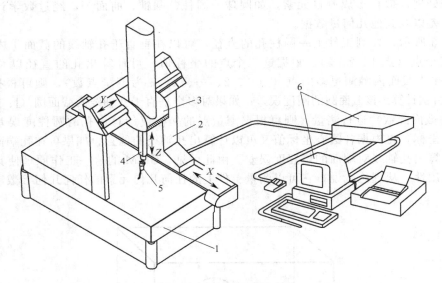

图 2-4　三坐标测量机的结构组成

1—工作台；2—移动桥架；3—中央滑架；4—Z 轴；5—测头；6—电气系统

（1）主机

主机结构主要有框架结构、标尺系统、导轨、驱动装置、平衡部件和转台与附件。

① 框架结构。指测量机的主体机械结构架子，它是工作台、轿框、立柱、壳体等机械结构的集合体。

② 标尺系统。它是测量机的重要组成部分，包括线纹尺、光栅尺、磁尺、精密丝杆、感应同步器和光波波长及数显电气装置等。

③ 导轨。实现二维运动，多采用滚动轴承导轨、滑动导轨和气浮导轨，其中以气浮导轨最为常用。

④ 驱动装置。实现机动和程序控制伺服运动功能，由伺服电机、齿轮齿条、齿形带、滚动轮、光轴滚动轮、钢丝、丝杆、丝母等组成。

⑤ 平衡部件。主要用于 Z 轴框架中，用于平衡 Z 轴的质量，使其上下运动时无偏重干扰，Z 向测力稳定。

⑥ 转台与附件。使 CMM 增加一个转动运动的自由度，包括分度台、万能转台、单轴回转台和数控转台等。

（2）测头

测头是 CMM 进行测量时发送信号的装置，它是测量机的关键部件。为了便于检测物体，测头底部可以自由旋转。测头精度高低很大程度上决定了 CMM 的测量重复性和精确性。测头按照其工作原理可分为机械式、光学式和电气式。按照其测量方法可分为接触式和非接触式。接触式测头（硬测头）需要与待测表面发生实体接触来获得测量信号；而非接触式测头不必与待测表面发生实体接触，如激光扫描。实验室在只测量尺寸以及位置要素的情况下通常采用接触式测头。

（3）电气系统

电气系统是 CMM 的电气控制部分，主要用于控制 CMM 的运动，并对测头系统采集的数据进行处理及控制数据和图形的输出，具有单轴与多轴联动控制、外围设备控制、通信控制和保护以及逻辑控制等。

（4）软件系统

CMM 的测量精度不仅仅取决于硬件的精度，还取决于软件系统的质量。过去人们一直认为精度高、速度快完全是由测量机硬件部分决定；实际上，由于补偿技术的发展，算法以及控制软件的改进，CMM 精度在很大程度上依赖于软件。CMM 软件成为决定其性能的主要因素，这一点被人们所普遍认识。其软件功能大致可以分为以下两种：通用测量软件和专用测量软件。

通用测量软件是坐标测量机必备的基本配置软件，它负责完成整个测量系统的管理，包括探针校正、坐标系的建立与转化、输入/输出管理、基本几何要素的尺寸与形位公差评价、元素构成基本功能。形位公差包括：直线度、平面度、圆度、圆柱度、线轮廓度、面轮廓度、平行度、垂直度、倾斜度、位置度、同轴（心）度、对称度、圆跳动、全跳动。

专用测量软件是针对某种具有特定用途的零部件测量问题而开发的软件，如齿轮、螺纹、自由曲线和自由曲面等。一般还有一些附属软件模块，如统计分析、误差检测、补偿、CAD 等。

2.2.3 操作方法

CMM 操作方法流程如图 2-5 所示。

（1）测头的选择与校准

根据测量对象的形状特点选择合适的测头。在对测头的使用上，应注意以下几点。

① 测头长度应尽可能短。测头弯曲或偏斜越大，精度越低。因此，在测量时，应尽可能采用短测头。

② 连接点最少。每次将测头与加长杆连接在一起时，就额外引入了新的潜在弯曲和变形点，因此在应用过程中，应尽可能减少连接的数目。

③ 使测球尽可能大。主要原因有两个：使得球/杆的空隙最大，这样减少了由于"晃动"而误触发的可能；测球直径较大，可削弱被测表面未抛光对精度造成的影响。

图 2-5　CMM 操作方法流程

系统开机、程序加载后，需在程序中建立或选用一个测头文件，在测头被实际应用前进行校验或校准。

测头校准是 CMM 进行工件测量前必不可少的一个重要步骤。因为一台测量机配备有多种不同形状及尺寸的测头和配件，为了准确获得所使用测头的参数信息（包括直径、角度等），以便进行精确的测量补偿，达到测量所要求的精度，必须要进行测头校准。一般步骤如下。

① 将测头正确地安装在 CMM 的主轴上。

② 将探针在工件表面移动，看待测几何元素是否均能测到，检查探针是否清洁；一旦探针的位置发生改变，就必须重新校准。

③ 将校准球装在工作台上，要确保不移动校准球，并在球上打点，测点最少为 5 个；测

完给定点数后，就可以得到测量所得的校准球位置、直径、形状偏差，由此可以得到探针的半径值。

测量过程所有要用到的探针都要进行校准，而且一旦探针改变位置，或取下后再次使用时，要重新进行校准。

（2）装夹工件

CMM 对被测产品在测量空间的安装基准无特别要求，但要方便工件坐标系的建立。由于 CMM 的实际测量过程是在获得测量点的数据后，以数学计算的方法还原出被测几何元素及它们之间的位置关系。因此，测量时应尽量采用一次装夹来完成所需数据的采集，以确保工件的测量精度，减少因多次装夹而造成的测量换算误差。一般选择工件的端面或覆盖面大的表面作为测量基准，若已知被测件的加工基准面，则应以其作为测量基准。

（3）建立坐标系

在测量零件之前，必须建立精确的测量坐标系，便于零件测量及后续的数据处理；测量较为简单的几何尺寸（包括相对位置）使用机器坐标系就可以。而测量一些较为复杂的工件，需要在某个基准面上投影或要多次进行基准变换，测量坐标系（或称为工件坐标系）的建立在测量过程中就显得尤为重要。

使用的坐标对齐方式取决于零件类型及零件所拥有的基本几何元素情况，其中采用最基本的面、线、点特征来建立测量坐标系有三个步骤，并且有其严格的顺序。

① 确定空间平面，即选择基准面。通过测量零件上的一个平面来找准被测零件，保证 Z 轴垂直于该基准面。

② 确定平面轴线，即选择 X 轴或 Y 轴。

③ 设置坐标原点。

在实际操作中，先测量一个面将其定义为基准面，也就是建立了 Z 轴的正方向；再测一条线将其定义为 X 轴或 Y 轴；最后选择或测一个点将其设置为坐标原点，这样一个测量坐标系就建立完成。以上是测量中最常用的测量坐标系的建立方法，通常称为 3-2-1 法。若同时需要几个测量坐标系，可以将其命名并储存，再以同样的方法建立第二个、第三个测量坐标系，测量时灵活调用即可。

（4）测量

CMM 所具有的测量方式主要有手动测量、自动测量。手动测量是利用手控盒手动控制测头进行测量，常用来测量一些基本元素。所谓基本元素，是直接通过对其表面特征点的测量就可以得到结果的测量项目，如点、线、面、圆、圆柱、圆锥、球、环带等。如果手动测量圆，只需测量一个圆上的三个点，软件会自动计算这个圆的圆心位置及直径，这就是所谓的"三点确定一个圆"，为提高测量准确度也可以适当增加点数。

某些几何量是无法直接测量得到的，必须通过对已测得的基本元素进行构造得出（如角度、交点、距离、位置度等）。同一面上两条线可以构造一个角度（一个交点），空间两个面可以构造一条线。这些在测量软件中都有相应的菜单，按要求进行构造即可。

自动测量是在 CNC 测量模式下，执行测量程序控制测量机自动检测。

（5）输出测量结果

CMM 做检测后需要出具检测报告时，在测量软件初始化时必须设置相应选项，否则无法生成报告。每一个测量结果都可以选择是否出现在报告中，这要根据测量要求的具体情况而定，报告形成后就可以选择"打印"来输出。

逆向工程中用 CMM 完成零件表面数字化后，为了转入主流 CAD 软件中继续完成数字几何建模，需要把测量结果以合适的数据格式输出。不同的测量软件有不同的数据输出格式。

2.3 关节臂测量机

2.3.1 简介

关节臂测量机是三坐标测量机的一种特殊机型，最早出现于 1973 年，是由 Romer 公司设计制造的。由于其轻巧便捷，功能强大，使用环境要求较低，测量范围较广，随着近年来不断发展，该产品已经具有三坐标测量、在线检测、逆向工程、快速成型、扫描检测、弯管测量等多种功能，被广泛应用于航空航天、汽车制造、重型机械、轨道交通、零部件加工、产品检具制造等多个行业。

美国的 Cimcore（星科）公司和法国的 Romer 公司的多款高品质的关节臂测量产品，已经在中国乃至全球市场占据了极高市场份额。目前，在关节臂测量机市场上主推的产品包括 Cimcore 公司的 Infinite 2.0 系列测量机和 Stinger Ⅱ 系列测量机，以及 Romer 公司的 Sigma 系列测量机、Omega 系列测量机以及 Flex 系列测量机，如图 2-6 所示。而与其相对应的激光扫描测头则包括 Perceptron（普赛）公司推出的 ScanWorks V3、ScanWorks V4i、ScanWorks V5，及 Romer 公司推出的 G-scan 等系列产品。

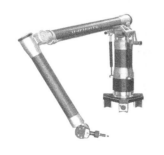

图 2-6　多系列关节臂测量机

关节臂测量机通常分为 6 轴测量机和 7 轴测量机两种。与 6 轴测量机相比，7 轴测量机具有 7 个角度编码器，在腕部末端多出一个关节，除了可以灵活旋转使测量更为方便之外，更重要的是减轻了操作时的设备重量，从而降低了操作时的疲劳程度，主要适用于激光扫描检测。

2.3.2 测量技术原理

关节臂测量机的工作原理主要是设备在空间旋转时，同时从多个角度编码器获得角度数据，而设备臂长为一定值，这样计算机就可以根据三角函数换算出测头当前的位置，从而转化为 XYZ 的形式。

关节臂测量机可选配的测头多种多样，如触发式测头，可用于常规尺寸检测和点云数据的采集；如激光扫描测头，可实现密集点云数据的采集，用于逆向工程和 CAD 对比检测；如红外线弯管测头，可实现弯管参数的检测，从而修正弯管机执行参数。

关节臂测量机配触发式测头的优点包括：超轻重量，可移动性好，便于移动运输；精度较高；测量范围大，死角较少，对被测物体表面无特殊要求。其他优点还包括：测量速度快，可做在线检测，适合车间使用；对外界环境要求较低，如 Romer 机器可在 0～46℃ 使用；操作简便易学；可配合激光扫描测头进行扫描和点云对比检测。

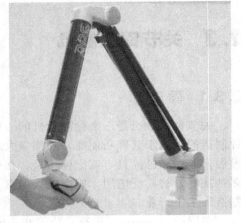

关节臂测量机配非接触激光扫描测头（图 2-7）的优点包括：速度快，采样密度高；适用面广（对特殊性形状）；对被测物体大小和重量无特别限制；适用于柔软物体（如纸和橡胶制品）扫描；操作方便灵活，死角少，柔性好；维护容易，环境要求低，抗干扰性强；特征测量和扫描测量可结合使用。

关节臂测量机配激光扫描测头的精度较高，扫描速度较快，而且应用功能也比较强大，因此在逆向工程和 CAD 对比检测的应用中得到了极高的市场认可，是性价比较高的一款数据采集设备。在外接接触式测头的时候，关节臂测量机可以实现三坐标测量机的所有功能，而在外接非接触式激光扫描测头的时候，它又实现了激光扫描仪和抄数机的全部功能；而对一些

图 2-7　激光扫描测头的应用

超大型零件进行检测和反求时，借助蛙跳等技术，关节臂测量机可以完全摆脱固定式测量机面临的检测尺寸无法更改的问题，实现设备多次移动数据拼接的功能，如图 2-8 所示。

图 2-8　非接触式测量的应用

2.3.3　结构组成与操作方法

2.3.3.1　关节臂测量机的结构组成

本节将以 Cimcore Infinite 七自由度柔性关节臂和 ScanWorks V4i 线结构激光扫描测头为例进行介绍，其系统组成如下。

① 主机系统：包括 Infinite SC 1.8m 柔性关节臂测量机、一体化 Zero-G 平衡杆系统、一体化充电式锂电池、WiFi 8.02.11b 无线通信接口、磁力表座、美国国家标准局认证的长度标准尺、便携式仪器箱、15mm 不锈钢球硬测头/6mm 红宝石测头/针式硬测头。

② 激光测头系统：V4i 增强型激光测头/V4i 控制器/连接电缆/配磁力表座的校验球/ScanWorks 版权和软件光盘/ScanWorks。

③ 计算机系统：笔记本电脑。

④ 软件系统：基本软件（PC-DMIS CAD 测量软件包、WinRDS™ 软件、SolidWorks 扫描软件）、Geomagic 软件（Qualify 点云扫描软件、Studio 自动化逆向工程软件）。

Infinite 是美国 Cimcore 公司推出的新一代高精度无线接口柔性三坐标测量系统，其柔性关节臂如图 2-9 所示。

ScanWorks V4i 型激光扫描测头是美国 Perceptron 公司推出的高精度激光扫描测头，如图 2-10 所示，其系统指标见表 2-2。

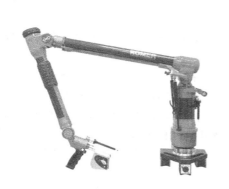

图 2-9 Infinite 1.8m 型七自由度柔性关节臂

图 2-10 ScanWorks V4i 型激光扫描头

▣ 表 2-2 ScanWorks V4i 型激光扫描系统指标

测量距离	83～187mm	扫描频率	30Hz
采样速度	23040 点/s	扫描线密度	768 点/线
波长	660nm	使用环境温度	0～45℃
扫描宽度	32～71mm	使用环境湿度	<70%
重复精度	0.020mm	测量精度	0.024mm

2.3.3.2 激光扫描系统

基于常见的激光扫描三角法原理，激光扫描三角法主要以点扫描或者线扫描方式为主。通过激光光源发射光线，以固定角度将光线照射到被测物体上，然后通过高精度的 CCD 镜头与光源之间的位置及投影和反射光线之间的夹角，换算出被测点所在的位置。该测量技术较稳定，不仅扫描精度较高，而且扫描速度也比较快。以 Perceptron 公司的 V5 激光扫描测头为例，其采样速度可以达到 458000 点/s。其不同型号间主要技术参数见表 2-3。

▣ 表 2-3 Perceptron 激光扫描测头参数对比

测头类型	采样速度/（点/s）	扫描频率/Hz	点数/线	景深/mm	最大线宽/mm	测量精度/μm	特征分辨率/μm
V5	458000	60	7680	115	143	24	4.5
V4i	23040	30	768	104	73	24	4.5
V3	23040	30	768	75	73	34	60

Infinite 2 设备主要特点如下。

① 采用获得专利的主轴无限转动技术，使得 Infinite 2 可方便地检测其他测量手段难以触及的区域。

② 采用全新的桥式测量机精度等级的 TESA 测座，可提高测量精度。

③ 更小的、易于掌握的手腕设计，具有 LED 工作照明灯及内置的数码相机，允许操作者以生动的图形文档记录系统的设置。

④ 在肘部和前臂处新提供的两个低摩擦的转套式无限旋转把手，更加符合人体工程学要求，使测量机可以在操作者手中自由"浮动"，降低操作者疲劳度。

⑤ 具备严格制造标准的 Heidenhain 编码器，采用宽轨迹设计，提高了精度性能。

⑥ 先进的碳纤维臂身，采用高强度、轻质量的复合材料结构，具有很好的稳定性。

⑦ 整合的小尺寸 Zero-G 平衡系统，在各位置均可平衡重力，降低操作带来的疲劳度。

⑧ 高性能锂电池允许在没有电源的情况下进行在线检测。

⑨ 万能的底座固定装置，适用于多种类型的台面，包括更小的磁力底座设计和简便的安装方式。

⑩ 七轴系统，可结合激光测头和触发测头功能为一体，完成实时的激光检测和逆向工程应用。

ScanWorks V4i 三维激光扫描系统与美国 Cimcore 公司已经成功合作多年，双方的技术和接口都是相互认可的、标准化的。

该系统采用非接触激光扫描技术，通过线扫描的方式提高了数据采集率。ScanWorks V4i 激光扫描系统标准采样速率为 23040 点/s，简化复杂的测量过程。更突出的是该测头与 Infi-nite 组合后，如果不使用激光扫描测头，而只使用接触式测头，就可以随意拆下激光测头，接触测头也不必校准，就直接可以使用，大幅度简化了测量的过程和准备工作。而其他厂家的同类产品，则需要先将所有测头都拆下，然后将接触式测头安装上去，接着进行接触测头的复杂校准过程，才可以进行测量。

ScanWorks 软件与硬件系统相配套，可将扫描仪得到的数据进行保存，并可以直观显示当前工作进度。

ScanWorks 软件获得的数据点云能够同许多第三方软件产品兼容，使得测量数据信息可完成各种测量、逆向工程、CAD 比较或者其他各种应用。

ScanWorks 软件与其他软件有类似界面，从上至下分别是标题栏、菜单栏、工具栏、视窗及状态栏。软件启动后，可通过左侧对话框下拉菜单"Action menu"下的操作命令完成校准、扫描、追加、保存数据等操作。

2.4 手持式激光扫描仪

2.4.1 简介

三维激光扫描技术是国际上近期发展的一项高新技术。随着三维激光扫描仪在工程领域的广泛应用，这种技术已经引起了广大科研人员的关注。通过激光测距原理（包括脉冲激光和相位激光），瞬时测得空间三维坐标值的测量仪器，利用三维激光扫描技术获得的空间点云数据，可快速建立结构复杂、不规则场景的三维可视化模型，既省时又省力，这种能力是现行的三维建模软件所不可比拟的。

目前市场上销售的三维激光扫描仪按测量方式可分基于脉冲式、相位差、三角测距原理；按用途可分为室内型和室外型，也就是长距离和短距离的不同。生产厂家主要有 Surphaser、Maptek、Riegl、徕卡、天宝、Optect、拓普康、Faro 等。

随着三维激光扫描技术的发展，三维激光扫描仪的扫描精度、扫描速度和扫描设备的便携程度不断提高，手持式激光扫描仪应运而生。手持式激光扫描仪，也称为第三代扫描仪，它具有以下优点：

① 扫描分辨率高，可达 0.02~0.05mm，即使是复杂的物体，它也能获得详细的纹理细节信息；

② 扫描精度高，可达 0.03mm，能有效保证生成的模型质量；

③ 目标点自动定位，无须臂或其他跟踪设备，STL 格式可快速处理数据，自动生成 STL 三角网格面；

④ 尺寸小，重量轻，便于操作者长时间工作；

⑤ 灵活方便，手持任意扫描，扫描速度快，可内、外扫描，无局限，能对不同尺寸的物体进行扫描。

2.4.2 测量技术原理

在逆向工程实施过程中，实物原型的三维数字化信息（点云数据）的采集是最为基础的一个关键环节。点云数据的采集直接影响到后期数字模型曲面质量、精度及曲面成型的效率。目前，逆向工程使用的测量工具根据方式的不同分为接触方法和非接触方法，见表 2-4。

⊡ 表 2-4 逆向工程使用的测量工具分类

数据获得方法										
接触方法				非接触方法						
机械手	CMM	声波	电磁	光 学					声波	电磁
				三角测量	距离	结构光	干涉	图像分析		

激光扫描三角法测量的原理是用一束激光以某一角度聚焦在被测物体表面，然后从另一角度对物体表面上的激光光斑进行成像，物体表面激光照射点的位置高度不同，所接收散射或反射光线的角度也不同。采用 CCD 光电探测器测出光斑像的位置，就可以计算出主光线的角度，从而计算出物体表面激光照射点的位置高度。激光扫描三角法是逆向工程中曲面数据采集运用最广泛的方法，它具有数据采集速度快、能对松软材料的表面进行数据采集、能很好测量复杂轮廓等特点。

手持式激光扫描系统是采用激光扫描三角法测量原理对物理模型的表面进行数据采集。本章介绍的手持式激光扫描仪是杭州思看科技公司的双色激光手持式三维扫描仪，它是新一代的手持式激光三维扫描仪，是继基于 CMM 激光扫描系统、柔性测量关节臂的激光扫描系统之后的"第三代"三维激光扫描系统。该扫描仪无须任何关节臂的支持，只需通过数据线与普通计算机或者笔记本电脑相连接，就可以手持该扫描仪任意自由度地对待测零件、文物、汽车内饰件、鞋模、玩具等进行扫描，从而快速、准确并且无损地获得物体的整体三维数据模型，达到质量检测、现场测绘与逆向 CAD 造型、模拟仿真和有限元分析的目的。其特点如下。

① 不需要其他外部跟踪装置，如 CMM、便携式测量臂等。

② 利用反射式自粘贴材料进行自定位。

③ 采用便携式设计，具有质量和体积小、运输方便的特点，因而不受扫描方向、物件大小及狭窄空间的局限，可实现现场扫描。

④ 扫描过程在 PC 屏幕上同步呈现三维数据，边扫描边调整，通过对定位点的自动拼接，可以做到整体 360°扫描一次成型，同时避免漏扫盲区。

⑤ 直接以三角网格面的形式录入数据。由于没有使用点云重叠分层，避免了对数据模型增加噪声点，而且采用基于表面最优运算法则的技术，因此扫描得越多，数据获得就越精确。

⑥ 数据输出时，自动生成高品质的 STL 多边形文件，马上可以读入 CAD 软件及快速成型机和一些加工设备；同时，可以兼容多种逆向软件，可以生成各种 CAD 格式文件。

2.4.3 结构组成

双色激光手持式三维扫描测量系统分为硬件系统和软件系统。硬件系统主要是指双色激光手持式三维扫描仪，软件系统是指与硬件系统相配套的数据处理软件 ScanViewer，下面分别对硬件系统和软件系统进行介绍。

(1) 硬件系统

PRINCE775 双色激光手持式三维扫描仪的相关技术参数如表 2-5 所示。

⊡ 表 2-5 双色激光手持式三维扫描仪参数

型号	PRINCE775	
扫描模式	R 标准扫描模式	B 超精细扫描模式
激光形式	14 束交叉＋1 束红色激光线	5 束平行蓝色激光线
深孔扫描	支持	
精细扫描	支持	
精度	0.030mm	
扫描速率	480000 次测量/s	320000 次测量/s
最大扫描面幅	275mm×250mm	200mm×200mm
激光类别	Class Ⅱ（人眼安全）	
分辨率	0.050mm	0.020mm
体积精度(单独使用扫描仪）	(0.020mm＋0.060mm)/m	(0.010mm＋0.060mm)/m
体积精度(配合 MSCAN 全局摄影测量系统）	(0.020mm＋0.025mm)/m	(0.010mm＋0.025mm)/m
基准距	300mm	150mm
景深	250mm	100mm
输出格式	STL，PLY，OBJ，IGS，WRL，XYZ，DAE，FBX，MA，ASC 等，可定制	
重量	0.95kg	
尺寸	315mm×160mm×105mm	
工作温度	－10～40℃	
接口方式	千兆网	

双色激光手持式三维扫描仪实物如图 2-11 所示。该扫描仪的上端菱形孔为激光发射口，

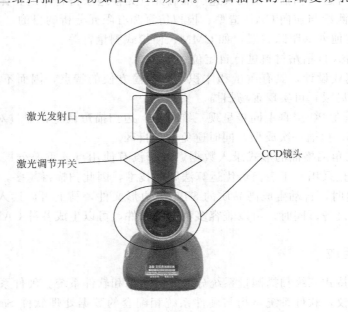

激光发射口

激光调节开关

CCD镜头

图 2-11　双色激光手持式三维扫描仪

激光由该孔射出；中间黑色按钮是激光调节开关，按一下按钮系统开始接收数据，长按调整激光扫描方式；上、下两端两个大圆孔是 CCD 镜头，接收反射回来的激光；每一个 CCD 镜头的周围是 4 个 LED 发光点，用于屏蔽周围环境光对扫描数据的影响。

双色激光手持式三维扫描测量硬件系统包括以下配件：数据线、电源适配器、标定板、电子密码狗以及计算机，由以上配件和双色激光手持式三维扫描仪组配成一个完整的激光扫描硬件系统，如图 2-12 所示。

图 2-12　激光扫描硬件系统

由于双色激光手持式三维扫描测量系统属于便携式测量系统，所以，每一次使用前都要进行组配。

（2）软件系统

与硬件系统相配套的软件系统为 ScanViewer 数据处理软件。该软件可将扫描仪扫描得到的数据进行保存，并可直观显示当前工作进度等。ScanViewer 软件界面如图 2-13 所示。

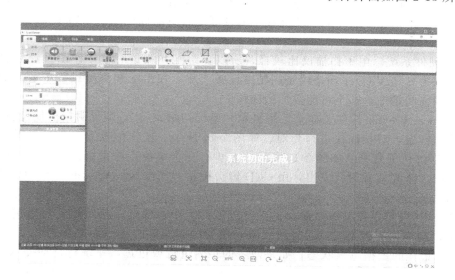

图 2-13　ScanViewer 软件界面

ScanViewer 软件与其他软件界面类似，从上至下分别是标题栏、菜单栏、工具栏、视窗及状态栏，左控制栏显示的是扫描参数设置栏，可通过控制栏内的项目直接对扫描仪的扫描精度以及激光强度进行调整。以下对菜单栏和工具栏中的命令进行说明。

在菜单"扫描"下，可新建一个任务或者打开一个已经存在的任务，并保存文档，分别可以保存激光文件、标记点文件以及在软件中处理后的面片文件；在菜单"编辑"下，可对当前任务进行的点云文件进行查看及处理等操作，可进行设置体积柱、平滑度、曲率衰减、自动移除孤岛及移动体积柱等操作；在菜单"网格"下，可以对刚扫描的点云数据生成面片，并对已有的面片进行修补，移除钉状物等操作；在菜单"其他"下，可显示当前 ScanViewer 软件的版本及帮助文档等信息。

2.4.4　操作方法

手持式激光扫描测量系统可对扫描的模型表面进行自定位，即测量系统与模型之间相对位置可以变化。所以，可以一次性录入整个模型数据，以下是对操作流程和扫描方法的说明。

（1）操作流程

由于手持式激光扫描测量系统自动化程度较高，所以操作流程较为简单，其主要的作业流程如下所述。

① 着色处理和配置颜色。如果扫描的模型是反射效果较为强烈的塑料、金属、透明件等，CCD 无法正确识别回来的激光，也就无法正常进行扫描。通过喷施着色剂可增加表面的漫反射，使 CCD 正常工作。着色剂的喷施不可以太薄或者不均匀，因为会影响点云数据的完整程度；着色剂的喷施不可以太厚，因为太厚不仅会覆盖掉一些细节特点且会因此增大零件的外形，影响到点云数据的准确性。较好的着色方法是进行多次喷施，直到各个部位都均匀着色为止。如果扫描的模型不是反射效果强烈的材质，通过软件修改配置可完成对模型的扫描。

② 贴标记点。通过在模型表面粘贴标记点的方法进行空间定位，可以实现对不方便扫描数据的拼接。标记点表面拥有很好的反射效果，便于扫描仪能够准确定位该点的位置，从而在扫描仪自身的系统空间表达出来，并通过激光对可识别定位点之间物体表面进行测量，将物体模型转换为数字模型。但是，系统无法识别标记点自身的表面情况，而是由系统平面的形式进行填充。所以，标记点不能够贴在零件的特征处或曲率变化较大的位置。贴标记点的距离一般为 8～20cm，规则是在平面或曲率变化较小的区域贴较少的标记点，在曲率变化较大的区域贴较多的标记点。

③ 组配硬件系统。由于扫描仪比较轻，所以在组配和测量时拿住它测量比较轻松。需要注意的是，因为 ScanViewer 扫描仪是高精度设备，所以在组配和测量过程中要避免碰撞；否则，会降低扫描的精度，甚至可能损坏扫描仪。

④ 启动 ScanViewer 软件。如果系统提示"系统初始完成"，则说明扫描仪设备连接完成，然后进行快速标定，对扫描仪进行校对。如图 2-14 所示，按住触发器，激光发射孔发射紫激光，LED 发射红色屏蔽光。如图 2-15 所示，至少有三个定位点在系统的识别范围时，系统才开始接收数据。激光从发射孔发出，由 CCD 镜头接收，并在 ScanViewer 软件中以曲面模型的形式表现出来。

⑤ 扫描。在进行扫描工作之前，先确定模型的大小、颜色，并对相关参数进行设置。在扫描过程中，扫描仪的激光发射器与网状激光照射的相应零件区域距离保持为 250～300mm，使扫描仪达到最佳的数据输入状态；如果两者的距离过近或过远，系统将自动提示，如图 2-16 所示为扫描模型。在扫描模型的过程中，为了减少环境的干扰，在扫描时扫描仪会发出红色的屏蔽光。

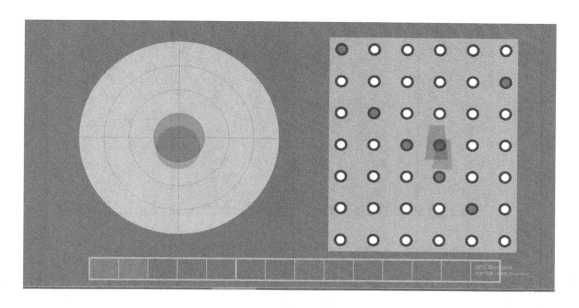

图 2-14　快速标定

图 2-15　扫描仪工作示意图

图 2-16　扫描模型

　　扫描时一般从曲率变化较小的面开始。当一个面扫描完转至相邻面时，必须保证至少有 3 个标记点在扫描范围之内，否则系统将停止输入数据。如果多次翻转至相邻面均失败，可适当增加两个面的标记点，使扫描工作顺利进行。在完成整个零件大部分的数据点扫描后，开始对细节处进行精确扫描。由于仪器的扫描精度和激光反馈原理的限制，对于较小的零件细节，要达到较好的扫描效果，需要多角度和长时间的扫描。在扫描的过程当中，可单击鼠标右键使用"锁定区域"功能，将特定区域进行锁定扫描；使用"缩放功能"可以更仔细地观察模型的扫描状况，并可以使用"锁定视图"功能将当前模型的视图大小进行锁定，以便扫描的同时观察模型。在图 2-17 界面上显示"箭头"参照标志点代表它们正在扫描的区域，该区域正在被采

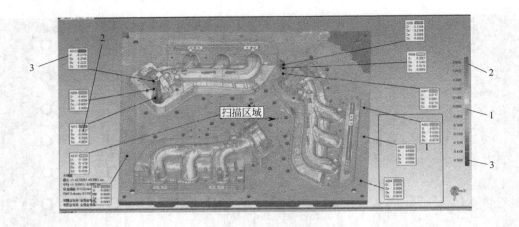

图 2-17　扫描过程中的软件界面

集到计算机中。通过在计算机显示屏上的观察，可以了解点云的质量，如图标记 1 所在的区域表示此处点云与实物拟合较好，偏差较小；标记 2 和标记 3 代表颜色的区域表示点云拟合较差，根据所在区域颜色的分布显示来判断扫描的质量是否符合要求，并且可以针对点云残缺的部分进行进一步扫描。

⑥ 保存文档。文档的保存分为三种形式：只保存定位点文件，即所粘贴的标记点的空间位置；保存为 * CSF 格式可以实现阶段性测量，即可分几次完成模型的扫描；保存为 * STL 文件格式，即已经转换成点云三角化的多边形结构形式，包含点云和线框信息，从而可以更直观地观察数字模型。

（2）扫描方法

扫描顺序是扫描方法中最基础的一环。由于扫描模型的多样性，所以针对按照一般操作流程无法进行的模型需要使用辅助件或者其他工具协助完成对整个模型的扫描。以下两种类型的模型是用一般操作流程难以解决的模型。

① 模型尺寸较小。尺寸较小的模型由于不能贴足够的标记点，也就无法完成扫描仪的邻边翻转测量的过程。对于此类零件的扫描需要增加辅助工具来完成测量。例如，可以通过增加一块辅助板来进行测量。在辅助板面上按照贴标记点的规则均匀贴满标记点，而模型本身可以不贴标记点，通过辅助板上的定位点就可以完成对小尺寸模型的测量。如图 2-18 所示，汽车座椅升降杆通过添加辅助板来完成扫描。

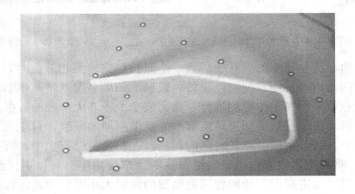

图 2-18　汽车座椅升降杆与带标记点的辅助板

② 薄壁件。薄壁件由于厚度小，也就无法完成扫描仪的邻边翻转测量的过程，同样需要辅助工具完成翻转过程。如图 2-19 所示是薄壁壳体与带标记点的辅助工具。

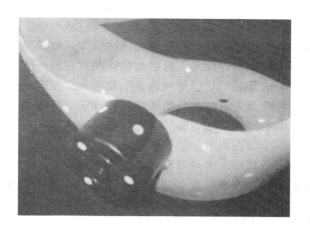

图 2-19　薄壁壳体与带标记点的辅助工具

2.5　光栅式扫描仪

2.5.1　光栅投影三维测量技术原理

在物体三维轮廓非接触式测量技术中，光学测量具有高精度、高效率、易于实现等特点，其应用前景也日益广阔。光学测量根据测量原理分为飞行时间法、结构光法、相位法、干涉法、摄影法等。考虑到本章主要介绍以 COMET 为代表的测量系统，以下简要介绍光栅投影移相法。

光栅投影移相法是基于光学三角原理的相位测量法，将正弦的周期性光栅图样投影到被测物表面，形成光栅图像（图 2-20）。由于被测物体高度分布不同，规则光栅线发生畸变，该畸变可看成相位受到物面高度的调制而使光栅发生变形，通过解调受到包含物面高度信息的相位变化，最后根据光学三角原理确定出相位与物面高度的关系。

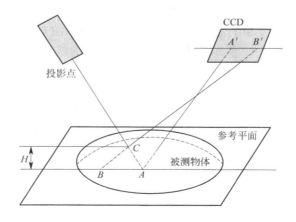

图 2-20　光栅式扫描测量系统光路图

在图 2-20 中，投影点射出的光源在没有放置被测物体时应照射到 A 点，在 CCD 上对应的像点为 A' 点。放置被测物体后，照射到被测物体的 C 点，在 CCD 上对应的像点为 B' 点，即在放置前后所拍摄的两幅图像中，对同一像点由于物体高度的影响使得其记录的光强分别为参考平面上 B、A 点的光强。而由于投射到参考平面的光栅线呈正弦分布且周期固定，则光强的变化就体现在正弦函数的相位变化中，从相位变化可计算高度信息 H。

解调相位变化则必须对相位进行检测。根据相位检测方法的不同，主要有莫尔轮廓法、移相法、相位变换法等。移相法是利用对已知相移后的被测光波多次采样获得的光强分布进行处理，以求得相位。移相法可再分为时间相移法和空间相移法。时间相移法即在时间上引入多次相位增量以解出相函数；而空间相移法则在一个光路结构中从不同空间获得不同相位增量，可同时解出相函数，因而可用于动态测量。

光栅投影测量的特点：适宜较大测量范围，便于实时测量，宜用于光滑物体的表面测量，精度较高。但该法对光栅制作要求高，难于加工，计算量大，对计算机要求高。

2.5.2 光栅式扫描仪结构组成

德国 Steinbichler 公司开发的 COMET 测量系统由测量头、控制台、校准盘、旋转台、Aicon 数字摄影测量系统、支架等相关部件组成，如图 2-21 所示。

(a) COMET光学扫描系统　　　　　　　　(b) Aicon数字摄影测量系统

图 2-21　COMET 测量系统

① 测量头。它是一个白光投影系统，包括一个 CCD 摄像机和一个光栅投影仪。

② 控制台。它是测量系统中另一个非常重要的部件，包括控制组件和计算机两部分。控制组件控制着系统电源供应及相关通信。计算机安装有 COMET 测量系统专用的软件，用来对数据进行显示及处理。图 2-22 所示即为它们各部分之间的线路连接图。

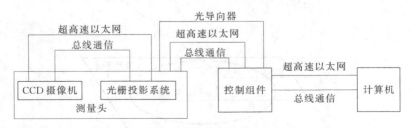

图 2-22　COMET 测量系统组成框图

③ 校准盘。它是用来校准和标定系统的部件，针对每一个测量范围都有不同的校准盘。

④ 其他组件就是一些辅助测量组件，如旋转台、Aicon 数字摄影测量系统、支架等。旋转台将被测对象放在其上面转动，便于整体测量。Aicon 数字摄影测量系统在测量大型工件时，用于将工件分割成多个数据提取区域，然后由多幅图像拼接，完成测量。支架用于固定测量头并方便以较好角度和距离完成测量。

⑤ COMET 测量系统采用的就是投影光栅移相法。该光栅投影测量系统及原理示意如图 2-23 所示。它采用单光栅旋转编码方式进行测量，在测量过程中光栅相位移动并自动旋转，这弥补了通常测量方法中光栅直线移动时光栅条纹方向与特征的方向平行或接近时测量数据会存在残缺不全的缺点，可实现对工件的边界、表面细线条特征的准确测量；而且这种编码方式不影响光栅节距，光栅条纹可以做得非常细，极大地提高了分辨率和精度。COMET 测量系统用单摄像头，消除了同步误差。在数据拼接方面，该系统除了提供参考点转换拼接、联系点拼接和自由拼接方法外，还提供最终全局优化拼接，使各数据点云拼接达到全局最优化。

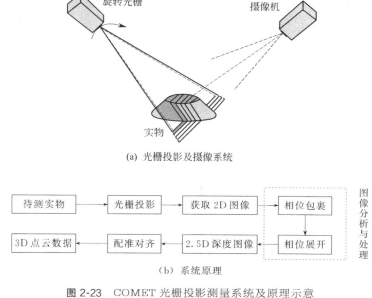

(a) 光栅投影及摄像系统

(b) 系统原理

图 2-23　COMET 光栅投影测量系统及原理示意

COMET 是对硬件系统所获得的数据进行处理的软件，软件界面包括标题栏、菜单栏、工具栏、不同的视图窗口等区域。在菜单 File 下，可进行各种格式数据的输入、输出和保存等工作；在菜单 Edit 下，可对当前数据进行各种处理，如优化点云数据、删除杂点、三角网格处理、点云自动预处理、全局优化拼接、撤销上一步等；在菜单 Calculate 下，可计算出网格面的横截面和特征线；在菜单 Service 下可进行各种校准工作；在菜单 View 下，可定制用户界面和工具栏等；在菜单 Sensor 下的命令基本上是工具栏中的一些常用命令，如执行扫描、执行拼接等；在菜单 Setting 下，可进行横截面设置、3D-Viewer 设置、拼接设置、数据预精简分析、测量头和 CCD 参数设置、测量模式设置、测量策略设置、关闭硬件等，也可以直接单击工具栏上面的"命令"实现同样操作；在菜单 Execute 下可启动 Aicon 数字摄影测量系统；Help 则是关于此软件的一些帮助信息。

工具栏中则包括一些常用的命令，如文件的"新建""打开"和"保存"等，还有拼接方法设置、测量头设置、测量区域设置、开始数字化测量等命令。

视图窗 Ll 有三种：在 Video 视图中显示的是测量头所摄取的实景，用于观察测量的范围和测量的角度；在 3D-Viewer 中显示的是测量后所得到的实际点云数据；在 Cross Section 中可以用某一平面去观察点云数据的横截面情况。

为了适应不同测量应用，COMET 测量系统还整合了参考点转换、联系点曲面拼接、自由匹配等几种用于实现产品数字化的测量策略，从而极大地提高了系统的应用弹性和适应能力。

① 参考点转换。当测量较大工件时，COMET 系统采用摄影测量与光栅测量相结合的方法进行测量。测量前，通常在被测物体表面贴上两种类型的参考点；一类是经过数字编号的编号参考点；另一类是没有固定编号的标志参考点。对于编号参考点，由 Aicon 摄影测量系统来识别其在图像中的特征、中心位置和具体的编号代码；对于标志参考点，则一般由光栅测量系统来识别其在图像中的特征和中心位置。

摄影测量与光栅测量相结合的测量流程如图 2-24 所示。首先，获得不同图像中编号参考点和标志参考点的像坐标，利用图像处理及摄影测量技术，根据不同图像之间编号参考点的像坐标来确定相机的空间变换，得到一个确定的摄影测量系统的空间坐标系；然后根据空间的变换关系对不同图像中的同一标志参考点进行匹配，得到所有标志参考点在统一坐标系下的坐标，读入 COMET 光栅测量系统作为全局定位和分片扫描数据拼接的基准点。

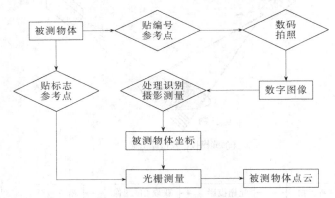

图 2-24　摄影测量与光栅测量相结合的测量流程

② 联系点曲面拼接。联系点就是标志参考点直接通过 COMET 的光栅测量装置在对产品表面进行数字化过程中所确定的数据点，其基本的工作流程如图 2-25 所示。测量时，首先在被测物体上按照一定规则的样式布置标志参考点，在测量过程中它们将通过 COMET 系统的测量传感器决定具体的位置，这便是联系点。在每次采集的数据中必须至少含有 3 个参考点，即在匹配先后采集数据时，至少需要使用 3 个联系点。联系点用于对每次采集的数据进行位置预调整，如果调整的位置大致合理，COMET 系统将会通过自动的曲面拼接进程来计算出其准确的位置。

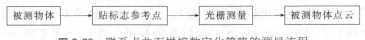

图 2-25　联系点曲面拼接数字化策略的测量流程

联系点用来对数据集进行粗略定位，所以该测量特别适用于工件较大、曲面结构显示不充分的场合。而与参考点转换的数字化策略相比较，该策略不需要使用摄影测量系统，而是直接通过 COMET 光栅测量系统来完成被测物体的测量。从空间坐标系的角度看，参考点转换策略所采集的被测物体点云位于由编号参考点所决定的摄影测量系统空间坐标系下，而联系点曲面拼接策略所采集的被测物体点云则落在 COMET 光栅测量系统的空间坐标系下。

③ 自由匹配。自由匹配指的是使用先后采集的两份含有重叠区域数据集上所包含的表面结构特征来实现数据集的匹配，所以也被称为特征点匹配。

在该策略下，首先需要在两数据集上粗略指定一个或数个位置大致对应的点，称为点对；随后，COMET 系统将会启动自动的曲面拼接进程，以其中的一个数据集为参考，将另一个数据集调整到准确的位置。

该策略特别适用于曲面结构特征丰富的小型工件，也可以作为前面两种策略的补充方案使用。

在实际测量过程中，操作者可以根据具体情况交互使用上述测量方法以达到最佳效果。

2.5.3 操作方法

COMET 测量系统的操作方法因采用不同的拼接方法而有所不同，各种测量方法适用于不同的被测对象，针对一般对象的操作流程如图 2-26 所示。

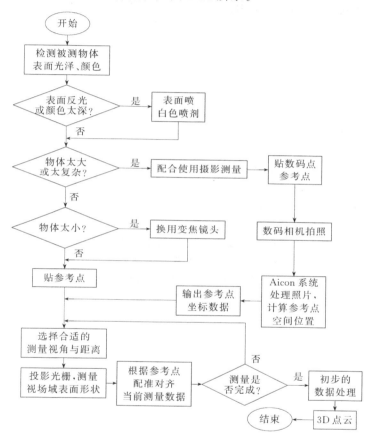

图 2-26 COMET 测量系统操作方法流程图

① 着色处理。如果被扫描的模型表面反射光的能力较弱，则无法正常进行扫描，但可以通过喷施显像剂来增强模型表面的反射，使 CCD 较好地工作。显像剂的喷施以均匀且尽量薄为宜。

② 分析将要采用的测量策略并进行相应处理。首先看被测对象的外观尺寸、表面特征，如果尺寸较大或是表面特征不明显，则应贴标记点，采用参考点转换的测量策略。如果尺寸适中且特征明显，则采用自由匹配即可。各种拼接方法的精度主要由被测对象的表面特征及尺寸决定；当然也可混合应用以上两种测量策略，提高效率及精度。

③ 启动软硬件，调整测量角度及距离，设置各种参数。打开硬件电源及 COMET Plus6.5，

根据显示效果调整测量角度及距离，设置曝光度、亮度，使视图既不泛红也不泛蓝，并且测距用的两红点尽量集中，并在 Quality Settings 栏中单击 Test Quality，初步检测测量质量，可调整 Test Quality 中的值，使杂点少且数据尽量完整。

④ 开始扫描并进行相应数据处理。单击 Digitizing 开始扫描，扫描结束后即可在 3D-Viewer 中查看扫描的结果，如贴有标志参考点，则系统会自动识别并给出相应坐标，也可手动选取并编号。可以用相同的步骤执行多次扫描或者每次扫描后都与上一次扫描结果用相同的拼接方式进行拼接，最终将得到被测物体的完整表面数据。

⑤ 最终数据处理并输出数据。数据处理主要在菜单 Edit 下进行，如可以进行优化点云数据、删除杂点、三角网格处理、点云自动预处理、全局优化拼接、撤销上一步等，数据输出则在菜单 File 进行，可以用 *CDB 格式保存当前任务，或用 *LST 格式保存参考点信息；也可以用其他通用数据格式进行测量数据的输出，如 *AC、*IGS、*STL、*VDA、*TXT 等格式。

思考题

1. 逆向工程采集技术的分类有哪些？
2. 逆向工程的基本流程是什么？
3. 逆向工程有哪些应用？
4. 逆向工程数据采集设备有哪些类型？分类标准是什么？
5. CMM 按结构形式分类有哪几种？
6. 光栅式扫描仪的工作原理是什么？
7. 手持式激光扫描仪的原理是什么？
8. 手持式激光扫描仪相比其他采集设备，它的优势是什么？
9. 简述数据采集技术和设备的发展对逆向工程的发展有何影响。
10. 浅谈一下逆向工程中数据采集技术和设备的未来发展趋势。

第**3**章

逆向设计中的三维建模技术

3.1 三维逆向建模技术简介

产品的三维 CAD 逆向建模是指从一个已有的物理模型或实物零件产生出相应的 CAD 模型的过程，包含物体离散数据点的网格化、特征提取、表面分片和曲面生成等，是整个逆向过程中最关键、最复杂的一环，也为后续的工程分析、创新设计和加工制造等应用提供数学模型支持。其内容涉及计算机、图像处理、图形学、计算几何、测量和数控加工等众多交叉学科和工程领域，是国内外学术界，尤其是 CAD/CAM 领域广泛关注的热点和难点问题。

在实际的产品中，只由一张曲面构成的情况不多，产品往往由多张曲面混合而成。虽然组成曲面类型不同，但 CAD 模型重建具有一般步骤：先根据几何特征对点云数据进行分割，然后分别对各个曲面片进行拟合，再通过曲面的过渡、相交、裁剪、倒圆等手段，将多个曲面"缝合"成一个整体，即重建的 CAD 模型。

在逆向工程应用初期，由于没有专用的逆向软件，只能选择一些正向的 CAD 系统来完成模型的重建；后来，为满足复杂曲面重建的要求，一些软件商在其传统 CAD 系统里集成了逆向造型模块，如 Pro/E、UG、CATIA、SolidWorks 等；而伴随着逆向工程及其相关技术理论研究的深入进行及其成果商业应用的广泛展开，大量商业化专用逆向工程 CAD 建模系统不断涌现。当前，市场上提供的具有逆向建模功能的系统达数十种之多，较具有代表性的有 EDS 公司的 Imageware、Geomagic 公司的 Geomagic Studio、Paraform 公司的 Paraform、PTC 公司的 ICEM Surf、Delcam 公司的 CopyCAD 软件以及国内浙江大学的 RE-Soft 等。

3.1.1 两类逆向建模技术

总体而言，两类曲面造型方式的差异主要表现在处理对象的异同、重建对象的异同及建模质量的比较等方面。

（1）处理对象的异同

在传统曲面造型方式的逆向系统中，所处理的点云涵盖了从低密度、较差质量（如 Pro/Scan-tools）到高质量、密度适中（如 ICEM Surf、CopyCAD 等），再到高密度整个范围。如 Imageware 便可以接受绝大部分的 CMM、Laser Scan、X-ray Scan 的资料，并且没有点云密度和数据量大小的限制。只是在实际建模过程中，往往会先对密度较大的点云进行采样处理，以改善计算机内存的使用。

而对于快速曲面造型方式，为了获得较高的建模精度，往往要求用于曲面重建的点云具有一定的点云密度和比较好的点云质量。如在 Geomagic Studio 中，要实现点云的多边形模型的创建，必须保证处理点云具有足够的密度和较好的质量，否则无法创建多边形模型或创建的多边形模型出现过多、过大的破洞，严重影响后续构建曲面的质量。

（2）重建对象的异同

对于具有丰富特征模型的曲面重建（如工艺品、雕塑等），使用传统曲面造型的方法就显得非常困难，而快速曲面造型的方法则能轻易胜任。此外，在实际的产品开发过程中，在产品的概念设计阶段，需要根据相应的手工雕刻模型进行最初的快速建模时，快速曲面造型方式便是一种最佳的选择。

而对于多由常规曲面构成的典型机械产品，或如汽车车体和内饰件造型等，这些场合往往对曲面造型的质量要求很高，目前采用的主要还是传统曲面造型方式的逆向系统。

（3）建模质量的比较

逆向建模的质量表现在曲面的光顺性和曲面重建的精度两个方面。

从曲面的光顺性角度看，目前尽管在一些领域快速曲面造型取得了令人满意的成果，但曲面重建中各曲面片之间往往只能实现 G_1 连续，难以实现 G_2 连续，从而无法构建高品质的曲面，这也限制了在产品制造上的应用。相比而言，传统曲面造型方式提供了结合视觉与数学的检测工具和高效率的连续性管理工具，能及时且同步地对构建的曲线、曲面进行检测，提供即时的分析结果，从而容易实现高品质的曲面构建。

在精度方面，两种方法均可获得较高精度的重建结果，但相对来说，快速曲面造型遵循相对固定的操作步骤，而传统曲面造型方式则更依赖于操作人员的经验。

目前，虽然商用的逆向工程软件类型很多，但是在实际设计中，专门的逆向工程设计软件还存在较大的局限性。例如，Imageware 软件在读取点云数据时，系统工作速度较快，能较容易地进行海量点云数据的处理，但进行面拟合时，Imageware 所提供的工具及面的质量却不如其他 CAD 软件（如 Pro/E、UG 等）。但使用 Pro/E、UG 等软件读取海量点云数据时，却存在由于数据庞大而造成系统运行速度太慢等问题。在机械设计领域中，逆向工程软件集中表现为智能化低；点云数据的处理方面功能弱；建模过程主要依靠人工干预，设计精度不够高；还存在集成化程度低等问题。

在具体工程设计中，一般采用几种软件配套使用、取长补短的方式。因此，在实际建模过程中，建模人员往往采用"逆向＋正向"的建模模式，也称为混合建模，即在正向 CAD 软件的基础上，配备专用的逆向造型软件（如 Imageware、Geomagic 等）。在逆向软件中先构建出模型的特征线，再将这些线导入正向 CAD 系统中，由正向 CAD 系统来完成曲面的重建。

3.1.2 逆向工程 CAD 系统的分类

（1）根据 CAD 系统提供方式分类

以测量数据点为研究对象的逆向工程技术，其逆向软件的开发经历了两个阶段。第一阶段是一些商品化的 CAD/CAM 软件添加了专用的逆向模块，典型的如 PTC 的 Pro/Scan-tools 模块、CATIA 的 QSR/GSD/DSE/FS 模块及 UG 的点云功能等。随着市场需求的增长，这些有限的功能模块已不能满足数据处理、造型等逆向技术的要求；第二阶段是专用的逆向软件开发。目前面世的产品类型已达数十种之多，典型的如 Imageware、Geomagic、Polyworks、CopyCAD、ICEM Surf 和 RE-Soft 等。

（2）根据 CAD 系统建模特点与策略分类

根据 CAD 系统提供方式的分类多少显得有些笼统，难以为逆向软件的选型提供更为明确的指导。因为逆向 CAD 建模通常都是曲面模型的构建，对 CAD 系统的曲面、曲线处理功能要求较高，其分类没有这方面的信息。再者，各种专用逆向软件建模的侧重点不一样，从而实现特征提取与处理的功能也有很大的不同，如 Imageware 主要功能齐全，具有多种多样的曲线曲面创建和编辑方法，但是它对点云进行区域分割主要还是通过建模人员依据其特征识别的经验手动来完成，不能由系统自动实现；Geomagic 区域分割自动能力很强，并可以完全自动地实现曲面的重建，但是创建特征线的方式又很单一，且重建的曲面片之间的连续程度不高。

依据逆向建模系统实现曲面重建的特点，可以将曲面重建的方式划分为传统曲面造型方式和快速曲面造型方式两类。传统曲面造型方式在实现模型重建上通常有以下两种方法。

① 曲线拟合法。该方法先将测量点拟合成曲线，再通过曲面造型的方式将曲线构建成曲面（曲面片），最后对各曲面片直接添加过渡约束和拼接操作完成曲面模型的重建。

② 曲面片拟合法。该方法直接对测量数据进行拟合，生成曲面（曲面片），最后对曲面片进行过渡、拼接和裁剪等曲面编辑操作，构成曲面模型的重建。与传统曲面造型方式相比，快速曲面造型方式通常是将点云模型进行多边形化，随后通过多边形模型进行 NURBS 曲面拟合操作来实现曲面模型的重建。两种方式实现曲面造型的基本作业流程如图 3-1 所示。

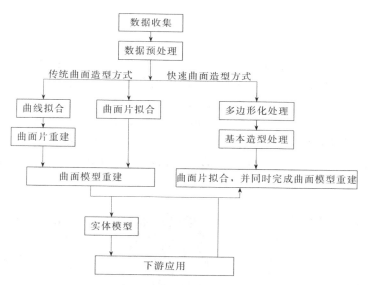

图 3-1　实现曲面造型的基本作业流程

传统曲面造型方式主要表现为由点-线-面的经典逆向建模流程，它使用 NURBS 曲面直接由曲线或测量点来创建曲面，其代表有 Imageware、ICEM Surf 和 CopyCAD 等。该方式下提供了两种基本建模思路：一是由点直接到曲面的建模方法，这种方法是在对点云进行区域分割后，直接应用参数曲面片对各个特征点云进行拟合，以获得相应特征的曲面基元，进而对各曲面基元进行处理，获得目标重建曲面，如图 3-2(a) 所示；二是由点到曲线再到曲面的建模方法。这种方法是在用户根据经验构建的特征曲线的基础上实现曲面造型，而后通过相应的处理以获得目标重建曲面的建模过程，如图 3-2(b) 所示。

传统曲面造型延续了传统正向 CAD 曲面造型的方法，并在点云处理与特征区域分割、特征线的提取与拟合及特征曲面片的创建方面提供了功能多样化的方法，配合建模人员的经验，容易实现高质量的曲面重建。但是，进行曲面重建需要大量建模时间的投入和熟练建模人员的参与，并且由于基于 NURBS 曲面建模技术，在曲面模型几何特征的识别、重建曲面的光顺性和精确度的平衡把握上，对建模人员的建模经验提出了很高要求。

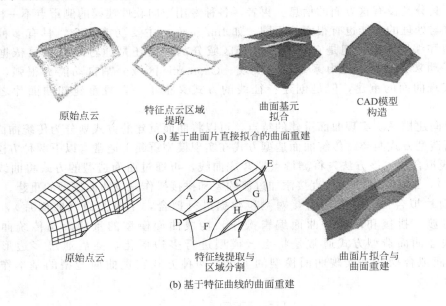

原始点云　　特征点云区域　　曲面基元　　CAD模型
　　　　　　　提取　　　　　拟合　　　　构造

(a) 基于曲面片直接拟合的曲面重建

原始点云　　特征线提取与　　曲面片拟合与
　　　　　　区域分割　　　　曲面重建

(b) 基于特征曲线的曲面重建

图 3-2　传统曲面造型方式建模

　　快速曲面造型方式是通过对点云的网格化处理、建立多面体化表面来实现的，其代表有 Geomagic Studio 和 RE-Soft 等。一个完整的网格化处理过程通常包括以下步骤：首先，从点云中重建三角网格曲面，再对这个三角网格曲面分片，得到一系列有 4 条边界的子网格曲面；其次，对这些子网格逐一参数化；最后，用 NURBS 曲面片拟合每一片子网格曲面，得到保持一定连续性的曲面样条，由此得到用 NURBS 曲面表示的 CAD 模型，可以用 CAD软件进行后续处理。图 3-3 中 Geomagic 的"三阶段法"便是快速曲面造型重建的一个典型说明。

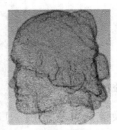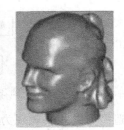

数据点阶段　　　　　　多边形阶段　　　　　　曲面造型阶段

图 3-3　快速曲面重建的"三阶段法"

　　快速曲面造型方式的曲面重建方法简单、直观，适用于快速计算和实时显示的领域，顺应了当前许多 CAD 造型系统和快速原型制造系统模型多边形表示的需要，已成为目前应用广泛的一类方法。然而，该类方法同时也存在计算量大、对计算机硬件要求高以及曲面对点云的快速适配需要使用高阶 NURBS 曲面等不足，而且面片之间难以实现曲率连续，难以实现高级曲面的创建。

3.2 逆向设计中的关键技术

3.2.1 点云数据处理技术

点云数据处理是逆向设计中的关键环节，数据处理的结果将直接影响后期模拟重构的质量。点云数据处理一般包括异常数据点排除和噪声数据点滤波处理、多视拼合、压缩精简数据等工作。

（1）异常数据点排除和噪声数据点滤波处理技术

由于实际测量过程中受到各种人为或随机因素的影响，使得测量结果包含噪声和杂点，为了降低或消除噪声对后续建模质量的影响，有必要对测量的点云数据进行平滑滤波处理。对于杂点噪声点的判别和处理，目前主要采用的方法如下：对明显的异常点和杂点，可通过肉眼判别，并用人机交互的方式直接删除；但对复杂问题通常采用程序判断滤波，即 N 点平均值滤波法以及预测误差递推辨识与卡尔曼滤波相结合的自适应滤波法等。

① 平均值滤波法。平均滤波器采样点的值取自滤波窗口内各数据点的统计平均值以取代原始点，改变点云的位置，使点云平滑。假设相邻的 3 个点分别是 X_0、X_1、X_2，通过中值滤波法得到新点 X_1'，$X_1' = (X_0 + X_1 + X_2)/3$，其中虚线所连的点代表平滑后的点，直线所连的点代表平滑前的点，如图 3-4 所示。

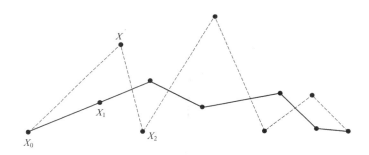

图 3-4　平均值滤波法

② 中值滤波法。中值滤波器采样点的值取自滤波窗口内各数据点的统计中值，这种滤波器消除数据毛刺效果较好。假设相邻的 3 个点分别为 X_0、X_1、X_2，通过中值滤波法平滑得到新点 X_1'，$X_1' = (X_0 + X_1 + X_2)/3$，如图 3-5 所示，其中虚线所连的点代表平滑后的点，直线所连的点代表平滑前的点。

③ 高斯滤波法。高斯滤波器在指定域内的权重为高斯分布，其平均效果较小，故在滤波的同时能较好地保持原数据的形貌，如图 3-6 所示。

④ 基于曲率变化的曲线分段去噪法。该算法依照曲率变化寻找分段点，在每段内分别进行曲线拟合，按扫描线逐行去噪，有效地提高对测量误差点的删除精度，保证拟合曲线的真实性和光顺性。该方法适于曲率变化较小的情况，使用 VC++6.0 完成算法实现。

⑤ 角度法和弦高差法去噪。角度法的判断原理是检查点沿扫描线方向与前后两点所形成的夹角若小于允许值，则该点可视为噪点；弦高差法连接检查点 P_i 满足 $\|e\| \geqslant [\varepsilon]$，$[\varepsilon]$ 为

给定的允差，则认为 P_i 点是噪点，需要删除。这种方法尤其适合密度较大的点云数据处理，如图 3-7 所示。

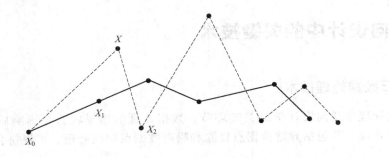

图 3-5 中值滤波法

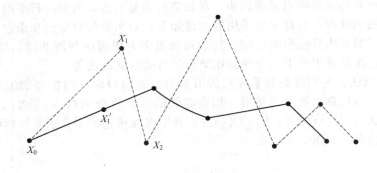

图 3-6 高斯滤波法

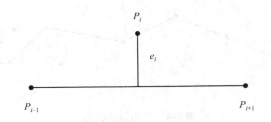

图 3-7 弦高差法

（2）多视拼合技术

由于被测件过大或形状复杂，所以测量时很难一次测出整个样件数据，通常是对其重新定位获得不同方位的表面信息，称为视。保留从不同方向或位置测量获得的数据，各视之间会有一定的重叠，就构成多视拼合问题。多视拼合有两种方法：一是点处理，即直接对点云进行对齐拼合，再重构出原型；二是对各视局部构造几何形体，然后拼合形体。由于各视的集合特征不一致，第二种方法带来的几何形体之间的布尔运算将涉及许多 CAD 中曲面的拼接、求交、拓延和过渡等，拼合效率较低，是目前解决得不够理想的难题。点拼合的最大优点是能对物体所求得的各个面有总体把握，能获得拓扑上一致的数据结构，所以比较常用。点云拼合后还应去掉各点云重叠的冗余数据，多视拼合后采用数据值叠加或者相减来进行数据融合。

多视对齐的数学定义可描述为，给定两个来自不同坐标系的三维扫描点集，找出两个点集的空间变换，以便它们能合适地进行空间匹配。假设用 $\{p_i|p_i\in R^3,i=1,2,\cdots,N\}$ 表示第一个点集，第二个点集表示为 $\{q_i|q_i\in R^3,i=1,2,\cdots,N\}$，两个点集的对齐匹配转换为使下列目标函数最小：

$$F(\boldsymbol{R},\boldsymbol{T})=\sum(\boldsymbol{R}p_i+\boldsymbol{T}-p_i')^2=\min \tag{3-1}$$

其中，$\boldsymbol{R}$ 和 $\boldsymbol{T}$ 分别是应用于点集 $\{p_i\}$ 的 3×3 阶旋转和平移变换矩阵；p_i' 表示在 $\{q_i'\}$ 中找到的和 p_i 匹配的对应点。因为式(3-1) 的求解是一个高度的非线性问题，点对齐问题的研究也就是集中于寻求式(3-1) 的快速有效的求解方法上。

（3）数据压缩和精简算法

在测量过程中，采集点的数量一般很大，再加上由于多视拼合后数据融合会造成数据庞大，这使得数据精简成为必然。有关数据精简和压缩的算法很多，不同类型的点云可采取不同的精简方式。对于扫描线点云，其中较常见的有均匀采样法、弦高偏移法、空间采样法、包围盒法、三维网格法等。

① 均匀采样法。均匀采样法是根据数据点的储存顺序，每隔 m 个数据点采取一个数据点，其他的数据点都被忽略，这里的 m 称为间隔（采样率）。当均匀采样法应用于有序数据（如扫描数据）时，便成为等间距采样法；而应用于非有序数据时，由于数据排列的无规律性模拟了均匀采样的随机性，因而称为随机采样法。对于稠密的数字化样件，均匀采样法是一种常用的快速简化的方法。此种方法的特点是按一定的压缩比在 i 个数据中提取出 n 个数据。它仅适合在实体是平面或接近于平面的情况下使用，缺点是很容易丢失边界特征及曲率变化较大区域的信息。

② 弦高偏移法。根据抽样定理，抽样点的疏密应随曲面曲率的变化而变化，曲率越大抽样点越密。针对实际情况，由于激光扫描获得的实物基本上是凸壳的，或者是多个凸壳的并集，而且扫描的数据是一条条的数据线，可以用基于弦值的方法对数据进行初步的线压缩。这种方法在选点时由两个参数决定：一个是最大偏移距离；另一个是已经保留的点与下一个保留点之间的距离。因为弦值的高低跟曲率有密切关系，这种筛选数据点的办法对于凸壳数据具有比较明显的筛选效果。弦高偏移法能根据法矢的变化情况对数据进行精简，这是比均匀采样法优胜的地方。它可以满足计算效率较高、曲率变化较大区域的数据精度。缺点是对于曲率变化较小且较平滑区域的精度不能得到很好的保证。

③ 均匀网格法。1996 年，Matin 等提出的均匀网格法数据压缩已经广泛应用于图像处理和逆向工程中，它用到了中值滤波法，以实现数据点的压缩。2001 年，K. H. lee 也提出了与Matin 等类似的均匀网格法。该方法是在垂直扫描方向构建一组大小相同的均匀网格，并根据压缩比确定四格尺寸。当数据点投影到网格平面上，把数据点分配至网格内，把网格内中间点作为特征点保留，其余的点被删掉。但它的缺点是所用的均匀网格对捕捉产品的外部形状不敏感，压缩后的任何区域内数据点的密度是相同的，不能保证曲面曲率较大区域的拟合精度。其特点是计算简单，消耗的时间少，能够保留数据点的原有特征。但是，它不考虑曲面形状特征，容易保留坏点，不考虑曲率变化，曲率变化较大的边界点容易被删除。

④ 非均匀三维网格压缩算法。该方法可以处理一次或多次获得重叠的实物点云数据。以八叉树原理和非均匀三维网格细分方法为基础，对原始的点云长方形包络进行细化，找出每个网格中的特征点，删除其他点，从而达到数据压缩的目的。该算法可处理各种形式的扫描点云数据，使压缩后的数据点密度随着曲面曲率变化而变化：曲面曲率大，数据点密度大；反之则小。这种方法占用内存少，计算速度快。

非均匀三维网格压缩算法是在均匀网格法的基础上研究并发展起来的。这种算法在保留了处理简单易实现优点的基础上克服了弱点，使之能够适应具体曲面的各种形状变化，确保压缩后的点云密度随着曲面的曲率变化而变化，并保留必要的边界处特征数据点；可大幅度提高压缩后数据的精度和工作效率，为进行参量化的原型自动生成和随机模型修改重建提供了必要的理论基础和先进技术，对于复杂汽车、模具曲面模型的重建等具有重要的应用价值。

　　点云数据压缩方法是逆向设计中的关键技术之一。如何对数据进行压缩，使压缩后的数据减少验算复杂性，提高效率，保证重建曲面的精度，使压缩后的数据点密度随着曲面曲率的变化而变化，是未来逆向设计中点云数据压缩的发展趋势。选择合理的方法对海量点云数据进行处理，对于保证曲面模型的重建精度和提高数据压缩效率至关重要。上述所研究的数据压缩算法，各具特色，但在算法的执行效率和压缩精度方面尚须进一步改进，使其在有效保留边界特征点的前提下更好地保证点云的整体精度，为下一步的模型重建打下良好的基础；应进一步开发能够快速准确进行设计的逆向软件，同时还应快速发展集成的逆向工程技术，其中包括先进的测量技术、数据处理技术、基于特征的模型创建技术、数字化制造技术等，以解决在整个逆向过程中的数据传输问题，提高数字化设计和制造的水平。

3.2.2　曲面重构技术

3.2.2.1　常用的曲面重构技术

　　一些复杂型面，如汽车的外壳和飞机的机翼等，一般不是由初等解析曲面组成，而是由自由曲面（Free Form Feature）构成。曲面重构技术是通过测量设备（如三坐标测量机、激光扫描、CCD 成像或工业 CT 设备等）得到大量的点云数据来重构实物的曲面模型。目前比较常用的曲面重构方法有以下几种：利用 B-Spline 方法来进行曲面重构；用 NURBS 方法来进行曲面重构；利用三角 Bernstein-Bzier 曲面模型方法来进行曲面重构等。

　　（1）B-Spline 曲面重构技术

　　B-Spline 曲面重构是逆向工程、计算机图形学及 CAD 中的重要重构方法。T. Maekawa 和 K. H. Ko 提出了一种 B-Spline 曲面重构的方法，不像放样和蒙皮生成曲面的方法，这种方法是通过无序的 B 样条曲线，减少曲线的约束条件，允许这些曲线在任意方向相交；再利用曲线在曲面上的性质生成曲面。它继承了 Bzier 方法的一切优点，又克服了它的缺点，较成功地解决了局部控制和参数连续问题上的拼接问题。B 样条曲面逼近效果比 Bzier 曲面更好，具有表示与设计自由曲线的强大功能，拥有直观性、凸包性、局部性、连续性与光滑性好及低次样条拟合稳定等优点。但是，该法也有以下问题：二次项难以精确表达；需定义矩形拓扑网格；难以用单一 B 样条曲面片重建任意拓扑曲面；难以同时满足相邻 B 样条面片间的切面连续和保持面片网与数据点的拟合。

　　样条曲面由 B 样条曲线构成，即在 2 个方向上多次构建 B 样条曲线。确定参数轴 u 和 v 的节点矢 $\boldsymbol{U}=[U_0,U_1,\cdots,U_{m+p}]$ 和 $\boldsymbol{V}=[V_0,V_1,\cdots,V_{n+q}]$，$p \times q$ 阶 B 样条曲面定义如下：

$$P(u,v)=\sum_{i=0}^{m}\sum_{j=0}^{n}P_{ij}N_{i,p}(u)N_{j,q}(v) \tag{3-2}$$

　　式中，$P_{ij}(i=0,1,\cdots,m;j=0,1,\cdots,n)$ 是控制点集，构成一张控制网格，成为 B 样条曲面的特征网格；$N_{i,p}(u)$ 和 $N_{j,q}(v)$ 是 B 样条曲面的基函数，控制网格及 B 样条曲面如图 3-8 所示。

　　（2）NURBS 曲面重构技术

　　非均匀有理 B 样条（Non-Uniform Rational B-Spline）曲面简称 NURBS 曲面。NURBS 曲面是 NURBS 曲线的推广，Piegl 和 Tiller 等对 NURBS 曲面做出了很大贡献，提出用控制点与权因子来修改 NURBS 曲面。InKyuPark 等提出先根据四边形网格和测量数据点进行插值，然后对插值点进行拟合获得 NURBS 曲面。该方法计算量小，但是所得曲面的精度很难控

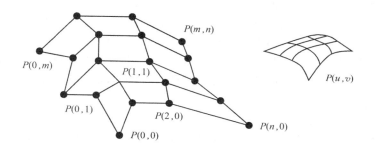

图 3-8　控制网格及 B 样条曲面

制，因为其所拟合的数据是插值数据，而非直接拟合测量数据。但是，这种曲面能精确表示解析实体和自由曲面。NURBS 比 B-Spline 曲线灵活性更大，效率和简洁度高，其具有在形状定义方面的强大功能和在设计方面的巨大潜在灵活性。

NURBS 曲面是 NURBS 曲线的推广。对于给定的一条 $k \times l$ 次 NURBS 曲面可表示为

$$S(u,v) = \frac{\sum\limits_{i=0}^{m}\sum\limits_{j=n}^{n}\omega_{i,j}P_{i,j}N_{i,p}(u)N_{j,q}(v)}{\sum\limits_{i=0}^{m}\sum\limits_{j=0}^{n}\omega_{i,j}N_{i,p}(u)N_{j,q}(v)} = \sum\limits_{i=0}^{m}\sum\limits_{j=0}^{n}P_{i,p,j,q}(u,v) \tag{3-3}$$

式中，$P_{i,j}$ 为特征网格控制点；$\omega_{i,j}$ 为控制点权因子；$N_{i,p}(u)$ 为 u 向 p 次 B 样条基函数；$N_{j,q}(v)$ 为 v 向 q 次 B 样条基函数；$P_{i,p,j,q}(u,v)$ 为双变量有理基函数。

（3）三角 Bernstein-Bzier 曲面重构技术

三角曲面又叫三边曲面。三角 Bernstein-Bzier 曲面构造重点是如何提取特征线，如何简化三角形网格和如何处理多视问题。首先可以利用型值点估算出曲面的局部几何性质以及曲面的特征线（阶跃、尖角及曲率极值），以此特征为基础建立初始的三角形网格；然后自适应递增、有选择地将模型数值插入三角形网格。在三角划分中，未用到的点都作为冗余数据。最后，通过三角 Bzier 曲面的构造得到一张光滑的曲面。Bzier 曲面能够适应复杂的形状及不规则的边界，具有灵活性、边界适应性好的特点。Bzier 曲面和 B 样条曲面都是通过控制特征网格的顶点来对拟合曲面进行调整。

Bzier 三角曲面方程的描述形式如下。设 P 是三角形 $T = \Delta T_1 T_2 T_3$ 上的点，(u,v,w) 是点 P 关于 T 的重心坐标，则定义在三角形 T 上的 n 次 Bzier 三角曲面为：

$$T^n(P) = T^n(u,v,w) = \sum\limits_{i=0}^{n}\sum\limits_{j=0}^{n-i}b_{i,j,k}B^n_{i,j,k}(u,v,w) \tag{3-4}$$

式中，$B^n_{i,j,k}(u,v,w)$ 为三角上域的双变量 n 次伯恩斯坦基函数；$b_{i,j,k}$ 为 Bzier 控制顶点；$i+j+k=n$，$u+v+w=1$，$0 \leqslant u$、v、$w \leqslant 1$。

$$B^n_{i,j,k}(u,v,w) = \frac{n!}{i!\,j!\,k!}u^i v^j w^k \tag{3-5}$$

3.2.2.2　曲面重构的相关关键技术

（1）测量数据的分割技术

实物原型数字化后应以空间离散点的形式储存，还要利用计算机对这些离散点进行处理。通常复杂型面都含有自由曲面，用一张曲面来拟合所有的数据点是绝对行不通的。因此，一般应按照实物原型所具有的特征将点云划分成不同的区域，用属于不同区域的数据点分别拟合出不同的曲面片，然后应用曲面求交或曲面间过渡的方法将不同曲面片拼合起来构成一个整体，

所以数据分割技术是曲面重构的关键技术之一。对于数据分割，可以应用一种基于特征的单元区域分割法。所谓单元区域，就是以最基本的简单表面片作为初始单元区域，再根据单元的微分几何性质和功能分析来判断其周围的数据点是否属于该表面片，将与之有相似几何特征和功能的点划入该单元区域，并更新与单元区域对应的表面片的类型，将其视为单元区域的扩展。这种分割方法把具有相同或相似的几何特征及功能特征的空间点划为同一区域，其分割的结果可靠性高，易于实现。

（2）曲面拟合及光顺技术

根据生成的特征线网格化模型，自动生成一系列相邻的曲面片，并按照一定的曲面拟合算法，光顺连接，构成完整的复杂曲面，曲面片之间满足一定的、由设计人员定义的过渡约束，如相切、连续性、光顺性等。这些曲面片被自动覆盖到数字化平面上，以尽可能与原始数据型面相吻合。曲面拟合可以分为插值和逼近两种方式。插值拟合的曲面将通过所有数据点；逼近拟合的曲面不一定通过所有的数据点。其中，插值拟合适合测量设备精度高、数据点坐标比较精确的情况。

假设给定了 $(m+1) \times (n+1)$ 个型值 $\{Q_{k,j}\}$，$k = 0$、1、$\cdots$、m，我们计算出一条 (p, q) 次 B 样条曲面使其插值于这些点，即

$$Q_{k,j} = S(\bar{u}_k, \bar{v}_l) = \sum_{i=0}^{n} \sum_{j=0}^{m} N_{i,p}(\bar{u}_k) N_{j,q}(\bar{v}_l) P_{i,j} \tag{3-6}$$

第一步是给型值点参数化，得出合理的 $(\bar{u}_k, \bar{v}_l)$ 值及其节点空间 U 和 V，此处 $\bar{u}_k$ 的一个常用计算过程方法为，对于每一个 l，按照选厂参数化的方法计算 $\bar{u}_0^l$、$\bar{u}_1^l$、$\cdots$、$\bar{u}_m^l$，然后对于所求的 $\bar{u}_k^l$（$l = 0$、1、$\cdots$、m）做平均处理即可得到 $\bar{u}_k$。

$$\bar{u}_k = \frac{1}{m+1} \sum_{i=0}^{m} \bar{u}_k^l, k = 0、1、\cdots、n \tag{3-7}$$

类似可计算出 $\bar{v}_k$，节点空间求取方法与曲线插值节点空间求取方法相同。

第二步反求控制顶点，式（3-6）给出了 $(n+1) \times (m+1)$ 个线性方程组，其中 $P_{i,j}$ 是未知量。由于 $S(u,v)$ 是张量面积，$P_{i,j}$ 可以通过一系列曲线插值反求过程得到。

由于数字化过程中存在误差，所以构造出来的曲面就需要判断其光顺性。而曲面的光顺性可以按曲面网格曲线的光顺准则判断，通过光顺曲面的网格曲线同时使用光照模型、曲率图、等高斯曲率线等辅助手段来找到曲面的不光顺区域，进而对不光顺区域曲面进行光顺。

曲面重构技术的基本要求是准确、易行。准确就是所建立的数学模型要较准确地反映原来曲面的形状；易行就是能够使用计算机方便完成曲面的储存、分析、计算和绘制。逆向工程技术中的曲面重构技术在产品研究开发中是一项开拓性、实用性和综合性很强的技术。其难点为曲线的构建、检测和修改。只有得到光顺的曲线，拟合的曲面才能光顺。曲面与点云的吻合精度主要靠关键特征线的提取和构建精度来保证，这一点也是今后研究的重点。

3.2.2.3　误差分析及精度控制技术

在逆向过程中，我们从产品的实物模型重建得到了产品的 CAD 模型。但是，重构的 CAD 模型能否表现产品实物？两者之间的误差有多大？这两个问题仍未得到解决。因此，模型精度评价主要解决这两个问题。

上述两个问题可用于评价数学模型的精度，即重建得到的 CAD 模型。这就是模型评价所包括的两个方面：一是通过比较数据模型和 CAD 模型的差异来评价模型精度；二是对模型的光顺度即曲面质量进行评价。下面从逆向工程的过程出发，在分析误差来源、产生原因，以及各种误差大小对最终 CAD 模型的影响基础上，提出模型精度评价的指标和有效的误差控制策略。

（1）误差的种类

① 原型误差。由于逆向工程是根据实物原型来重构模型的，但是原产品在制造时会存在制造误差，使实物几何尺寸和设计参数之间存在偏差。如果原型是使用过的，则还存在磨损误差。原型误差一般较小，其大小一般在原设计的尺寸公差范围内，对使用过的产品可以根据使用年限，考虑加上磨损量。另外，实物的表面粗糙度会影响数据的测量精度。

② 测量误差。在逆向工程中，实物原型的三维模型是通过三维扫描仪扫描得来的。在扫描过程中，受到环境、人员、设备性能、参数设置等诸多因素的影响，三维扫描得到的三维模型尺寸与实物的实际尺寸存在客观误差，一般情况下可以通过提高操作人员的作业水平、改良设备性能、调节扫描参数设置、手动测量关键部位的尺寸等来减小误差，但测量误差只能减小，无法彻底消除。

③ 数据处理误差。数据处理是对测量数据进行平滑及转换。数据平滑有时可能会丢失特征信息，而数据转换又称数据坐标变换，主要用于多视数据的重定位。受到测量范围的限制，当零件的外表和内腔都需要测量时，测量过程需要分多次完成，因为每次测量的坐标系是不同的，而造型必须在一个坐标系下进行。这就存在一个数据的坐标变换问题。

（2）误差分析与精度控制技术

精度反映逆向模型同实物模型和产品差距的大小。评价指标分为整体指标和局部指标，还可以分为量化指标和非量化指标。非量化指标主要用于曲面质量评价。整体指标是指实物或模型总体指标，如整体几何尺寸、体积、面积（表面积）以及几何特征间的几何约束关系，如孔、槽之间的尺寸和定位关系；局部指标是指曲面片与实物对应曲面的偏离程度。量化指标是指精度的数值大小。非量化指标主要用于曲面模型的评价，如曲面的光顺性等，主要通过曲面的高斯曲率分布、光照效果、法矢和主曲率图检验光顺效果，并参照人的感官评价。

（3）参数曲面的几何连续性

参数连续性同样不能确切度量曲面连接的光顺性。参数曲面的连续性也需要几何连续性来评价。如果两曲面具有公共的连接线，则称它们是位置连续或是 G_0 连续的，曲面的零阶几何连续 G_0 与零阶参数连续 G_0 也是一致的。两参数曲面的 G_1 连续性又称为切平面的连续性，其定义为：当且仅当两曲面沿它们的公共连接线处具有公共的切平面或公共的曲面法线时，两曲面沿该公共连接线是具有 G_1 连续性或是 G_1 连续的。G_2 连续又称曲率连续，G_2 连续性要求沿公共连接线在所有的方向处都具有公共的法曲率。其条件是：当且仅当两曲面沿着它们的公共连接线处除具有公共的切平面外，又有公共的主曲率，及在两个主曲率不相等时，具有公共的主方向。

（4）曲面品质分析

概述曲面品质分析的方法主要是分析曲面的光顺性。尽管可以通过曲面的曲率变化来评价光顺效果，但是无具体的曲率值作为依据，多数场合还是以人的眼光来判断曲面是否光顺。曲面的光顺处理主要有下面两种方式：①将曲面的光顺性转换成网格线的光顺性问题处理；②根据曲面特有的一些量对曲面进行光顺处理，而不仅仅考虑曲面的网格线。具体的方法有能量法、最小二乘法、回弹法、基样条法、圆率法、磨光法（盈亏修正法）等。在本次设计中，选用最小二乘法进行光顺性处理。

（5）精度量化指标

① 在实际的工程应用中，通常是用测量点到曲面模型的距离来作为模型是否准确的一种判定指标。在逆向工程中，实物样件已经数字化，可以用一系列采样点来描述实物样件。因此，实物样件与模型曲面之间的误差可以通过采样点与模型曲面之间的误差表示。模型与实物的对比问题则转换为计算点到曲面的距离。其精度指标可以采用以下几个距离指标表示：最大距离、平均距离和距离误差估计等。对组合曲面可以分别计算各个子曲面的距离指标，而且采

样点不必选择所有的测量点，只需从测量点集中选取一些点作为参考点即可。只要采样参考点到曲面模型的距离指标的最大值不超过给定的阈值，则可以认为重建模型是合格的。

② 点到曲面的最小距离。令点 Q 到曲面 $r(u, v)$ 的最近点是 $P(u, v)$，则在点 $P(u, v)$ 的邻域内有 $D=(P-Q)$，矢量 $(P-Q)$ 必须与曲面在点 $P(u, v)$ 的法矢方向相同。因而，点到曲面的最小距离问题可以转化为计算点在参数曲面 $r(u, v)$ 上的投影，而投影方向为曲面的法矢。一般，空间任意点在曲面的投影可以表示为 Q'，P' 为 Q' 在曲面上的投影；R 为点 Q' 到曲面 $r(u, v)$ 的最短距离；u，v 为参数曲面的母导数。

3.3 主流软件介绍

3.3.1 Geomagic

Geomagic Studio 是由美国 Geomagic 公司出品的逆向工程和三维检测软件，可轻易地从扫描所得的点云数据创建出完美的多边形模型和网格，并可自动转换为 NURBS 曲面。Geomagic Studio 可根据任何实物零部件自动生成准确的数字模型。Geomagic Studio 还为新兴应用提供了理想的选择，如定制设备大批量生产、即定即造的生产模式以及原始零部件的自动重造。Geomagic Studio 软件界面如图 3-9 所示。

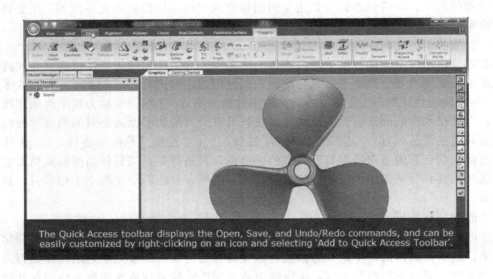

图 3-9　Geomagic Studio 软件界面

Geomagic Studio 的特点：确保完美无缺的多边形和 NURBS 模型处理复杂形状或自由曲面形状时，生产率比传统 CAD 软件提高十倍；自动化特征和简化的工作流程可缩短培训时间，并使用户免于执行单调乏味、劳动强度大的任务；可与所有主要的三维扫描设备和 CAD/CAM 软件进行集成，能够作为一个独立的应用程序运用于快速制造，或者作为对 CAD 软件的补充。

Geomagic Studio 主要包括 Qualify、Shape、Wrap、Decimate、Capture 五个模块。主要功能包括：

① 自动将点云数据转换为多边形（Polygons）。

② 快速减少多边形数目（Decimate）。

③ 把多边形转换为 NURBS 曲面。

④ 曲面分析（公差分析等）。

⑤ 输出与 CAD/CAM/CAE 匹配的文件格式(IGS、STL、DXF 等)。

　　Geomagic Design X（原 Rapidform XOR）是业界更全面的逆向工程软件，结合基于历史树的 CAD 数模（数据模型）和三维扫描数据处理，能创建出可编辑、基于特征树的 CAD 数据模型，并与现有的 CAD 软件兼容。Geomagic Design X 软件的强大之处在于其兼备逆向建模与正向再设计两者的特点，通过自动特征识别对三维网格面模型进行领域分组。通过面片草图获得模型的截面线和轮廓线，根据所得草图直接进行实体特征创建，进而得到原始产品的 CAD 模型，使用正向建模工具对面片草图进行编辑修改实现参数化与再设计。Geomagic Design X 软件的界面如图 3-10 所示。

图 3-10　Geomagic Design X 软件界面

3.3.2　Imageware

　　Imageware 由美国 EDS 公司出品，被广泛应用于汽车、航空航天、消费家电、模具、计算机零部件等设计与制造领域。该软件拥有广大的用户群。

　　以前该软件主要被应用于航空航天和汽车工业，因为这两个领域对空气动力学性能要求很高，在产品开发的开始阶段就要认真考虑空气动力性能。常规的设计流程是：首先根据工业造型需要设计出结构，制作出油泥模型之后将其送到风洞实验室去测量空气动力学性能，然后根据实验结果对模型进行反复修改直到获得满意结果为止，如此所得到的最终油泥模型才是符合要求的模型。为了将油泥模型的外形精确地输入计算机使之成为电子模型，就需要采用逆向工程软件。首先利用三坐标测量仪器测出模型表面点阵数据，然后利用逆向工程软件 Imageware 进行处理即可获得 A 级曲面。Imageware 软件界面如图 3-11 所示。

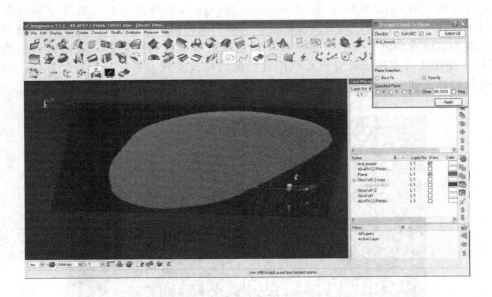

图 3-11　Imageware 软件界面

随着科学技术的进步和消费水平的不断提高，许多其他行业也纷纷开始采用逆向工程软件进行产品设计。以微软公司生产的鼠标器为例，就其功能而言，只需要 3 个按键就可以满足使用需要。但是，如何才能让鼠标器的手感更好，而且经过长时间使用也不易产生疲劳感才是生产厂商需要认真考虑的问题。因此，微软公司首先根据人体工程学制作了几个模型并交给使用者评估，然后根据评估意见对模型直接进行修改，直至修改到满意为止，最后再将模型数据利用逆向工程软件 Imageware 生成 CAD 数据。当产品推向市场后，由于其外观新颖、曲线流畅，再加上手感很好，符合人体工程学原理，因而迅速获得用户的广泛认可，产品的市场占有率大幅度上升。

Imageware 采用 NURBS 技术，软件功能强大。其处理数据的流程遵循点-曲线-曲面原则，流程简单清晰，软件易于使用，在计算机辅助曲面检查、曲面造型及快速样件等方面具有其独特优势。

3.3.3　CopyCAD

CopyCAD 是由英国 Delcam 公司出品的功能强大的逆向工程系统软件，它能允许从已存在的零件或实体模型中产生三维 CAD 模型。该软件为来自数字化数据的 CAD 曲面的产生提供了复杂的工具。CopyCAD 能够接收来自坐标测量机床的数据，同时能够跟踪机床和激光扫描器。

Delcam CopyCAD Pro 是世界知名的专业化逆向/正向混合设计 CAD 系统，采用全球首个 Tribrid Modelling 三角形、曲面和实体三合一混合造型技术，集三种造型方式为一体，创造性地引入了逆向/正向混合设计的理念，成功地解决了传统逆向工程中不同系统相互切换、烦琐耗时等问题，为工程人员提供了人性化的创新设计工具，从而使得"逆向重构＋分析检验＋外形修饰＋创新设计"可在同一系统下完成。CopyCAD Pro 为各个领域的逆向/正向设计提供了高速、高效的解决方案。Delcam CopyCAD 软件界面如图 3-12 所示。

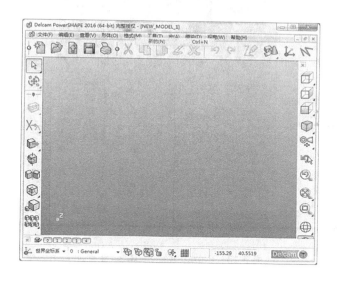

图 3-12　Delcam CopyCAD 软件界面

Delcam CopyCAD Pro 具有高效的巨大点云数据运算处理和编辑能力，提供了独特的点对齐定位工具，可快速、轻松地对齐多组扫描点组，快速产生整个模型；自动三角形化向导可通过扫描数据自动产生三角形网格，最大限度地避免了人为错误；交互式三角形雕刻工具可轻松、快速地修改三角形网格，增加或删除特征或是对模型进行光顺处理；精确的误差分析工具可在设计的任何阶段帮助用户对照原始扫描数据对生成模型进行误差检查；Tribrid Modelling 三合一混合造型方法不仅可进行多种方式的造型设计，同时可对几种造型方式采用混合布尔运算，提供了灵活而强大的设计方法；设计完毕的模型可在 Delcam PowerMILL 和 Delcam Fea-tureCAM 中进行加工；还能够快速掌握其功能，即使对于初次使用者也能满足要求。使用 CopyCAD 的用户将能够快速编辑数字化数据，产生具有高质量的复杂曲面。该软件系统还可以完全控制曲面边界的选取，然后根据设定的公差能够自动产生光滑的多块曲面；同时，CopyCAD 还能够确保在连接曲面之间的正切的连续性。该软件的主要功能如下：①数字化点数据输入；②点操作；③三角测量；④特征线的产生；⑤曲面构造。

3.3.4　Rapidform XOR3

Rapidform XOR3 是由 INUS 公司推出的一款逆向工程软件，也是较为经典的逆向工程软件之一，需要说明的是，该软件由韩国公司开发。该软件采用新一代的云算模式，可以与三维扫描仪配合进行尺寸的测量，这样就可以快速地创建出相应的三维虚拟模型，并拥有数据采集、数据预处理、结构特征重建等多种功能，可以大幅度地缩短产品制作的周期。Rapidform XOR3 软件界面如图 3-13 所示。

Rapidform XOR3 具有多点云处理技术，可以迅速处理庞大的点云数据，不论是稀疏的点云还是噪点都可以轻易地转换成非常好的点云。Rapidform 可提供过滤点云工具以及分析表面偏差的技术来消除三维扫描仪所产生的不良点云，同时它还具有多点云数据管理界面，高级光

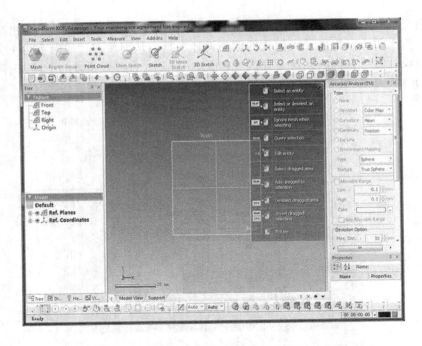

图 3-13　Rapidform XOR3 软件界面

学三维扫描仪会产生大量的数据（可达 100000～200000 点）。由于数据非常庞大，因此需要昂贵的电脑硬件才可以运算。目前，Rapidform 提供的记忆管理技术（使用更少的系统资源）可缩短处理数据的时间；快速点云可转换成多边形曲面的计算法。

　　Rapidform 能处理无顺序排列的点数据以及有顺序排列的点数据；Rapidform 还支持彩色三维扫描仪，可以生成最佳化的多边形，并将颜色信息映像在多边形模型中。在曲面设计过程中，颜色信息将被完整保存，也可以运用 RP 成型机制作出有颜色信息的模型。Rapidform 也可提供上色功能，通过实时上色编辑工具，使用者可以直接对模型编辑自己喜欢的颜色；并且 Rapidform 支持多个点扫描数据手动方式以进行特殊的点云合并，使用者可以方便地对点云数据进行各种各样的合并。

　　该软件的主要功能如下：①多点云处理技术；②多点云数据管理界面；③快速点云转换成多边形曲面的计算法；④彩色点云数据处理；⑤点云合并处理。

3.4　案例分析

　　在逆向软件中模型重构的方法主要分为传统曲面造型和快速曲面造型，两种方法各有优劣。以下分为案例一和案例二分别讲解两种方法的建模方法以及后续的处理。

3.4.1　案例一

（1）三维扫描

　　通过产品的三维测量，即可获得模型数据点云。不同的测量对象和测量目的，决定了测量过程和测量方法的不同。由于洗衣液塑料瓶需要采集所有面的数据，曲面虽多，但结构简单、无视野死角、便于激光扫描，故采用光栅式扫描仪进行三维扫描以获得洗衣液塑料瓶的产品数据点云。测量工件图及测量数据点云如图 3-14 所示。

(a) 测量工件图　　　　　　　　　　　　　　　(b) 测量数据点云

图 3-14　测量工件图及测量数据点云

（2）点云处理

首先对数据进行预处理，包括噪声识别与去除、数据压缩与精简、数据补全和数据平滑等。在 Geomagic Design X 软件中，常用命令有过滤杂点、采样、平滑等命令。数据合并是指单个工件因为结构特征复杂，需要多次测量而形成多个点云数据时，要进行数据拼接，以便构成整个工件的完整有效点云。处理完毕后的点云如图 3-15 所示。

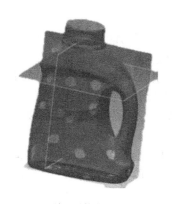

(a) 处理后的点云图　　　　　　　　　　　　　　　(b) 坐标对齐

图 3-15　处理完毕后的点云

（3）片面处理

在得到塑料瓶处理后的点云数据过后，在 Geomagic Studio 进行三角片面化，得到片面文件，然后对得到的片面文件进行封装，封装完成后将得到的片面文件有效移除重叠区域并将相邻境界缝合在一起。对于网格面首先运用"修补精灵"工具自动修复面片中的各种缺陷；再运用"消减""细分""平滑""加强形状""整体再面片化"等工具对面片进行精简优化。最终得到较为理想的片面文件。

在片面处理结束后，将片面进行领域组分割。领域组分割是根据曲率值将三角面片划分为不同特征领域。坐标归一化，即测量数据对齐定位，主要有基准点测量、三点对齐坐标变换等方法，如图 3-15(b) 所示。Geomagic Design X 软件有手动对齐和自动对齐命令，主要采用 3-2-1 和 X-Y-Z 两种对齐方式，以快速利用常见几何要素进行几何坐标的变换与对齐。

（4）特征提取与数字化模型构建

Geomagic Design X 软件采用基于领域组划分的逆向数字化建模方法，通过对原产品面片组进行领域划分，可实现对不同特征更加准确的分割以及对同一特征不同曲率区域进行辨别，有利于创建非规则特征的参数化模型，实现对复杂自由形状的精确拟合，从而创建准确的参数化 CAD 模型。本案例产品的领域组划分如图 3-16(a) 所示。瓶口处是规则特征圆柱面；而瓶颈处和瓶身处，根据领域划分特点，可分别按境界拟合和面片拟合的方法生成曲面，如图 3-16(b) 所示，以方便后续特征的剪切、合并和缝合等操作。在瓶把处，可以使用基于二维的面片草图或三维的面片草图，截取 5 个草图轮廓，然后使用放样命令生成实体特征。

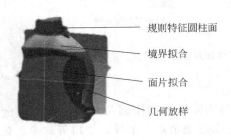 

（a）划分的领域组图　　　　　　　　（b）境界拟合和面片拟合方法生成曲面

图 3-16　案例一产品划分的领域组图及面片拟合曲面

在规则特征的创建过程中，利用 Geomagic Design X 的面片草图功能以及点云数据提供的测量几何信息，截取产品轮廓的二维草图或边界轮廓。因为三维测量的点云数据存在一定数量的噪声或误差，导致由点云数据组成的三角面片存在不光顺、缺失、交叠或畸变等问题。因而，在截取的面片草图上要进行修正、光顺等处理。其主要方法为参照截面线使用直线与圆弧命令重新绘制草图。这种方法获得的草图质量高，曲率连续性好。另一种方法是使用样条线拟合草图曲线，然后调整样条线的节点数平滑草图曲线。在获得二维截面草图后，可以使用软件提供的命令，如提取几何形状、拉伸、旋转、放样、扫描等方式，构建曲面或实体主要特征。当产品复杂自由曲面较多时，可以利用面片拟合、境界拟合及曲面的复制、延伸、裁剪、缝合等命令，重构数字化模型。当以逆向设计完成产品的主体特征后，可以继续使用倒圆角、抽壳等命令完善产品的细节设计。如果抽壳或圆角特征等比较复杂，可以将产品的数字化模型转换至 UGNX、CREO、SolidWorks 等其他大型商业造型软件。输出格式可以满足多种格式，如 IGES、STP、X_t 等格式。利用上述软件的高级曲面编辑功能，如 X 成型、扩大面、整修面等命令，继续调整完善。

（5）模型偏差对比分析

Geomagic Design X 软件提供了偏差分析、曲率分析、连续性分析等方法，可以动态观察模型偏差结果、曲面的光顺程度等。在圆角处和手柄交界处，因为还没有设置圆角特征，故偏差较大。当然，仅仅逼近点云是不够的，必须考虑许多其他因素，如曲面的整体光顺和有无波纹、起皱、畸变等因素，可以在 Geomagic Design X、UGNX 等软件进行分析比较。案例一的曲面偏差分析色图及 UG 曲面光顺反射图如图 3-17 所示。因而，逆向设计往往需要多个软件集成交叉，扬长避短，发挥各个软件在建模过程的优势，快速、高效、合理地完成逆向设计任务。

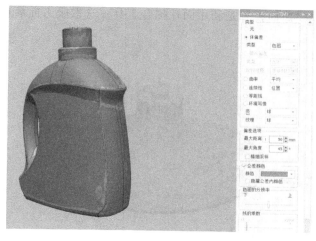

(a) 曲面偏差分析色图   (b) UG曲面光顺反射图

图 3-17 案例一的曲面偏差分析色图及 UG 曲面光顺反射图

3.4.2 案例二

（1）三维扫描

本案例扫描的物品叶轮是金属件，光线漫反射能力较弱，故为了获得较好的点云数据，需要在叶轮表面均匀地喷涂一层显像剂，增加漫反射能力；并且叶轮的叶片互相遮蔽，可供激光扫描的角度较小，不利于点云数据的采集。因此，采用手持式激光扫描仪进行扫描。

（2）点云处理

点云的处理方法由案例一可知，并对点云数据进行噪声识别与去除、数据压缩与精简、数据补全和数据平滑等。在 Geomagic Design X 软件中，采用过滤杂点、采样、平滑等命令，最终得到一个较为理想的点云文件。

（3）片面处理

将获得的点云文件进行三角网格处理，得到片面文件，然后填补面片。应对这种特征较多、数据量较大且有部分残缺的面片进行填补处理，这样可以使面片完整，填补处理后面片的光滑程度更高，整体感强，更美观。在扫描过程中因有标志点遮挡而造成的部分残缺，在后续处理中也会对标志点部分进行更具体的处理，例如降噪。为了获得质量上乘的面片，除以上步骤外，还应进行光滑面片、强化特征、删除钉状物等一系列操作。

（4）特征提取与数字化模型构建

① 领域划分。导入预处理好的叶轮 STL 数据，利用领域组功能划分区域并示以不同的颜色以判断特征，根据需要进行修改。

② 坐标建立。利用手动对齐工具重合基础坐标系的原点和叶轮上表面的中心点。

③ 叶轮回转体的重建。选择面片草图工具，截出叶轮回转体的截面轮廓，在此基础上拟合出完整的草图轮廓（图 3-18），然后旋转形成完整实体。拟合线条时的精度可用误差分析工具反复检查并调整。

④ 叶轮包覆曲面的重建。截出截面轮廓，拟合形成草图轮廓，旋转形成曲面，同时形成大叶片前缘部分的裁剪边界面（图 3-19）。

⑤ 叶片曲面的重建和拟合精度控制。叶片曲面的形状和精度是叶轮重建最关键的部分之一，在软件中拟合形成 NURBS 曲面主要有两种方法：一是利用放样工具，选中大叶片后自动

截出一定数量的断面线,随之构成放样曲面;二是利用面片拟合工具,选取吸力面后自动构成含有控制点的网格面,如图 3-20 所示。

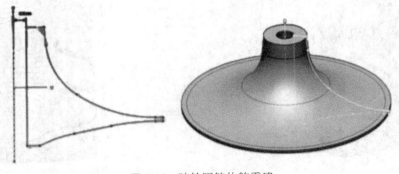

图 3-18 叶轮回转体的重建

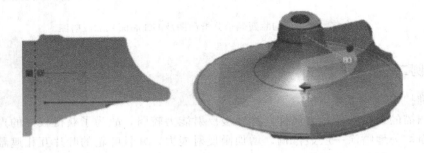

图 3-19 叶轮包覆曲面的重建

图 3-20 叶片曲面的重建及精度控制

以同样方法得到两组(共 4 张)叶片曲面。利用误差分析工具对拟合形成的叶片曲面和原始数据进行比对,公差设置为±0.1mm,微调曲面上的控制点来调整曲面的偏差值,保证所需部分拟合曲面精度都处在公差范围内,就可满足重建精度要求。

⑥ 分流叶片裁剪边界曲面的形成。分流叶片和大叶片的高度是不一样的,大叶片的裁剪边界面在步骤④中已经完成。采用同样方法,截取拟合出分流叶片前缘的边界线。

⑦ 曲面的裁剪和阵列。叶轮各个部分重建完成后,需要进行最后的重建。对前面各步骤形成的曲面进行延伸、裁剪、合并等操作,以得到大叶片和分流叶片的一组完整形状,如图 3-21 所示。

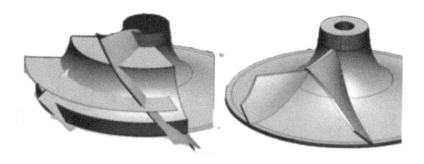

图 3-21　曲面裁剪和阵列

⑧ 圆角过渡。对曲面相连处进行圆角过渡，形成最终的叶轮模型。

（5）误差对比与分析

对叶片进行阵列并缝合，得到除过渡之外的叶轮模型，如图 3-22 所示。比对完整模型与原始数据的拟合偏差，除了扫描不完整部分、动平衡缺口部分、圆角过渡部分之外，大部分区域拟合误差都在±0.1mm 之间。

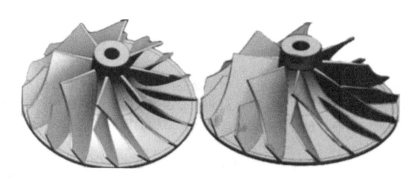

图 3-22　叶片的阵列结果与整体偏差分析

🎓 思考题

1. 什么是 CAD 逆向建模技术？
2. 逆向建模技术有哪些？
3. 比较逆向建模技术之间有何区别以及优劣势。
4. 点云处理包括哪些步骤？
5. 数据压缩和精简算法有哪些？原理是什么？
6. 曲面重构方法有哪些？原理是什么？
7. 比较现有的曲面重构方法之间有何区别以及优劣势。
8. 曲面重构的相关关键技术有哪些？
9. 浅谈 CAD 逆向建模技术未来发展的趋势。
10. 简单介绍一种逆向软件，并且比较它与其他软件的区别和优势。

第4章

基于 Altair OptiStruct 结构优化设计

4.1 概述

设计问题从某种角度来说是优化问题，即在保证产品达到某些性能目标并满足一定约束条件的前提下，通过改变某些设计变量，使产品的性能达到最期望的目标。例如，在结构满足刚度、强度要求的前提下，通过改变某些设计变量，使结构的重量最轻，这不但节省材料，也方便运输安装。

优化设计以数学规划为理论基础，将设计问题的物理模型转化为数学模型，运用最优化数学理论，以计算机和应用软件为工具，在充分考虑多种设计约束的前提下寻求满足预定目标的最佳设计。有限元法被广泛应用于结构分析中。采用这种方法，任意复杂问题都可以通过它们的结构响应进行研究。目前最优化技术与有限元法结合产生的结构优化技术逐渐发展成熟，并成功地应用于产品设计的各个阶段。

4.1.1 Altair OptiStruct 结构优化方法简介

Altair OptiStruct（以下简称 OptiStruct）是一个面向产品设计、分析和优化的有限元和结构优化求解器，拥有全球先进的优化技术，提供全面的优化方法。OptiStruct 自 1993 年发布以来，被广泛而深入地应用到许多行业，在航空航天、汽车、机械等领域成功地获得大量应用，赢得多个创新大奖。

OptiStruct 是以有限元法为基础的结构优化设计工具。它提供拓扑优化、形貌优化、尺寸优化、形状优化以及自由尺寸和自由形状优化，这些方法被广泛应用于产品开发过程的各个阶段。

概念设计优化可用于概念设计阶段，采用拓扑（topology）、形貌（topography）和自由尺寸（free sizing）优化技术得到结构的基本形状。详细设计优化则用于详细设计阶段，在满足产品性能的前提下采用尺寸（size）、形状（shape）和自由形状（free shape）优化技术改进结构。拓扑、形貌、自由尺寸优化是基于概念设计的思想，作为结果的设计空间还要反馈给设计人员并作出适当的修改。经过设计人员修改过的设计方案可以再经过更为细致的形状、尺寸以及自由形状优化得到更好的方案。最优的设计往往比概念设计的方案结构更简单且性能更佳。表 4-1 为 OptiStruct 六种优化方法的特点和应用。

⊡ 表 4-1　OptiStruct 六种优化方法的特点和应用

优化方法	特点	应用
拓扑优化	在给定的设计空间内找到最优的材料分布	
形貌优化	在钣金件上找出最佳的加强肋位置、面尺寸等	
尺寸优化	尺寸和参数优化，如优化梁的截面尺寸等	
自由尺寸优化	找出板壳结构上每个区域（单元）的最佳厚度	
形状优化	直接基于有限元网格优化产品的位置和几何形状	

优化方法	特点	应用
自由形状优化	自动确定选定区域的最佳结构形状	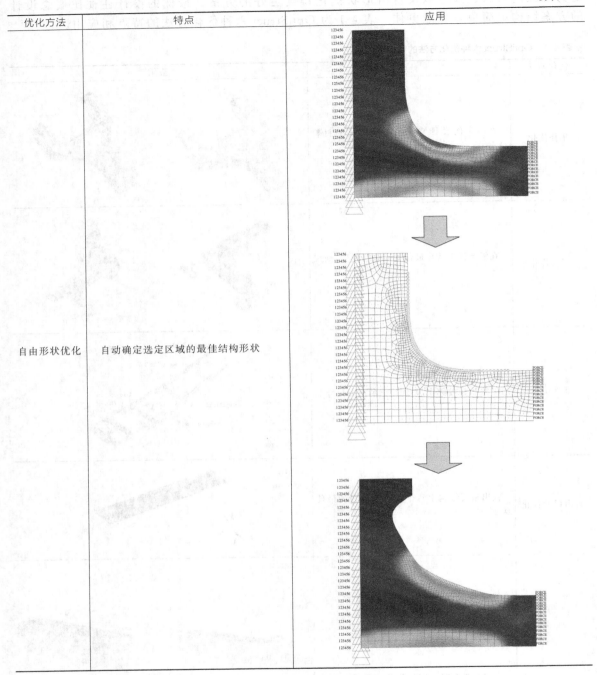

    OptiStruct 提供的优化方法可以对静力、模态、屈曲、频响等分析过程进行优化，其稳健高效的优化算法允许在模型中定义成千上万个设计变量。设计变量可取单元密度、节点坐标、属性（如厚度、形状尺寸、面积、惯性矩等）等。此外，用户也可以根据设计要求和优化目标，方便地自定义变量。在进行结构优化过程中，OptiStruct 允许在有限元计算分析时使用多个结构响应，用来定义优化的目标或约束条件。OptiStruct 支持的常见结构响应包括位移、速度、加速度、应力、应变、特征值、屈曲载荷因子、结构应变能，以及各响应量的组合等。

OptiStruct 提供丰富的参数设置，便于用户对整个优化过程及优化结果的实用性进行控制。这些参数包括优化求解参数和制造加工工艺参数等。用户可以设定迭代次数、目标容差、初始步长和惩罚因子等优化求解参数，也可以根据零件的具体制造过程添加工艺约束参数，从而得到正确的优化结果并方便制造。

4.1.2 OptiStruct 优化设计的数学基础

（1）结构优化的数学模型

优化设计有三要素，即设计变量、目标函数和约束条件。设计变量是在优化过程中发生改变从而提高性能的一组参数。目标函数就是要求的最优设计性能，是关于设计变量的函数。约束条件是对设计的限制，也是对设计变量和其他性能的要求。

优化设计的数学模型可表述如下。

$$最小化（minimize）： \quad f(X) = f(x_1, x_2, \cdots, x_n)$$
$$约束条件（subject\ to）： \quad g_j(X) \leqslant 0 \qquad j = 1, \cdots, m$$
$$h_k(X) = 0 \qquad k = 1, \cdots, m_h$$
$$x_i^{\mathrm{L}} \leqslant x_i \leqslant x_i^{\mathrm{U}} \qquad i = 1, \cdots, n$$

式中，$X = x_1, x_2, \cdots, x_n$ 是设计变量；$f(X)$ 是目标函数；$g(X)$ 是不等式约束函数；$h(X)$ 是等式约束函数；上角标 L 为下限；上角标 U 为上限。

在 OptiStruct 中，目标函数 $f(X)$、约束函数 $g(X)$ 与 $h(X)$ 是从有限元分析中获得的结构响应。设计变量 X 是一个矢量，它的选择依赖于优化类型。在拓扑优化中，设计变量为单元的密度；在尺寸优化（包括自由尺寸优化）中，设计变量为结构单元的属性；在形貌优化和形状优化（包括自由形状优化）中，设计变量为形状扰动的线性组合因子。

优化设计的三要素在 OptiStruct 中通过不同类型的信息卡进行描述。结构响应（用于评测目标与约束）以及设计变量均采用 Bulk Data 类型的信息卡，结构响应一般参考 DRESP1、DRESP2 或 DRESP3 卡，设计变量则根据优化类型的不同选用 DTPL、DTPG 或 DESVAR 卡。目标函数和约束则使用 Subcase Information 类型的信息卡定义，目标函数使用 DESOBJ 卡，约束函数使用 DESSUB 或 DESGLB 卡。

在后续章节中，也将用到 Subcase Information 以及 Bulk Data 类型的各种卡片，有关这方面的详细信息请查阅"在线帮助"，在此不作详细介绍。

（2）OptiStruct 迭代算法

OptiStruct 采用局部逼近的方法来求解优化问题。

局部逼近法求解优化问题步骤如下：

① 采用有限元法分析相应物理问题；

② 收敛判断；

③ 设计灵敏度分析；

④ 利用灵敏度信息得到近似模型，并求解近似优化问题；

⑤ 返回第一步。

这种方法用于每个迭代步设计变量变化很小的情况，得到的结果为局部最小值。设计变量的最大变化一般发生在最初的迭代步中，此时没有必要进行太多的近似分析。

在结构优化设计计算中，设计变量结构响应的灵敏度分析是从简单的设计变化到数学优化过程中最为重要的一部分。

设计变量更新采用近似优化模型的方法求解，近似模型利用灵敏度信息建立。

OptiStruct 采用三种方法建立近似模型：最优化准则法、对偶法和可行方向法。后两者都基于设计空间的凸线性化。

最优化准则法用于典型的拓扑优化问题，目标表达为最小化应变能（或频率倒数、加权应变能、加权频率倒数、应变能指标等），约束表达为质量（体积）或质量（体积）分数。

对偶法和可行方向法的采用取决于约束和设计变量的数目，由 OptiStruct 自动选择。当设计变量数超过约束的数目（一般在拓扑优化和形貌优化中），对偶法较有优势。可行方向法则刚好相反，多用于尺寸优化和形状优化中。

OptiStruct 中用到两种收敛准则，即规则收敛与软收敛，满足一种即可。当相邻两次迭代结果满足收敛准则时，即达到规则收敛，意味着相邻两次迭代目标函数值的变化小于目标容差，并且约束条件违反率小于 1%。

当相邻两次迭代的设计变量变化很小或没有变化时，达到软收敛，这时没有必要对最后一次迭代的目标函数值或约束函数进行估值，因为模型相对于上次迭代没有变化。因此，软收敛比规则收敛少进行一次迭代。

（3）灵敏度分析

设计灵敏度就是结构响应对设计变量的偏导数（结构响应的梯度）。

对于有限元方程：

$$KU = P$$

式中，K 是刚度矩阵；U 是单元节点位移矢量；P 是单元节点载荷矢量。

两边对设计变量 X 求偏导数：

$$\frac{\partial K}{\partial X}U + K\frac{\partial U}{\partial X} = \frac{\partial P}{\partial X}$$

则

$$\frac{\partial U}{\partial X} = K^{-1}\left(\frac{\partial P}{\partial X} - \frac{\partial K}{\partial X}U\right)$$

一般而言，结构响应（如约束函数 g）可以描述为位移矢量 U 的函数：

$$g = Q^{\mathrm{T}}U$$

所以结构响应的灵敏度为：

$$\frac{\partial g}{\partial X} = \frac{\partial Q^{\mathrm{T}}}{\partial X}U + \frac{\partial U}{\partial X}$$

直接采用上述方法求解，称为直接法。直接法适合设计约束较多而设计变量较少的优化问题，如形状优化和尺寸优化的灵敏度求解。对于设计约束较少而设计变量很多的优化问题，如拓扑优化和形貌优化，可采用另一种方法，计算灵敏度时引入伴随变量 E。伴随变量 E 满足：

$$KE = Q$$

从而

$$\frac{\partial g}{\partial X} = \frac{\partial Q^{\mathrm{T}}}{\partial X}U + \left(\frac{\partial P}{\partial X} - \frac{\partial K}{\partial X}U\right)$$

此方法称为伴随变量法。

（4）近似模型拟合

直接对有限元模型进行优化，在每个迭代步需要多次有限元求解，工作量很大，同时有限元模型是隐式的，必须进行显式近似从而建立显式近似模型，方便进行后续优化。

利用灵敏度信息对结构响应进行泰勒展开，从而得到显式近似模型。有几种近似方法，包括如下。

线性近似：

$$g_j(X) = g_{j0} - \sum_{i=0}^{N}\frac{\partial g_j}{\partial X_i}(X_i - X_{i0})$$

倒近似：

$$g_j(X) = g_{j0} - \sum_{i=0}^{N} \frac{\partial g_j}{\partial X_i} X_{i0}^2 \left(\frac{1}{X_i} - \frac{1}{X_{i0}} \right)$$

凸近似：

$$g_j(X) = g_{j0} - \sum_{i=0}^{N} \frac{\partial g_j}{\partial X_i} c_{ji} (X_i - X_{i0})$$

式中

$$\text{若} \qquad \frac{\partial g_j}{\partial X_i} \geqslant 0 \qquad c_{ji} = 1$$

$$\text{若} \qquad \frac{\partial g_j}{\partial X_i} < 0 \qquad c_{ji} = \frac{X_{i0}}{X_i}$$

OptiStruct 自动选择近似方法进行优化模型的显式近似。

4.1.3 OptiStruct 结构响应

在进行结构优化时，用户可以使用多个从有限元分析中计算得到的结构响应或响应的组合来定义目标函数和约束函数。

OptiStruct 中的结构响应可以参考 Bulk Data 类型的信息卡 DRESP1、DRESP2 或 DRE-SP3 描述。一般的结构响应是通过 DRESP1 完成定义的；组合响应则通过 DRESP2 或 DRE-SP3 定义，DRESP2 引用 Bulk Data 类型的信息卡标识 DEQATN 定义的一个方程，DRESP3 利用 LOAD-LIB I/O 选项标识用户定义的外部程序。

响应可以分为全局响应或与子工况（载荷步、载荷工况）相关的响应。特定响应的约束或目标需要在一个子工况中引用取决于响应的特征。

（1）质量和体积

质量（Mass）和体积（Volume）响应都是全局响应，可对整体结构或单个属性（注：本节中所指的属性也可以为 Components，下同）和材料定义，也可以对属性组或材料组定义。在形貌优化中，由于质量或体积对设计修改不敏感，因此不推荐采用这两个响应作为约束或目标。

为了约束一个包含多个属性区域的体积，需要定义一个 DRESP2 方程以计算这些属性的体积和；否则，约束将应用到该区域中的每个属性上。为了避免出现这个问题，可以将所有属性采用相同的材料并将体积约束应用于这种材料。

（2）质量分数和体积分数

质量分数（Mass-frac）也称为质量比，体积分数（Volume-frac）也称为体积比，两者都是数值在 0.0～1.0 之间的全局响应。它们可定义拓扑优化中初始设计空间的分数，可以对整体结构或单个属性和材料以及属性组和材料组进行定义。

质量分数的计算公式为：

质量分数＝当前迭代总质量/初始总质量

体积分数的计算公式为：

体积分数＝（当前迭代的总体积－初始非设计域体积）/初始设计域体积

质量分数和体积分数的区别在于：质量分数的计算中包括非设计空间质量，而体积分数只考虑设计体积。

如果除拓扑优化外，也执行尺寸和形状优化，则参考值（对体积分数而言即初始设计体积，对质量分数即初始总质量）不会因尺寸和形状的变化而改变。这样在某些情况下可能导致这些响应的值为负。如果进行尺寸和形状优化，推荐采用质量和体积响应，不采用质量分数和体积分数。

质量分数与体积分数响应只能应用于拓扑设计领域，否则 OptiStruct 求解计算过程将因错误而终止。

（3）重心

重心（Center of Gravity）是一个全局响应，可对整体结构或单个属性和材料以及属性组和材料组定义这个响应。

（4）惯性矩

惯性矩是一个全局响应，可对整体结构或单个属性和材料，以及属性组和材料组定义这个响应。

（5）静态应变能

静态应变能（Static Compliance）C 通过以下公式计算：

$$C = \frac{1}{2} \boldsymbol{u}^{\mathrm{T}} f \quad 和 \quad \boldsymbol{K} \boldsymbol{u} = f$$

或

$$C = \frac{1}{2} \boldsymbol{u}^{\mathrm{T}} f \boldsymbol{K} \boldsymbol{u} = \frac{1}{2} \int \varepsilon^{\mathrm{T}} \sigma \mathrm{d} V$$

式中，$\boldsymbol{K}$ 为系统的刚度矩阵；f 为载荷；$\boldsymbol{u}$ 为载荷 f 作用下的节点位移矢量；ε 为在载荷 f 作用下的应变；σ 为应力；V 为设计材料的总体积。

可以认为应变能是结构刚度的倒数。当载荷给定后，结构的应变能越小则表示系统的刚度越大。应变能必须与静态子工况（载荷步、载荷工况）相关。可以为整个结构或单个属性和材料，或属性组和材料组定义应变能。

当需要约束包含多属性区域的应变能时，定义方式同体积响应。

（6）加权应变能

加权应变能（Weighted Compliance）是在典型的拓扑优化中用于考虑多个子工况（载荷步、载荷工况）的一种方法。该响应是每个子工况（载荷步、载荷工况）应变能的加权和，即

$$C_w = \sum w_i C_i = \frac{1}{2} \sum w_i \boldsymbol{u}_i^{\mathrm{T}} f_i$$

式中，C_i 为第 i 个工况的应变能；w_i 为该工况的加权系数，取值范围在 $0.0 \sim 1.0$ 之间；$\boldsymbol{u}_i^{\mathrm{T}}$ 为位移矩阵的转置。

这是一个对整体结构定义的全局响应。

（7）加权特征值倒数（频率）

加权特征值倒数（频率）是在典型的拓扑优化中考虑多个频率的方法。该响应是优化中每个单模态的特征值倒数的加权和，即

$$f_w = \sum w_i / \lambda_i \quad 和 \quad (\boldsymbol{K} - \lambda_i \boldsymbol{M}) \boldsymbol{u}_i = 0$$

式中，$\boldsymbol{K}$ 为刚度矩阵；λ_i 为特征值。

使用该响应，可以增加低阶模态频率的提高对目标函数所产生的影响（比提高更高阶模态的频率对目标函数所产生的影响大）。如果将所有模态的频率简单相加，OptiStruct 将花更多的精力来增加高模态的频率。

这是一个为整个结构定义的全局响应。

（8）组合应变能指标

组合应变能指标（Combined Compliance Index）是在典型的拓扑优化中用于考虑多频率和静态子工况（载荷步、载荷工况）组合的方法，是一个为整体结构定义的全局响应。

该指标的定义为

$$S = \sum w_i C_i + NORM \frac{\sum w_j / \lambda_j}{\sum w_j}$$

式中，$NORM$ 为校正系数，用于校正应变能和特征值的贡献。

典型的结构应变能数量级在 $e^4 \sim e^6$ 之间，而典型的特征值倒数的数量级为 e^{-5}。如果不使用 $NORM$，则应变能将支配结果。

$NORM$ 的数值通过以下公式计算得到：

$$NORM = C_{max} \lambda_{min}$$

式中，C_{max} 为所有子工况（载荷步、载荷工况）中最大的应变能值；λ_{min} 为指标中最小的特征值。

在一个新的设计问题中，用户可能没有一个可靠的 $NORM$ 估计值，此时 OptiStruct 将自动根据第一次迭代中的应变能和特征值计算 $NORM$。

（9）拓扑优化或自由尺寸优化中的 Von Mises 应力

拓扑优化和自由尺寸优化中，通过 DTPL 或 DSIZE 卡中的 STRESS 选项可以将 Von Mises 应力定义为约束，但有如下限制。

① 定义应力约束仅限于简单的 Von Mises 许用应力。在一个结构中如果存在不同的材料具有不同的许用应力时，将出现异常的拓扑现象。异常的拓扑表明问题与应力约束的自然条件有关。例如，当一个单元消失时，其应力约束也将消失，这将导致其他问题。对于存在于结果中的大量简化问题，基于梯度的优化器（Gradient-Based Opimizer），通常在整个设计空间不能找到优化结果。

② 由于部分区域的消除将导致所有应力约束的删除，从而造成病态的优化问题，因此不允许单独提供结构的部分区域应力约束。应力约束激活时应用于整个模型（包括设计域和非设计域），且应力约束必须在 DSIZE 与 DTPL 卡片中标识。

③ 虽然内嵌的智能器能过滤出围绕节点载荷和节点边界条件的假应力集中，在某种程度上也能过滤出由于边界几何引起的应力集中，但采用局部的形状优化改善由边界引起的应力集中将更加有效。

④ 由于带应力约束的单元数量巨大，因此在 OUT 文件中系统不再给出任何关于单元应力的报告。模型应力状态的迭代历史可以在 HyperView 或 HyperMesh 中查看。

⑤ 应力约束不适用于一维单元。

⑥ 当模型中给出强制位移时，不能使用应力约束。

（10）肋离散系数

肋离散系数（Bead Discreteness Fraction）是形貌设计区域的一个全局响应。该响应指示形貌设计区域一个或多个形状变化的数量。该响应的取值范围在 0.0～1.0 之间，其中 0.0 表示没有形状变化发生，1.0 表示整个形貌设计域产生了所允许的最大形状变化。

（11）静态位移

静态位移（Static Displacement）是线性静态分析的结果。节点位移定义为响应，可选择位移矢量（Components）或位移绝对值，且必须与静态子工况（载荷步、载荷工况）相关。

（12）匀质材料的静态应力

不同的应力类型可定义为响应，可对 Components、属性或单元定义这些响应。在拓扑设计空间中不能定义静态应力（Static Stress）约束。这是一个与静态子工况（载荷步、载荷工况）相关的响应。

（13）匀质材料的静态应变

匀质材料的静态应变（Static Strain）是一个与静态子工况（载荷步、载荷工况）相关的响应。

（14）静态复合应力

静态复合应力（Static Composite Stress）是一个与静态子工况（载荷步、载荷工况）相关的响应。

不同的复合应力类型可定义为响应，可对 PCOMP 的 Components 或单元定义这些响应。在拓扑设计空间中不能定义复合应力约束。

（15）静态复合应变

静态复合应变（Static Composite Strain）是一个与静态子工况（载荷步、载荷工况）相关的响应。

不同的复合应变类型可定义为响应，可对 PCOMP 的 Components 或单元定义这些响应。在拓扑设计空间中不能定义复合应变约束。

（16）静态复合材料失效指标

静态复合材料失效指标（Static Composite Failure Index）是一个与静态子工况（载荷步、载荷工况）相关的响应。

不同的复合材料失效指标可定义为响应，可对 PCOMP 的 Components 或单元定义这些响应。在拓扑设计空间中不能定义复合材料失效指标约束。

（17）静力

静力（Static Force）是一个与静态子工况（载荷步、载荷工况）相关的响应。

不同的力类型可定义为响应，可对 Components、属性或单元定义这些响应。在拓扑设计空间中不能定义力约束。

（18）固有频率

固有频率（Frequency）也称为自然频率，是模态分析的结果，它必须与模态子工况（载荷步、载荷工况）相关。

（19）屈曲因子

屈曲因子（Buckling Factor）是屈曲分析的结果，必须与屈曲子工况（载荷步、载荷工况）相关。典型的屈曲因子约束下限为 1.0，表示在给定的静态载荷下结构不发生屈曲。系统推荐将屈曲因子约束应用于几个低阶模态，而不是仅将该约束应用于第一阶模态。

（20）频率响应位移

频率响应位移（Frequency Response Displacement）是频率响应分析的结果，节点位移可定义为响应，可选择位移矢量（Components）或大小。这些响应必须分配给频率响应子工况（载荷步、载荷工况）。

（21）频率响应速度

频率响应速度（Frequency Response Velocity）是频率响应分析的结果，节点速度可定义为响应，可选择速度矢量或加速度绝对值。这些响应必须与频率响应子工况（载荷步、载荷工况）相关。

（22）频率响应加速度

频率响应加速度（Frequency Response Acceleration）是频率响应分析的结果。节点加速度可定义为响应，可选择加速度矢量（Components）或大小。这些响应必须与频率响应子工况（载荷步、载荷工况）相关。

（23）频率响应应力

频率响应应力（Frequency Response Stress）是一个与频率响应子工况（载荷步、载荷工况）相关的响应。

不同的应力类型可定义为响应，可对 Components、属性或单元定义这些响应。在拓扑设计空间中不能定义应力约束。

（24）频率响应应变

频率响应应变（Frequency Response Strain）是一个与频率响应子工况（载荷步、载荷工况）相关的响应。

不同的应变类型可定义为响应，可对 Components、属性或单元定义这些响应。在拓扑设计空间中不能定义应变约束。

（25）频率响应力

频率响应力（Frequency Response Force）是一个与频率响应子工况（载荷步、载荷工况）相关的响应。

不同的力类型可定义为响应，可对 Components、属性或单元定义这些响应。在拓扑设计空间中不能定义力约束。

（26）函数响应

函数响应（Function Response）是用数学表达式将设计变量、节点位置、响应等组合在一起的响应。该响应是否与子工况（载荷步、载荷工况）相关，取决于函数方程中所用到的响应类型。

（27）外部响应

外部响应（External Response）是用外部用户自定义程序将设计变量、节点位置、特征向量、响应等组合在一起的响应。该响应是否与子工况（载荷步、载荷工况）相关，取决于函数方程中所用到的响应类型。

4.1.4 OptiStruct 结构优化设计流程

OptiStruct 结构优化设计流程如图 4-1 所示。

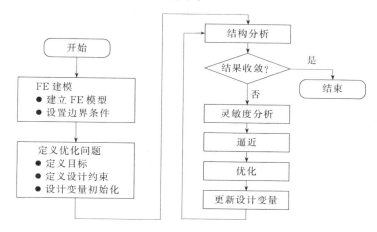

图 4-1 OptiStruct 结构优化设计流程

OptiStruct 采用 HyperMesh 进行结构优化问题的前处理和定义，在 HyperMesh 中完成有限元建模后，利用优化定义面板定义优化变量、约束和目标以及优化参数；然后提交 OptiStruct 进行结构分析和优化；最后利用 HyperMesh 的后处理功能或 HyperView 对优化结果进行后处理。概括起来，OptiStruct 完成一个结构优化的过程分为三步。

① 使用 HyperMesh 创建适当的求解器输入文件。

a. 建立有限元分析模型。

b. 使用 HyperMesh 设置优化问题。

● 定义优化设计变量及设计空间（可设计域）。

- 定义用于评测目标函数和约束条件的结构响应。
- 定义优化设计约束和目标。

  c. 定义 OptiStruct 的参数卡片。

② 运行 OptiStruct 计算。

③ 验证结果。

当优化问题成功求解时，根据采用的优化方法以及设置的优化求解参数的不同，系统将在求解目录下创建不同的文件。表 4-2 中列出优化生成的系统默认文件，文件中的"＊"号代表用于求解的 FEM 文件名。

⊡ 表 4-2　优化生成的系统默认文件

文件	描述
＊RES	HyperMesh 的二进制结果文件
＊GRID	OptiStruct 文件,以 GRID 文件格式输出最后迭代步的结果数据
＊HIST	OptiStruct 迭代历程文件,包含迭代数量、目标函数值和每次迭代中违反约束的百分比,同时生成数据迭代历史的 XY 曲线图
＊HTML	优化结果的 HTML 报告,包括最后迭代步的问题及结果数据
＊OUT	OptiStruct 的输出文件,包含文件设置的特殊信息、优化问题的设置、对运行计算所需要的内存数和硬盘空间数的估计、每一步优化迭代的信息和计算时间的信息;查看这个文件可以找到求解模型的 FEM 文件标志的警告和错误信息
＊HIS. DAT	OptiStruct 历程文件,包含迭代数量、目标函数值和每次迭代中违反约束的百分比
＊HM. ent. cmf	HyperMesh 命令文件,用于根据单元的密度结果值将其组织到操作对象的 SET 中;这个文件只有在运行 OptiStruct 的拓扑优化时才会产生
＊HM. comp. cmf	HyperMesh 命令文件,用于根据单元的密度结果值将其组织到 Components 中;这个文件只有在运行 OptiStruct 的拓扑优化时才会产生
＊H3D	HyperView 的二进制结果文件,包含形状改变的信息
＊OSLOG	OptiStruct 的日志文件,包含每一步优化迭代的变形能和体积计算;在 UNIX 或者 DOS 操作系统下,可以编辑这个文件查看 OptiStruct 完成多少步迭代
＊OSS	OSSmooth 文件,其默认的密度阈值为 0.3;用户可以在该文件中编辑参数以获得想要的结果
＊HIST. MVW	该文件包含目标、约束和设计变量的迭代信息;可以用于在 HhyerGraph、HyperView 和 MotionView 中绘制曲线
＊STAT	分析过程的总结,为用户提供在分析过程中每一步迭代的 CPU 信息,包括 CPU 的使用时间,以及由于读取输入文件、装配、分析和收敛造成的中断
＊HGDATA	HyperGraph 文件,包含每一步迭代的目标函数、约束函数、设计变量和响应函数等数据
＊SH	最后一步迭代后的形状文件;SH 文件是重新启动分析的必要文件

4.2　拓扑优化

拓扑优化技术能在给定的设计空间内寻求最佳的材料分布，由此获得了汽车业内"设计与技术"大奖。拓扑优化可以采用壳单元或者实体单元来定义设计空间，并用 Homogenization（均匀化）和 Density（密度）两种方法定义材料的流动规律。通过 OptiStruct 中先进的近似法和可靠的优化方法可以搜索到最优的加载路径设计方案。在进行结构优化时，还可以考虑优化模型的可加工性，如对称约束、铸件的脱模方向定义等。此外，利用 OptiStruct 软件包中的 OSSmooth 工具，可以将拓扑优化结果生成为 ICES 等格式的文件，然后输入 CAD 系统中进行二次设计。

4.2.1 拓扑优化概述

拓扑优化是一种数学方法，能在给定的空间结构中生成优化的形状及材料分布。通过将区域离散成有限单元网格，OptiStruct 为每个单元计算材料特性，在给定的约束条件下，利用 OptiStruct 中的近似与优化算法更改材料的分布，以优化用户给定的设计目标。当目标函数在任意连续的三次迭代中的改变量低于给定公差时，即可得到收敛结果。

结构拓扑优化的基本思想是将寻求结构的最优拓扑问题转化为在给定的设计区域内寻求最优材料分布的问题。通过拓扑优化分析，设计人员可以全面了解产品的结构和功能特征，可以有针对性地对总体结构和具体结构进行设计。特别是在产品设计初期，仅凭经验和想象进行零部件的设计是不够的。只有在适当的约束条件下，充分利用拓扑优化技术进行分析，并结合丰富的设计经验，才能设计出满足最佳技术条件和工艺条件的产品。连续体结构拓扑优化的最大优点是能在不知道结构拓扑形状的前提下，根据已知边界条件和载荷条件确定较合理的结构形式，它不涉及具体结构尺寸设计，还可以为设计人员提供全新的设计和最优的材料分布方案。

4.2.1.1 拓扑优化的响应

用于拓扑优化的目标或约束函数定义的响应（或为任意的组合）如表 4-3 所示。

⊡ 表 4-3 拓扑优化的响应（一）

Response 响应		
Mass 质量	Volume 体积	Volume-frac/Mass-frac 体积比或质量比
Center of Gravity 重心	Moment Inertia 惯性矩	Static Compliance 静态应变能
Static Displacement 静态位移	Frequency 固有频率	Von Mises Stress 整个模型的 Von Mises 应力（只能作为约束）
Buckling Factor 屈曲因子	Frequency Response Displacement、Velocity、Acceleration 频率响应位移、速度、加速度	
Weighted Compliance 加权应变能	Weighted Frequency 加权频率	Combined Compliance Index 组合应变能指标
Function 用户自定义函数		

当单元在拓扑设计域时，不能约束其应力、应变或力。当单元不在拓扑设计域时，表 4-4 中所列的响应可以用于目标或约束函数。

⊡ 表 4-4 拓扑优化的响应（二）

Response 响应		
Static Stress 静态应力	Static Strain 静态应变	Static Force 静力
Composite Stress 复合应力	Composite Strain 复合应变	Composite Failure Index 复合材料失效指标
Frequency Response Stress 频率响应应力	Frequency Response Strain 频率响应应变	Frequency Response Force 频率响应力

在拓扑优化和自由尺寸优化中，通过 DTPL 或 DSIZE 卡中的 STRESS 选项可以将 Von Mises 应力定义为约束，但有一些限制。

4.2.1.2 拓扑优化的设计变量

在拓扑优化中，每个单元的密度值应取为 0 或 1，单元分别定义为空或实体。不幸的是，大量离散变量的优化是无法计算的。因此，必须用连续变量的方式表示材料的分配问题。OptiStruct 使用均匀化（Homogenization）法和密度（Density）法两种方法定义材料的流动规律，以解决拓扑优化问题。

（1）均匀化法

对于均匀化法，结构的材料被表示为具有某种周期性的微观结构的多孔连续体或不同密度的分层复合物。

均匀化法的基本思想是在组成拓扑结构的材料中引入微结构——单胞，如图 4-2 所示。在优化过程中，以微结构的单胞尺寸为拓扑设计变量，建立材料密度与材料特性之间的关系，以单胞尺寸的消长实现微结构的增删，并产生由中间尺寸单胞构成的复合材料，以拓展设计空间。

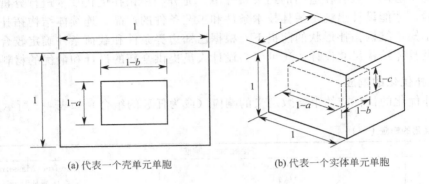

(a) 代表一个壳单元单胞　　　　　　　(b) 代表一个实体单元单胞

图 4-2　微结构——单胞

在 OptiStruct 中，使用包含周期性矩形（在三维中为六面体）微结构（单胞）的材料进行均匀化处理，单元内的空穴大小可等效认为是单元的正则密度。每个单元的设计变量是空间矩形的宽度、深度及方向，由此定义材料的弹性和密度。

如图 4-2(a) 所示，a 和 b 为薄壳设计单元的设计变量，一个壳单元的密度为

$$\rho = 1 - (1-a)(1-b)$$

此处 $(1-a)(1-b)$ 代表一个单元所占空间的面积。当 $a=b=0$ 时，表示单元为空；当 $a=1$ 或 $b=1$ 时，则隐含表示该单元为实，用"实的"材料填充。a、b 的中间值则表示假想的材料。

如图 4-2(b) 所示，a、b 和 c 为实体设计单元的设计变量，一个体单元的密度为

$$\rho = 1 - (1-a)(1-b)(1-c)$$

在这里 $(1-a)(1-b)(1-c)$ 代表一个单元所占空间的体积。当 $a=b=c=0$ 时，表示单元为空；当 $a=1$、$b=1$、$c=1$ 时，则隐含表示该单元为实，用"实的"材料填充；a、b、c 的中间值则表示假想的材料。

空间的尺寸变量被设置为连续变量，在 0～1 之间变化。每个单元的空间方位也是一个连续的变量，由主应力的方向确定。需要注意的是，当实材料是各向同性时，中间密度的假想材料则为各向异性。

（2）密度法

对于密度法，每个单元的材料密度直接被作为设计变量，在 0～1 之间连续变化；0 和 1 分别代表空或实；中间值同均匀化法，代表假想的材料密度值。基于这种方法，材料的刚度被假想成与密度呈线性关系，对材料的表示与人们通常对材料的理解一致。例如，钢的密度大于铝，强度也高；按照此逻辑，中间密度代表假想的材料在密度法中更显真实。尽管半密度材料表示各向异性能更有效地得到最佳的材料方向，但与真实的各向同性材料的行为是不一致的。

在 OptiStruct 中，均匀化法仅用于均一的各向同性的材料，半密度的单元用于计算的有效材料属性是各向异性的。密度法既可用于各向同性的材料，也可用于各向异性的材料（包括复合材料）；此时用于计算的有效材料属性与原始材料的属性保持比例关系。由于其有效性及普遍适用性，密度法是所有拓扑优化问题默认的方法，仅有一种情况例外，即已通过 MATFRAC 参数定义的各向同性材料的应变能最小化问题。需要提到的是，密度法也是实施制造约束（脱模方向、挤压方向、模式重复及对称约束）的唯一方法。

在 OptiStruct 中，实体单元、壳单元以及一维单元（包括 Rod、Bar/Beam、Bush 和 Weld 单元）都可以用于定义拓扑设计单元。

4.2.2 制造工艺约束

优化技术在工业界推广面临的第一个问题就是其结果的可制造加工性；若在现有工艺条件下不能被加工，或者加工成本很高的优化结果，则没有任何实用价值。OptiStruct 在拓扑优化中充分考虑零件的可加工性，创新地把制造加工过程中需要考虑到的因素融合到优化问题的定义中。下面是拓扑优化中常见的、与制造工艺相关的几个问题。

① 解的离散性优化设计结果可能会有一些中间密度单元或者一些交错的网格。这些问题会在解释结果和对设计方案进行工艺实现时造成困难。

② 非对称设计即使是在有限元网格、载荷和边界条件下都是对称的，由拓扑优化得到的设计也有可能是不对称的。有时必须对模型引入对称约束以得到对称的结果。

③ 铸造问题根据载荷和边界条件的不同，在进行拓扑优化时有时会得到一个中空的设计。这种设计在工艺上的实现是比较困难的，尤其是对于铸件。

OptiStruct 提供多种方法解决以上问题，可以在拓扑优化的过程中考虑制造工艺的可行性。这些方法分别是：成员尺寸控制；脱模；挤压；模式组（各种对称）；模式重复。

通过灵活应用上述制造工艺约束，或者多种工艺约束的组合，OptiStruct 可以充分考虑产品实际加工过程的各种约束，从而使优化结果便于制造，优化流程可真正集成到产品开发过程中。

4.2.2.1 成员尺寸控制

成员尺寸控制允许控制最后的拓扑结构的成员尺寸大小，以简化最后的设计结构。可以通过 DOPTPRM 卡或 DTPL 卡进行定义。

（1）最小成员尺寸

最小成员尺寸是指优化结果中单元密度为 1 的区域的允许最小尺度。施加最小成员尺寸约束可以消除优化结果中细小的传力路径，保证结构最小尺度大于最小成员尺寸，从而得到比较均匀的材料分布，便于铸造过程的材料流动，或提供足够刚度便于刀具加工，如图 4-3 所示。

最小成员尺寸约束可以通过 DOPTPRM 卡或 DTPL 卡中的 MIMDIM 参数施加。一般而言，最小成员尺寸要大于 3 倍的单元平均尺寸。

DOPTPRM 卡同时提供另外两个参数控制解的离散性，通过消除中间密度单元和密度交错的结构获得离散的解，进而得到更加精细的结构。

① 离散参数。DOPTPRM 卡中的离散参数在拓扑优化中可用于使具有中间密度值的单元趋向于 1 或者 0，减少密度在 0～1 之间的单元数量，这样可以得到更加离散的结构。DISCRETE 离散参数用于二维或三维单元。对于二维单元，DISCRETE 推荐的取值范围在 0.0～2.0 之间；对于实体单元，DISCRETE 推荐的取值为 3.0。

对于一维单元，DOPTPRM 卡片则使用另一个离散参数 DISCRTID，其默认值为 1.0。对于二维单元，DISCRETE 离散参数默认值为 1.0；对于三维实体单元，DISCRETE 的默认值为 2.0。

② 棋盘格参数。棋盘格是指在计算区域中出现材料密度为 1 和 0 的单元（或半密度单元）

呈周期性分布的现象，如图 4-4 所示。棋盘格的出现导致优化结果的信息不清，不利于新零件的设计制造。

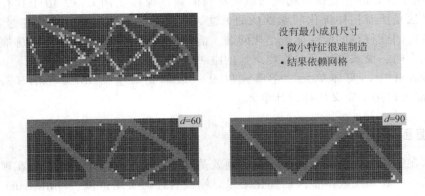

图 4-3　定义最小成员尺寸 d 可以消除细小的传力路径

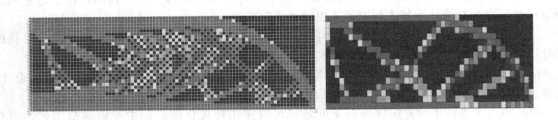

图 4-4　棋盘格参数分布

　　通过 DOPTPRM 卡中的 CHECKER 棋盘格参数可以实现对棋盘格现象的控制。CHECKER 参数为 0，则为无棋盘格控制；CHECKER 参数为 1，则为全局棋盘格控制。该方法可用于板、壳单元以及实体单元，特别提倡在四面体单元中使用。

　　（2）最大成员尺寸约束

　　最大成员尺寸约束是指优化结果中单元密度为 1 的区域的各向尺度不能全部大于该尺寸。因此，最大成员尺寸约束可以消除优化结果中的材料堆积，避免制造过程引起的产品缺陷（如在铸造过程中散热不均匀），并能提供多个传力路径以提高产品可靠性，如图 4-5 所示。

　　最大成员尺寸约束可以通过 DTPL 卡中的 MAXDIM 参数施加。一般而言，最大成员尺寸要大于 2 倍的最小成员尺寸，因此至少为单元平均尺寸的 6 倍。

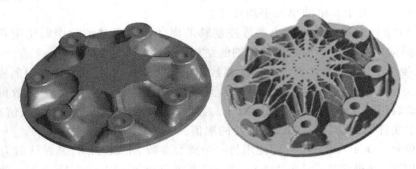

图 4-5　最大成员尺寸约束可以消除材料的堆积

4.2.2.2 脱模

对于铸造件或者机加工件，必须考虑制造过程中的脱模及加工过程中刀具的进出。因此，在脱模方向或刀具进出的方向上，不能有材料的阻挡。

脱模约束有单向脱模和沿给定方向脱模两种，施加脱模约束只需指定脱模方向即可。除了用于具体的制造工艺约束外，脱模约束也适用于在实体表面产生加强肋的结构，如图4-6所示。

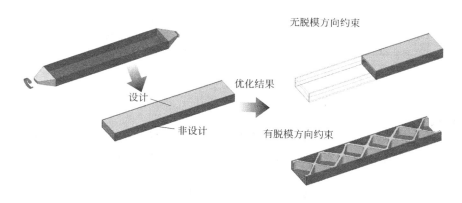

图4-6 脱模约束可以去除脱模方向上的材料

该约束利用 DTPL 卡片中的 DRAW 参数定义。该参数只能用于实体单元模型，即 DTPL 卡片中的 PTYPE 参数必须为 PSOLID，不同的约束能应用于由 PSOLID ID 指定的不同结构零件。

4.2.2.3 挤压

通过指定挤压方向，使材料沿挤压方向的横截面保持一致，得到的优化结果可以采用型材制造。施加挤压约束后，结构优化实际上是对零件所使用的型材横截面进行优化。该方法用于要求截面沿着给定轨迹保持恒定不变的零件，如图4-7所示。用户可通过指定一系列的点来定义挤压的路径。挤压路径可以是曲线的，还可以是扭转的。

该约束利用 DTPL 卡片中的 EXTR 参数定义。该参数只能用于实体单元模型，即 DTPL 卡片中的 PTYPE 参数必须为 PSOLID。

图4-7 挤压约束可以优化型材的截面

另外，DTPL 卡片中的 ETYP 参数可定义挤压截面是否存在中性轴扭转。该参数有两个选项，即 NOTWIST（非扭转）和 TWIST（扭转），默认取值为 NOTWIST。扭转截面与非扭转截面如图4-8所示。NOTWIST 指定截面不存在中性轴扭转，此时仅需要定义一条路径；TWIST 指定截面存在中性轴扭转，此时需要定义两条路径。DTPL 卡片中的 EPATH1 与 EPATH2 参数分别用以定义挤压路径。

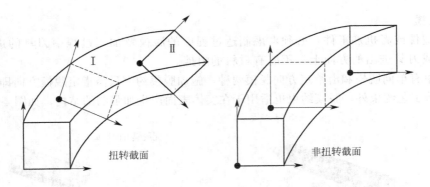

扭转截面   非扭转截面

图 4-8　扭转截面与非扭转截面

4.2.2.4　模式组

模式组 (Pattern Grouping) 约束实际上是对各种对称模式的约束。对设计空间施加对称约束可以生成对称设计。即使是在网格、边界条件不对称的模型中，OptiStruct 也可以强制生成非常接近于对称的结果。

在图 4-9(a) 所示的有限元模型中，块体使用实体单元，立方体背面 (YZ 平面) 已完全约束，立方体上边界施加 X 方向的轴向载荷。由于载荷关于 XY、YZ 平面不对称，在拓扑优化设计中的三种情况，即不加对称约束、给定关于 YZ 一平面对称、给定关于 XY 与 YZ 两平面对称，可得到三种完全不同的结果，如图 4-9(b)、(c)、(e) 所示。

对称约束利用 DTPL 卡片中的 TYP 参数定义如下：

① TYP 默认值为 No，无对称约束 (None)；

② TYP＝1，一平面对称 (1-Pln Sym)；

③ TYP＝2，二平面对称 (2-Plns Sym)；

④ TYP＝3，三平面对称 (3-Plns Sym)；

⑤ TYP＝9，均一密度 (Uniform)；

⑥ TYP＝10，周向循环对称 (Cyclic)；

⑦ TYP＝11，周向循环及一平面对称 (Cyc 1-Pln)。

(1) 一平面对称

优化结果为关于某个平面对称 (1-Pln Sym)。定义单个对称平面时，需要提供一个锚点 (Anchor Grid) 及一个参考点 (Reference Grid)，如图 4-10 所示。

(2) 二平面对称

优化结果为关于某两个垂直的平面对称 (2-Plns Sym)。定义两个对称平面时，需要提供一个锚点 (Anchor Grid) 及两个参考点 (Reference Grid)。锚点与第一个参考点 (First Reference Grid) 确定第一个对称面 (First Plane)，锚点与第二个参考点 (Second Reference Grid) 在第一个对称面上投影点 (Projection of Second Reference Grid) 的连线确定第二个平面的法向，如图 4-11 所示。

(3) 三平面对称

优化结果为关于某三个垂直的平面对称 (3-Plns Sym)。定义三个对称平面时，与定义两个对称平面接近。第三个对称平面与已定义好的两个对称面正交，并通过锚点，如图 4-12 所示。

(4) 周向循环对称

周向循环对称 (Cyclic) 将设计空间围绕某对称轴等分为用户指定数量的扇形区域，各扇形区域的优化结果一致。用户需要指定锚点和第一参考点确定对称轴方向，然后指定扇形区数量，如图 4-13 所示。

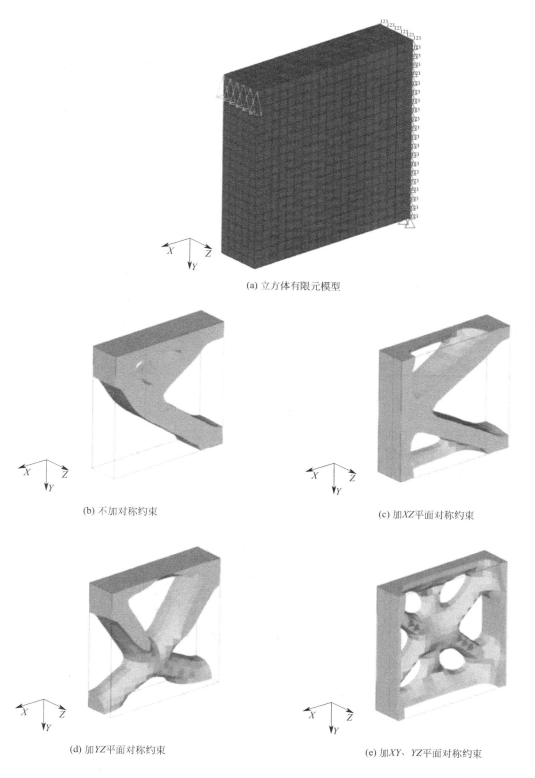

(a) 立方体有限元模型

(b) 不加对称约束

(c) 加XZ平面对称约束

(d) 加YZ平面对称约束

(e) 加XY、YZ平面对称约束

图 4-9　不同对称约束的立方体拓扑优化结果

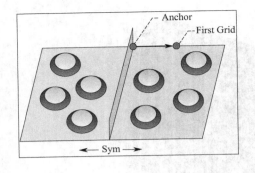

图 4-10 一平面对称

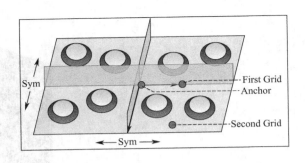

图 4-11 二平面对称

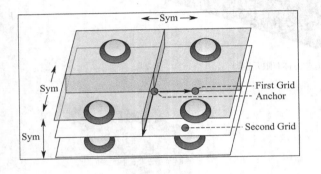

图 4-12 三平面对称

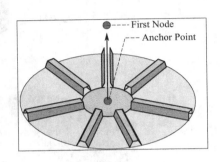

图 4-13 周向循环对称

（5）周向循环及一平面对称

周向循环及一平面对称（Cyc 1-Pln）是在周向循环对称的基础上，对每个扇区指定一个对称平面从而保证每个扇区的优化结果同时是一平面对称的，如图 4-14 所示。

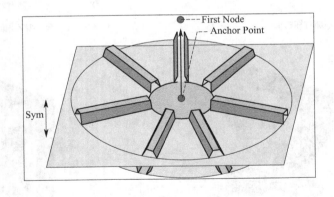

图 4-14 周向循环及一平面对称

（6）均一密度

在拓扑优化中，设计区中每个单元的单元密度是一个设计变量，优化结果中设计区内的单元密度一般是从 0～1 分布的。均一密度（Uniform）约束可以强制每个设计区中所有单元的单元密度一致，从而可以判定每个设计区的重要性。

4.2.2.5 模式重复

模式重复（Pattern Repetition）是通过允许相似的设计区域连接在一起以产生相似拓扑布局的一种技巧。通过指定零件某一区域或多个区域的结构样式和另一区域保持一致，或沿某方向进行比例缩放，从而减少工艺设计和制造加工的工作量。

模式重复通过"主"（Master）和"从"（Slave）区域定义，在 DTPL 卡片中可能仅包含主或从标志。主和从区域需要模式重复坐标系，并由 COORD 标记描述。为了便于镜像操作，坐标系可以使用笛卡儿右手坐标系或左手坐标系。

为了达到模式重复目的，首先需要定义一张主 DTPL 卡片，然后参考主卡片定义多张从 DTPL 卡片，主、从部件通过局部坐标系彼此关联，需要时还可以使用比例因子。其他制造约束如最小、最大成员尺寸控制及脱模约束、挤压约束都可以应用到主 DTPL 卡片，随后这些约束将自动应用到从 DTPL 卡片。

① 建立模式重复，定义模式重复的步骤如下。

a. 创建主 DTPL 卡片，即创建主设计区，主设计区的模式将被复制到从设计区。

b. 根据需要采用制造约束。对主设计区施加其他制造加工约束，确保主设计区具有良好的可制造加工性。

c. 定义与主 DTPL 卡片相关的局部坐标系，即定义附着于主设计区的局部坐标系。该局部坐标系用于确定主从设计区的位置关系。局部坐标系可以是已经定义好的坐标系，也可以当场选择 4 个节点确定。局部坐标系支持右手系，也支持左手系，用户可以根据设计空间的实际情况选用。

d. 创建从 DTPL 卡片，即创建从设计区，从设计区在结构样式上将与主设计区保持一致。

e. 定义与从 DTPL 卡片相关的局部坐标系，即定义附着于从设计区的局部坐标系。遵循以下原则：当从设计区的局部坐标系与主设计区的局部坐标系调整到重合时，从设计区的结构样式与主设计区也重合或沿某坐标方向按比例缩放。

f. 根据需要应用比例因子，即定义沿某坐标方向的比例缩放因子。

g. 重复步骤 d~f，定义其他从 DTPL 卡片，定义指向同一个主设计区的多个从设计区。

② 局部坐标系定义如图 4-15 所示。局部坐标系给定 4 个点（即 CAID、CFID、CSID、CTID）即可创建，这些点可以通过输入坐标或参考网格节点方式定义。

a. CAID 定义局部坐标系的锚点。

b. CFID 定义 X 轴方向。

c. CSID 定义 XY 平面，并指示 Y 轴正方向。

d. CTID 指示 Z 轴正向。

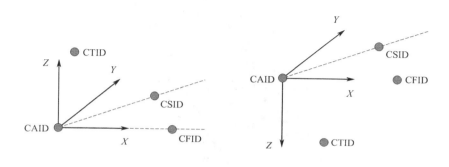

图 4-15　局部坐标系定义

另外，局部坐标系还可以通过参考 CAID 域的直角坐标系，并在 CAID 域以定义锚点方式定义。

值得注意的是，如果 CFID、CSID、CTID 及 CAID 域都为空，系统将使用全局坐标系，但仍需要定义锚点 CAID。

③ 比例因子。对于每张从 DTPL 卡片，可以定义 X、Y 和 Z 方向的比例因子。比例因子与局部坐标系总是相关的。通过使用局部坐标系及比例因子，能获得更大的影响范围，如图 4-16 所示。

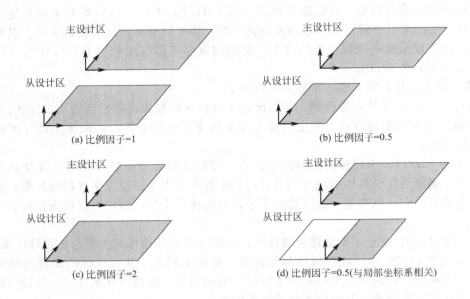

图 4-16　比例因子对从设计区的影响

模式重复的功能非常强大。主设计区和从设计区的网格、边界条件无须保持一致，Opti-Struct 将在从设计区强制生成与主设计区结构模式一样的优化结果。图 4-17 所示是飞机翼肋优化模型的网格。图 4-18 所示是施加模式重复约束后的优化结果。可以看出，尽管翼肋的网格各不相同，但优化后的结构模式是一样的，非常便于设计和制造加工。

图 4-17　飞机翼肋优化模型的网格

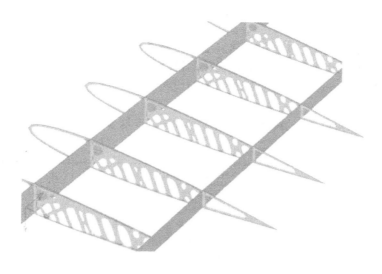

图 4-18 施加模式重复约束后的优化结果

4.3 形貌优化

　　形貌优化是一种形状最佳化的方法，即在板形结构中寻找最优加强肋分布的概念设计方法，用于设计薄壁结构的强化压痕，在减轻结构重量的同时能够满足强度、频率等要求。与拓扑优化不同的是，形貌优化不删除材料，而是在可设计区域中根据节点的扰动生成加强肋。载荷作用下扭盘的形貌优化如图 4-19 所示。

　　形貌优化步骤设定简单，只需要定义一个设计区域、肋的最大高度和起肋角。同时考虑到可加工性，系统还提供了多种加强肋布置方式。优化后的结果可以通过 OSSmooth 工具生成几何数据输入 CAD 软件中，进行二次设计。

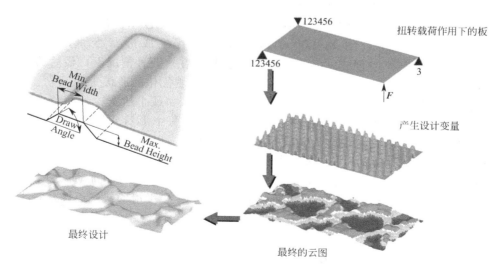

图 4-19 载荷作用下扭盘的形貌优化

4.3.1 形貌优化概述

形貌优化为形状优化的高级形式,其方法与拓扑优化类似。所不同的是拓扑优化采用单元密度变量,形貌优化采用形状变量。形貌优化的设计区域首先被划分成大量独立的变量,然后进行一系列迭代优化,以计算这些变量对结构的影响。

4.3.1.1 形貌优化的响应

可用于形貌优化的目标或约束函数的响应,如表4-5所示。

⊡ 表4-5 形貌优化的响应

Response 响应		
Mass 质量	Volume 体积	Center of Gravity 重心
Moment Inertia 惯性矩	Static Compliance 静态应变能	Static Displacement 静态位移
Frequency 固有频率	Buckling Factor 屈曲因子	Static Stress;Strain,Force 静态应力;应变,力
Static Composite Stress;Strain, Failure Index 静态复合应力;应变,材料失效指标	Frequency Response Displacement; Velocity,Acceleration 频率响应位移;速度,加速度	Frequency Response Stress;Strain,Force 频率响应应力;应变,力
Weighted Compliance 加权应变能	Weighted Frequency 加权频率	Combined Compliance Index 组合应变能指标
Function 用户自定义函数	Bead Discreteness Fraction 肋离散系数	

由于重量和体积在形貌优化中对设计修改不太灵敏,因此在形貌优化中一般不推荐使用质量、体积作为约束或目标。

4.3.1.2 形貌设计的设计变量

OptiStruct 通过生成内部形状变量求解形貌优化问题。设计区域由 DTPG 卡片定义,该卡片的定义必须参考 PSHELL PCOMP 或 DESVAR 卡。DTPG 卡参考 DESVAR 定义时,一定是一个形状设计变量,即必须参考一个或更多的 DVGRID 卡。DTPG 卡参考 PSHI 或 PCOMP 定义时,OptiStruct 使用 DTPG 卡定义的参数生成形状变量,并为节点(由 PSHELL 或 PCOMP 定义)创建内部的 DVGRID 数据。在这两种情况下,最后的结果是每张 DTPG 卡均对应一个形状变量,形状变量进一步转变成形貌优化的形状变量。

形貌优化的形状变量由 DTPG 卡中用户自定义参数(如最小肋宽、起肋角)确定,它们在形状上是圆形的,以近似的六边形分布在设计区域上。每个形状变量有一个圆形的中心区域,圆的直径等于最小肋宽。在这个区域的网格成组扰动,以防止构成小于最小肋宽的加强肋。形貌变量中心区域以外的网格以距离最近的变量的平均值扰动,以保证相邻变量间的平滑过渡。如果相邻的两个变量全在扰动,则两个变量间的所有节点将全部扰动;如果一个变量在扰动,而另一个变量无扰动,则两个变量间的节点将形成一个平滑的斜线连接,斜线的角度等于起肋角。在保证布置的加强肋角度均不大于起肋角的前提下,变量间的间隙由最小肋宽和起肋角定义。

模式组(Pattern Grouping)选项按照要求的加强肋样式(如 Linear、Planar、Circular、Radial 等)将形貌变量连接在一起。加强肋的形成由简单的变量控制,以确保得到要求的加强肋样式。关于 1-Pln Sym、2-Plns Sym、3-Plns Sym 以及重复对称模式组选项，也可使用类似的方式确保得到对称的结果。

尽管形貌优化是针对壳单元模型起肋的主要工具，但也适用于实体单元模型。目前已有很多模式组选项（如 Planar 和 Cylindrical）可以有效地将三维问题简化为二维问题。

（1）肋参数（Bead Parameters）

如图 4-20、图 4-21 所示，形貌优化中肋的定义包括肋宽（Bead Width）、起肋角（Draw Angle）、设计域与非设计域间的过渡区的设置等内容，现说明如下。

① 肋的最小宽度（Minimum Width）及起肋角（Draw Angle）是决定形状变量的几何参数。最小宽度的推荐值为单元平均密度的 1.5～2.5 倍，起肋角推荐值为 60°～75°。

② 缓冲区（Buffer Zone）是一个设计域与非设计域间的过渡区控制参数。该选项激活时，系统将远离非设计域放置形状变量，以保持适当的肋宽和起肋角。如果不激活该选项，则肋与非设计域间的边界将产生突变。

图 4-20　肋宽度及起肋角定义　　　　图 4-21　设计域与非设计域间的过渡区设置

（2）DTPG 卡片

形貌优化的变量以前由 BEAD 卡片定义。当采用 HyperWorks 8.0 版本以后，则使用 DT-PG 卡片定义形貌优化的变量，不再使用 BEAD 卡片。

关于 DTPG 卡片的数据格式及对应参数的含义，请参考 HyperWorks 在线帮助有关内容。

（3）形状变量的生成方式

使用 DTPG 卡，形貌优化有三种方法自动生成形状变量：

① Element Normal（单元法向）；

② Draw Vector（给定矢量）；

③ User Defined（自定义）。

前两种（Element Normal 和 Draw Vector）方法完全是在 OptiStruct 中实现的。第三种方法（User Defined）则需要输入用于设计区域的数据（包含一个或多个形状设计变量）。

① Element Normal，这是最容易使用的方法。当 Normal 用于定义起肋方向时，单元的法向用于定义形状变量的拉拽矢量。这种方法对于曲度较大的面及封闭体特别有效，肋沿着曲面的法向拉拽，如图 4-22 所示。

② Draw Vector，这是通过给定的拉拽方向生成形状变量的方法。拉拽方向通过输入节点坐标 X、Y、Z 值定义。当所有肋必须沿同一个方向拉拽时，即可用此方法。但必须注意的是，在使用该方法时起肋角不能保持恒定不变，如图 4-23 所示。

③ User Defined（自定义）方法允许用户创建形貌优化的起肋方向矢量和高度。这种方法允许用户创建设计区域，在该设计域中每个节点都可拥有不同的起肋方向及拉拽高度。

（4）形貌优化设计区域

OptiStruct 通过 DTPG 卡给每个设计区域生成形貌优化的设计变量，并允许设计区域重叠。如果一个网格同属于几个设计区域，则它将成为每个设计区域形状变量的一部分。对于自动生成肋的变量，肋的拉伸高度根据网格所属肋的变量个数均分。例如，如果一个网格分属于两个 DTPG 卡，则这两个 DTPG 卡定义的肋拉拽高度分别为 3.0、5.0，该网格的拉拽高度则变成 1.5、2.5。如果没有要求，则简单地认为没有任何网格从属于多个设计区域。在这种情况下，两个设计 Components 彼此连接处与非自定义的设计区域（参考 PSHELL 或 PCOMP 定义），需要插入一列非设计的单元以阻止平均。如果肋变量是自定义（User Defined，参考 DESVAR 定义）的，将不执行平均操作。系统假设用户有形状变量重叠的意图，因此可能导致在多个受影响的肋卡之间有网格偏差的积累。

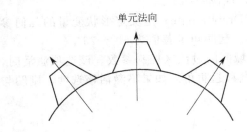

图 4-22　Element Normal 方法

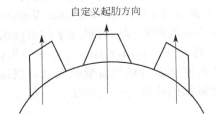

图 4-23　Draw Vector 方法

4.3.2　形貌优化中的可制造性

对于给定的零件可以通过加强肋的不同布置类型设置加工方式约束。例如，管道必须有连续的截面；冲压则不能有模具锁死的情况。

在形貌优化中，通过模式组合选项（Pattern Grouping Options）以实现可制造的加强肋设计。

（1）模式组合

OptiStruct 提供 70 多种模式组合（Pattern Grouping）和变量用于形貌优化，基于 DTPG 卡片中的 TYP 参数指定的样式类型生成形状变量。用户不指定肋的样式时，OptiStruct 将自动生成圆肋，如图 4-24～图 4-27 所示。

形貌优化可以强制关于一个、两个或三个平面对称。系统提倡给几何对称、约束对称的模型定义对称，因为自动变量的生成不可能对称。系统不要求网格对称，如果对称面一侧的网格大于另一侧的网格，系统则将对称面正法向（第一矢量与第二矢量的叉积）一侧创建的变量映射到另一侧，副法向一侧则不创建变量。关于平面对称的定义可以参考 4.2.2 节相关内容。

如图 4-24～图 4-27 所示，分别表示不加对称平面及加一个、两个及三个对称平面的圆肋。

如图 4-28～图 4-31 所示，分别表示线性分布、圆周分布、径向分布及平面分布的肋。

提示：更多肋的样式和分布，请参考在线帮助的 Pattern Grouping Options 部分。

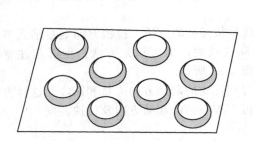

图 4-24　不加对称平面的圆肋

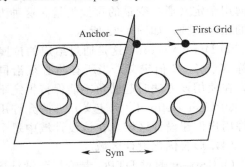

图 4-25　单对称平面的圆肋

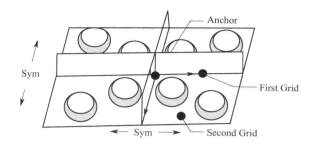

图 4-26　两个对称平面的圆肋

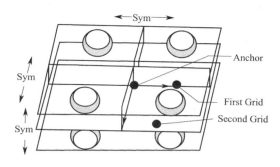

图 4-27　三个对称平面的圆肋

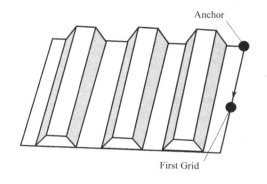

图 4-28　线性（Linear）分布的肋

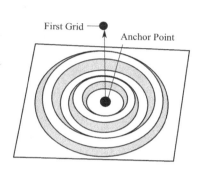

图 4-29　圆周（Circular）分布的肋

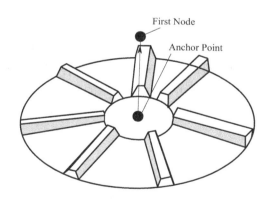

图 4-30　径向（Radial）分布的肋

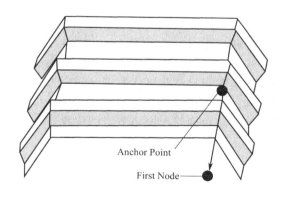

图 4-31　平面（Planar）分布的肋

（2）模式重复

在形貌优化中，模式重复（Pattern Repetition）是使相似的设计区域连接在一起以产生相似的形貌布局的一种技巧。图 4-32 所示为模式重复三次的环形分布肋。

为了达到模式重复目的，首先需要定义一张主 DTPG 卡片，然后参考主卡片定义多张从 DTPG 卡片，主、从部件通过局部坐标系彼此关联，需要时也可以使用比例因子。其他的制造约束（如样式）可以应用于主 DTPG 卡片，然后这些约束将自动应用于从 DTPG 卡片。

模式重复通过"主"（Master）和"从"（Slave）区域定义，在 DTPG 卡片中可能仅包含主或从标志。在主和从区域需要模式重复坐标系，并由 COORD 标记描述。为了便于镜像操作，坐标系可以使用笛卡儿右手系或左手系。

在形貌优化中，模式重复的定义与拓扑优化中的模式重复类似，请参考 4.2.2 节相关内容。

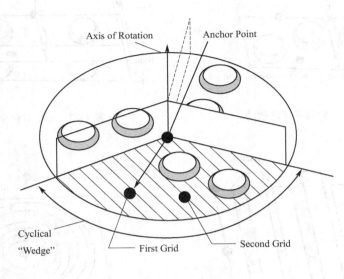

图 4-32　模式重复三次的环形分布肋

4.4　形状优化

形状优化（Shape Optimization）是设计人员对模型有了一定的形状设计思路后所进行的一种细节设计，目的是通过改变模型的某些形状参数（几何特性的形状）后，达到改变模型的力学性能以满足某些具体要求（如应力、位移等）。在形状优化中，优化问题的求解可通过修改结构的几何边界实现，如图 4-33 所示。在有限元中，形状通过节点的位置确定，因此修改结构的形状也即修改网格节点的位置。

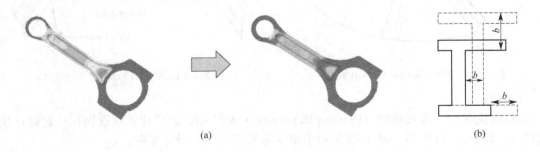

(a)　　　　　　　　　　　　　　　　　　　　(b)

图 4-33　形状优化

在 HyperMesh 中，通过 HyperMorph 实现网格变形。OptiStruct 通过 HyperMorph 进行

区域变形，在形状优化中建立形状变量。

在利用 OptiStruct 进行形状优化分析之前，用户须先使用 HyperMorph 预先设置形状变化。HyperMorph 允许用户采用多种交互式的方法改变网格形状。这些方法包括拖拽控制柄（Handles）、改变倒角和孔的半径以及曲面映射等，然后建立形状设计变量，定义优化的相关响应、约束和目标，进行形状优化的求解。

4.4.1　HyperMorph 简介

HyperMorph 是一个内嵌在 HyperMesh 中的网格变形模块。通过它可以使用多种交互式的方法改变网格形状。当节点移动后，HyperMorph 可以创建设计变量卡片和节点移动卡片，将修改后的网格保存为形状扰动，与形状优化的设计变量关联，从而建立 DVGRID 卡片以与其对应的 DESVAR 卡片关联。这些工作都是 OptiStruct 完成优化时所必需的。

HyperMorph 中的网格变形是通过 Morphing 过程实现的。Morphing 过程包括创建并修改 Domains（域）和 Handles（控制柄），将模型分成多个域（Domains）。这些域的形状由控制柄（Handles）控制。通过移动控制柄，可以改变域的形状，如边界、倒角、曲率及域中节点的位置等。图 4-34 所示为通过 Morphing 操作实现的网格变形。在 Morphing 过程中，网格的变形以比较合理的方式进行，即在移动的控制柄附近的节点移动距离较大，而较远的节点移动距离较小；在控制柄之间的区域，网格自动延伸或者压缩以适应域的变化。

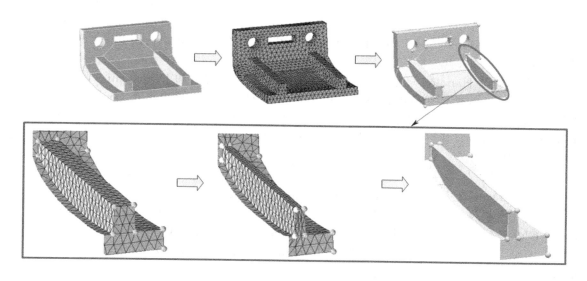

图 4-34　Morphing 操作实现的网格变形

（1）Handles 和 Domains 的概念及特点

Morphing 操作中的 Domains 和 Handles 参考，如图 4-35 所示。

Domains：区域，模型的多个域。

Handles：控制柄，Domains 对应的控制点。

一个 Domain 类似于一个单元，一个 Handle 则类似于一个节点。

HyperMorph 中的 Domains 和 Handles 均对应分为 Global（全局）和 Local（局部）两类。模型可以包含全局或局部的 Domains 和 Handles，从而允许不分大小的网格变化。

① Domains。一个 Global Domain 包含 8 个相关的 Global Handles。模型中的每一个

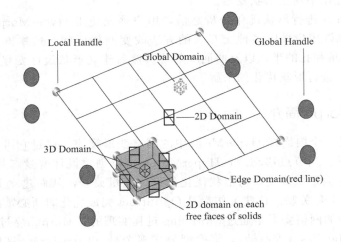

图 4-35 Morphing 操作中的 Domains 和 Handles 参考

Handle 自动成为 Global Domain 的一部分，因此 Global Handles 可以影响模型的每个节点。使用 Global Handles 可以对模型作大规模的形状改变。

一个 Local Domain 包含四种类型：1D Domain、2D Domain、3D Domain 和 Edge Domain。每个 Domain 可以关联任意数量的 Local Handles（产生数目的多少由相应的选项控制）。这些 Local Handles 只影响其相应 Domains 中包含的节点，可以使用 Local Handles 对模型进行局部修改。

② Handles。Handles 分为两类：Independent（不相关的）和 Dependent（相关的）。Independent Handles 的移动只由自身控制而不受其他 Handles 的影响，而 Dependent Handles 的移动既取决于自身，同时也受其他关联 Handles 的影响。一个 Handle 可以有一个以上的 Dependent Handles，反之也可以作为其他 Handles 的 Dependent Handle。这使用户可以创建多层次的主从关系。

（2）Handles 与 Domains 的应用

在 HyperMorph 中创建 Handles 与 Domains 时，需要注意以下几点。

① 在一个模型中可以创建多个 Global Domains，但是每个节点只能属于一个 Global Domain，Global Handles 仅影响其所属的 Global Domain 具有的诸节点。

② 1D、2D 及 3D Domains 也统称为 General Domains（通用 Domains）。创建通用 Domains 时不包含边或面。由于生成通用 Domains 时不会生成任何边，不为 Domains 生成任何控制柄（Handles），因此必须手动添加控制柄。通用 Domains 一旦被创建，尽管它们可能包含不同的单元类型，但仍可以像其他的 Domains 一样进行 Morphing 操作。

③ 在 1D、2D 及 3D Domains 中，只有类型匹配的单元能重新分配给另一个 Domain。

④ 系统不允许创建不隶属于通用 Domain 的 Edge Domain。当通用 Domain 被删除时，隶属于通用 Domain 的 Edge Domain 将在离开 HyperMorph 面板或 Delete 面板时自动被删除。

⑤ 如果对模型的形状只作大概的修改，仅需要创建一个 Global Domain。对于较大的模型，可以使用 Generate 的自动功能（Auto Function）为整个模型自动生成 Local Domains。如果需要改变的是模型的一部分，则可以仅对要改变的部分创建 Domains。

⑥ 创建 Domains 时，如果激活 Partition Domains，所有创建的 2D Domains 都会按照一定的剖分标准被剖分。对于大模型（如轿车模型），系统不提倡激活 Partition Domains 选项，否则在自动生成过程中，将产生大量的 2D Domains。如果激活 Retain Handles，则在为新创

建或编辑的 Domain 重新计算 handles 时，系统不会删除已有的 Handles。

如果使用 Auto Funtion 功能自动创建全局的 Domains 和 Handles，或者在手动创建的过程中激活了 Create Handles，HyperMorph 会生成许多 Global Handles。HyperMorph 会在包含模型的长方体的 8 个角上创建 Global Handles。这些 Global Handles 被命名为"Corner（）"，括号中为从 1～8 的某个数字［如 Corner（1）］。HyperMorph 将在模型中节点密度最大处，至少放置一个 Global Handle。这些 Handles 被命名为"Handle（）"，括号中为数字［如 Handle（3）］。

自动生成 Global Handle 的方式对空间结构模型（例如整车模型）更为适用。但是，对小模型，例如摆臂或支架，最好的方式仍然是由用户建立自己期望的 Domains 和 Handles，这样可以仅对局部区域进行变形操作，而不需要改变整个模型。另外，如果自动生成的 Handles 不在需要的位置，则用户可以删除，为其重新定位或使用 Handles 子面板创建新的 Handles。

Global Handles 对其周围的节点和 Local Handles 的影响可以使用 Spatial 或 Geometric 方法计算。Spatial 方法是系统默认方法，它基于一个空间公式，是为整个模型产生全局影响最快和最便捷的方法；而 Geometric 方法相对于大模型比较慢，但可以产生更加符合期望的影响。

确定 Global Handles 如何影响网格的变形系统具有三个选项，包括 Hierarchical 方法、Direct 方法以及 Mixed 方法。根据 Hierarchical 方法，Global Handles 影响 Local Handles，再由后者控制其他的节点。根据 Direct 方法，Global Handles 直接影响模型中的节点。根据 Mixed 方法，Global Handles 将影响全局 Domain 中的每个节点（节点在 Local Domain 中，则使用 Hierarchical 方法；节点不在 Local Domain 中，则使用 Direct 方法）。这三种方法在 Morph Options 面板的 Global 子面板和 Domains 面板中的 Parameters 子面板中进行选择，默认方法是 Direct 方法。

在 Global Handles 对节点的影响方面，Hierarchical 方法与 Direct 方法有些区别。主要的区别在于：Hierarchical 方法可保持由局部的 Edge Domains 定义的模型形状，如直边和圆孔都保持原来的形状；而 Direct 方法可能会改变这些形状，如直线变成曲线、圆孔变成椭圆孔。如果要保留局部的几何形状，可选择 Hierarchical 方法；如果希望修改局部几何形状，则可选择 Direct 方法。关于 HyperMorph 更详细的内容可以参考 HyperWorks 在线帮助 Hyper Mesh/Tutorial/Morphing 部分。

4.4.2 形状优化概述

形状优化通过对结构形状的改变，得到结构的最佳形状，以达到减小应力集中和增加构件刚度等目的。因此，用户需要定义形状变量的修改和节点的移动，以反映形状的改变。形状优化需要使用两个卡片：DESVAR 和 DVGRID，这两个卡片可以通过 HyperMorph 建立。

（1）形状优化的响应

用于形状优化的目标或约束函数定义的响应如表 4-6 所示。

⊡ 表 4-6　形状优化的响应

Response 响应		
Mass 质量	Volume 体积	Center of Gravity 重心
Moment Inertia 惯性矩	Static Compliance 静态应变能	Static Displacement 静态位移
Frequency 固有频率	Buckling Factor 屈曲因子	Static Stress；Strain；Force 静态应力；应变；力

Response 响应		
Static Composite Stress; Strain,Failure Index 静态复合应力;应变,材料失效指标	Frequency Response Displacement; Velocity,Acceleration 频率响应位移;速度,加速度	Frequency Response Stress;Strain,Force 频率响应应力;应变,力
Weighted Compliance 加权应变能	Weighted Frequency 加权频率	Combined Compliance Index 组合应变能指标
Function 用户自定义函数		

（2）形状优化的设计变量

在 OptiStruct 中，形状变量使用 DESVAR（设计变量）卡片及相关的 DVGRID（节点移动）卡片进行定义。

DVGRID 卡片用于定义作为设计变量的网格节点位置所要改变的大小。用户可以添加任意数量的 DVGRID 卡片，每一张 DVGRID 卡片必须参考一张已定义的 DESVAR 卡片。

在 OptiStruct 中，DVGRID 数据包含节点位置的扰动，但不包括基本的形状。变量的生成及对应的 DVGRID 卡片的创建均由 HyperMorph 功能实现。

由于有限元中的结构形状由网格节点的坐标（X）定义，为了避免网格的变形导致形状的改变，结构的边界形状改变应转换成网格的内部改变。在形状优化过程中，解决网格的变形有两种最常用的方法：基矢量方法（Basis Vector Approach）和扰动矢量方法（Perturbation Vector Approach）。这两种方法将结构的形状定义为线性的矢量组合。

① 基矢量方法。使用基矢量方法，结构的形状改变被定义为基矢量的线性组合，基矢量定义节点的位置，即

$$X = \sum DV_i \cdot BV_i$$

式中，X 为节点坐标的矢量；BV_i 是与设计变量 DV_i 相关的基矢量。

② 扰动矢量方法。使用该方法时，结构的形状改变被定义为扰动矢量的线性组合。扰动矢量用于定义与原始网格相关的节点位置的改变，即

$$X = X_0 + \sum DV_i \cdot PV_i$$

式中，X 为节点坐标矢量；X_0 为节点设计初始的坐标矢量；PV_i 为与设计变量 DV_i 相关的扰动矢量。

初始节点的坐标由 DVGRID 卡片定义，扰动矢量参考设计变量 DESVAR 卡片，由 DVGRID 卡片定义。如果要求一个离散的设计变量，则需要在参考 DESVAR 卡片的基础上使用 DDVAL 卡片定义其设计变量值。应注意，OptiStruct 只能使用扰动矢量方法，DVGRID 卡片必须包含扰动矢量。

（3）形状优化问题定义流程图

当定义一个形状优化问题时，首先必须在 HyperMorph 中定义形状变量，并在 Shape 面板中将形状设计变量与形状变量相关联；然后在 Optimization 中定义优化设计约束和目标，最后在 OptiStruct 中进行优化求解，其流程图如图 4-36 所示。

Shape 是一个优化的操作对象，仅在 HyperMesh 中使用，而且仅用于形状优化。当使用 HyperMorph 改变网格形状以后，网格的改变需要被保存为 Shape；然后在 Optimization 面板中选择 Shape 面板，将保存后的 Shape 与设计变量联系到一起。这样将设计变量与节点移动进行关联，即将 DESVAR 卡片与 DVGRID 卡片关联。

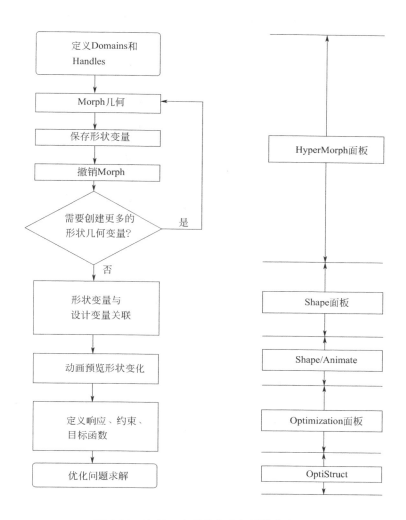

图 4-36 定义一个形状优化问题的流程图

在 HyperMorph 中，Save as Shape 可以将处于激活状态的变形保存为一个 Shape 操作对象。被保存的 Shape 代表模型的初始状态和当前状态的差异，可以与设计变量关联并用于形状优化。在将网格变化保存为形状变量时，可将形状变量保存为 Node Perturbations（节点的扰动）或者 Handle Perturbation（控制柄的扰动）。

如果一个网格的变化被保存为"节点的扰动"，则无论 HyperMorph 的操作对象如何变化，模型总保持相同的形状变量。如果形状变量被保存为"控制柄的扰动"，改变节点和 Handle 的关系会在形状变量发生改变时导致相应的节点扰动也发生改变。这两种方法的差异会出现在许多情况中，如模型被重新参数化，或在创建或删除 Domains、Handles 及对称约束时。

4.5 尺寸优化

尺寸优化是 OptiStruct 中提供的另一种优化方法，是设计人员对模型形状有了一定的形状设计思路后所进行的一种细节设计。它是通过改变结构单元的属性，如壳单元的厚度、梁单元的横截面属性、弹簧单元的刚度和质量单元的质量等，以达到一定的设计要求（如应力、质量、位移等），如图 4-37 所示。

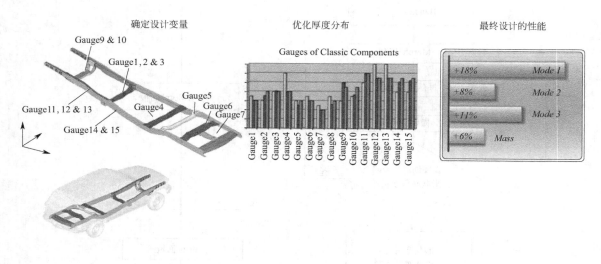

图 4-37 尺寸优化

（1）尺寸优化的响应

表 4-7 中列出了用于尺寸优化的目标或约束函数定义的响应，同形状优化。

⊡ 表 4-7 尺寸优化的响应

Response 响应		
Mass 质量	Volume 体积	Center of Gravity 重心
Moment Inertia 惯性矩	Static Compliance 静态应变能	Static Displacement 静态位移
Frequency 固有频率	Buckling Factor 屈曲因子	Static Stress；Strain，Force 静态应力；应变，力
Static Composite Stress； Strain，Failure Index 静态复合应力；应变，材料失效指标	Frequency Response Displacement； Velocity，Acceleration 频率响应位移；速度，加速度	Frequency Response Stress； Strain，Force 频率响应应力；应变，力
Weighted Compliance 加权应变能	Weighted Frequency 加权频率	Combined Compliance Index 组合应变能指标
Function 用户自定义函数		

（2）尺寸优化的设计变量

在尺寸优化中，结构单元的属性，如壳单元的厚度、梁单元的横截面属性、弹簧单元的刚度和质量单元的质量等，不是设计变量，但其属性可以定义为设计变量的函数。

① 设计变量的定义。在 OptiStruct 中，尺寸变量均使用 DESVAR 卡片定义。如果要求一个离散的设计变量，则需要使用 DDVAL 卡片定义其设计变量值。设计变量（DESVAR 卡片）通过 DVPREL（DVPREL1 或 DVPREL2）卡片与尺寸属性关联。在优化过程中，每个 DVPREL 至少必须参考一个 DESVAR。

最简单的定义是通过 DVPREL1 卡片建立设计变量与属性间的关系，在 DESVAR 卡片中

描述为设计变量的线性组合，即

$$p = C_0 + \sum DV_i \cdot C_i$$

式中，p 为优化的属性；DV_i 为设计变量；C_i 为与设计变量 DV_i 相关的线性因子；C_0 为一个常量，可以人为给定，默认值为 0。

可以使用 DEQATN 卡片定义更加复杂的函数（如三角函数）关系。这时，设计变量与属性间的关系则通过 DVPREL2 卡片建立。

对于一个简单的薄壳板的优化，设计变量与属性的关系式变为

$$t = DV_i$$

此时，薄壳板的厚度 t 标识为设计变量。

如果要求离散的设计变量，则需要使用 DDVAL 卡片定义 DESVAR 卡片的设计变量值。

② 设计变量间的关联。多个设计变量间的关联，通过 DLINK 卡片建立。一个设计变量与其他设计变量间的关系用下列线性组合表示，即

$$DDVID = C_0 + CMULT \sum C_i \cdot IDV_i$$

式中，IDV_i 为独立变量的标识；C_i 为 IDV_i 的系数；$CMULT$ 为常量乘数。

 思考题

1. OptiStruct 有几种优化方法？它们的特点有哪些？
2. 优化设计的三要素是什么？
3. OptiStruct 采用哪三种方法建立近似模型？它们的用法是什么？
4. 拓扑优化或自由尺寸优化中的 Von Mises 应力定义为约束的条件是什么？
5. OptiStruct 完成一个结构优化的过程分为哪三步？
6. 简述拓扑优化中常见的与制造工艺相关的三个问题，以及常用的解决方法。
7. 简述均匀化法和密度法。
8. 简述拓扑优化、形状优化和形貌优化的区别与联系。

第 **5** 章

快速成型技术概述

工业产品设计不同于其他设计，它是对三维实物的设计，在设计的不同阶段，只靠效果图无法检测制件的体量关系，只有借助各种立体的三维实体模型，才能针对设计方案进行较直观的检测和修改。运用快速成型技术可替代传统、手工模型的制作，能够更加精确、快速、直观并且完整地传递出产品的三维信息，建立起一种具有并行结构的设计系统，使不同专业的人员及时反馈信息，从而缩短产品的开发周期，最终保证产品设计与制造的高质量。

快速成型（rapid prototyping，RP）技术也称为快速原型制造技术，是一种新型数字制造工艺技术，利用这项技术可以快速、自动地将设计思想物化为具有结构和功能的原型或直接制造出零部件，从而可以对设计的产品进行快速评价、修改，大幅度缩短了新产品的开发周期，降低了开发成本，最大程度避免了产品研发失败的风险，提高了企业竞争力。

快速成型也称为增材制造（additive manufacturing，AM）、材料累加制造（material increase manufacturing）、分层制造（layered manufacturing）、3D 打印（3D printing）等。名称各异的叫法分别从不同侧面表达了该制造技术的特点。快速成型是一种能够不使用任何工具，可以直接从三维模型快速地制作产品物理原型（样件）的技术，使设计者在设计过程中很少甚至不考虑制造工艺技术。任意复杂结构、创新结构、免组装结构的零件，都可利用其三维设计数据在一台设备上快速而精确地制造出来，解决了许多过去难以制造的复杂结构零件的成型问题，实现了"自由设计，快速制造"。

5.1 快速成型技术方法及分类

RP 技术结合了当代众多的高新技术内容：计算机辅助设计与制造、数控加工技术、激光加工技术以及材料技术等，同时随着众多技术的不断更新而快速向前发展。RP 技术自 1986 年出现至今，已经有多种不同的加工方法，而且许多新的加工与制造方法仍在继续涌现。目前，按照 RP 的加工能量来源，可以将 RP 技术分为激光加工和非激光加工两大类。按照成型材料的形态，可以将 RP 分为液态、薄材、丝材、金属和非金属粉末等五种。其中，目前得到较为广泛应用的有以下五种快速成型技术。

① 液态光敏树脂选择性固化；

② 薄型材料选择性切割；

③ 丝状材料选择性熔融堆积；

④ 粉末材料选择性激光烧结；

⑤ 喷墨三维打印成型。

（1）按 RP 加工制造所使用材料的状态、性能及特征分类

① 液态聚合、固化技术。原材料呈液态状，利用光能、热能等使特殊的液态聚合物固化形成所需的形状。

② 烧结与粘接技术。原材料呈固态粉末，通过激光烧结，或用黏结剂把材料粉末粘接在一起，以形成所需形状。

③ 丝材、线材熔化粘接技术。材料为丝材、线材，通过升温熔融，并按指定的路线层层堆积出所需的三维实体。

④ 板材层合技术。原材料是固态板材或膜，通过粘接，将各片薄层板粘接在一起；或利用塑料膜的光聚合作用将各层膜片粘接起来。

（2）按 RP 加工制造原理分类

① 光固化快速成型（stereo lithography apparatus，SLA）技术以光敏树脂为原料，在计算机控制下，紫外激光束按各分层截面轮廓的轨迹进行逐点扫描，被扫描区内的树脂薄层产生光聚合反应后固化，形成制件的一个薄层截面。当一层固化完毕后，工作台向下移动一个层厚，在刚刚固化的树脂表面又铺上一层新的光敏树脂以便进行循环扫描和固化。新固化后的一层牢固地粘接在前一层上，如此重复，层层堆积，最终形成整个产品原型。

② 分层实体制造（laminated object manufacturing，LOM）技术采用激光器和加热辊，按照二维分层模型所获得的数据，采用激光束，将单面涂有热熔胶的纸、塑料带、金属带等切割成产品模型的内外轮廓；同时，加热含有热熔胶的纸等材料，使得刚刚切好的一层和下面的已切割层粘接在一起。如此循环，逐层反复地切割与粘接，最终叠加成整个产品原型。

③ 熔融沉积制造（fused deposition modeling，FDM）技术采用热熔喷头装置，使得熔融状态的 ABS（丙烯腈-丁二烯-苯乙烯三元共聚物）丝，按模型分层数据控制的路径从喷头挤出，并在指定的位置沉积和凝固成型，逐层沉积和凝固，最终形成整个产品原型。

④ 选择性激光烧结（selected laser sintering，SLS）技术按照计算机输出的产品模型的分层轮廓，采用激光束，按照指定路径，在选择区域内扫描熔融工作台上已均匀铺层的材料粉末。当处于扫描区域内的粉末被激光束熔融后，形成一层烧结层。逐层烧结后，再去掉多余的粉末即获得产品模型。

⑤ 三维打印（three dimensions printing，3DP）技术的原理与喷墨打印机的原理近似。首先在工作仓中均匀地铺粉，再用喷头按指定路径将液态的黏结剂喷涂在粉末层上的指定区域，待黏结剂固化后，除去多余的粉尘材料，即可得到所需的产品原型。此技术也可以直接逐层喷涂陶瓷或其他材料的粉浆，固化后即可得到所需产品原型。

5.2 快速成型技术的发展

5.2.1 快速成型技术在国外的发展

从材料的加工制造史上可以看出，很早以前就有"材料叠加成型"的加工制造设想。1892年，在 J. E. Blather 的美国专利中，建议用分层制造法加工地形图。这种方法的基本原理是将

地形图的轮廓线压印在一系列的蜡片上，然后按轮廓线切割蜡片，将其粘接在一起，然后将每一层面熨平，从而得到最终的三维地形图。1902年，在 Carlo Baese 的美国专利中，提出了用光固化聚合物加工制造塑料件的原理，这是第一种现代快速成型技术——立体平板印刷术的初步设想。20 世纪 50 年代之后，世界上先后涌现出了几百项有关快速成型技术的专利。其中，1976 年，Paul Dimatteo 在其美国专利中明确地提出先用轮廓跟踪器将三维实体转化成 n 个二维轮廓薄片，然后将这些薄片用激光切割成型，最后用螺钉、销钉等将一系列薄片连接形成三维实体，如图 5-1 所示。

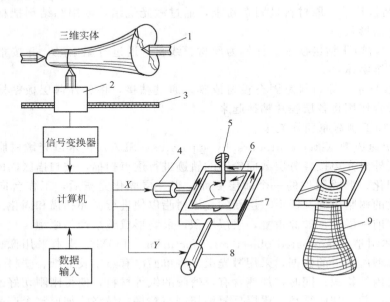

图 5-1 Paul Dimatteo 的分层形成法
1—顶针；2—轮廓跟踪器；3—导轨；4,8—伺服电动机；
5—激光束；6—工件；7—工作台；9—二维轮廓薄片

自 20 世纪 70 年代末到 80 年代初期，美国 3M 公司的 Alan J. Hebert（1978 年）、日本的小玉秀男（1980 年）、美国 UVP 公司的 Charles W. Hull（1982 年）和日本的丸谷洋二（1983 年），在不同的地点各自独立地提出了 RP 的概念，即利用连续层的选区固化产生三维实体的新思想。Charles W. Hull 在 L′liP 的支持下，完成了一个能自动建造零件的完整系统 SLA-1，1984 年该系统获得专利。这是 RP 发展的一个里程碑。随后许多关于快速成型的概念和技术在 3D Systems 公司中逐步发展成熟。与此同时，其他成型原理及相应的成型机也被相继开发成功。1984 年 Michael Feygin 提出了分层实体制造（laminated object manufacturing，LOM）的方法，并于 1985 年组建 Helisys 公司，于 1990 年前后开发了第一台商业机型 LOM-1015。自从 20 世纪 80 年代中期 SLA 技术发展以来直到 90 年代后期，出现了十几种不同的快速成型技术，除前述几种外，典型的还有 3DP、SDM、SGC 等。其中，SLA、LOM、SLS 和 FDM 四种技术目前仍然是快速成型技术的主流。

5.2.2 快速成型技术在国内的发展

我国 RP 技术的研究始于 1991 年。近几年来，我国 RP 技术飞速发展，已研制出与国外 SLA（光固化快速成型）、LOM（分层实体制造）、SLS（选择性激光烧结）、FDM（熔融沉积制造）等工艺方法相似的设备，并逐步实现了商品化，其性能达到了国际水平。清华大学最先引进了美国 3D Systems 公司的 SLA-250 设备与技术并进行研究与开发，现已开发出"M-RPMS-Ⅱ"型多功能快速成型制造系统。该系统具有分层实体制造（LOM）和熔融沉积制造（FDM）两种功能，这是我国具有自主知识产权的拥有两种快速成型工艺的系统。此外，清华大学还开发出基于 FDM 技术的熔丝沉积制造系统 MEM-250 和基于 LOM 技术的分层实体制造系统 SSM-500 等。华中科技大学研制出以纸为成型材料的基于分层实体制造（LOM）的 HRP 系统；西安交通大学开发了基于立体印刷（SEA）的 LPS 和 CPS 系统；南京航空航天大学开发了基于选择性激光烧结（SLS）的 RAP 系统；北京隆源公司推出了基于选择性激光烧结（SLS）的 AFS 系统。在基于快速成型技术的快速制造模具方面，上海交通大学开发了具有我国自主知识产权的计算机辅助快速制造系统，为汽车行业制造了多种模具。华中科技大学研究出了一种覆膜技术快速制造铸模，翻制出了铝合金模具和铁模块；在模具制造行业，可以利用快速成型技术制得快速原型。但总体而言，与工业化国家相比，我国 RP 技术的研究和应用尚存在一定差距。

5.3 快速成型技术的应用

5.3.1 在产品设计中的应用

产品设计从前期概念设计开始直到新产品诞生，都要综合设计师、生产制造商、消费者等各方面的意见。在产品创新设计过程中，要经过概念设计、结构设计、产品试制与修改、小批量生产以及市场运作等环节。设计师依据确定的主题，完成概念设计，并借助油泥、木材、纸张、泡沫、石膏、金属、亚克力等传统介质以及光固化树脂、固态片、丝材等新介质表达产品构思、用途等复杂问题。相关应用示意如图 5-2、图 5-3 所示。

图 5-2　相关应用示意（一）

图 5-3　相关应用示意（二）

（1）产品概念设计评价

按照传统的产品研发流程，产品设计过程包括概念设计、结构设计、产品试制、样品试验、用户测试、产品修改、小批量生产以及市场运作等环节。新产品往往研发时间长，企业投入人员、资金量巨大，产品研发风险高。而应用快速成型技术后，在产品设计的概念设计阶段，就可以制造出三维实体模型，取代了传统使用二维图纸来评价概念设计的方式，这样在产品研发的早期阶段就能从三维空间准确地感受产品的概念设计，甚至可以将小批量的概念设计产品投放到消费者中，以获得最直接的反馈信息。还可根据设计师和消费者对产品的反馈信息来评价产品的概念设计，从而有利于设计师进一步改进产品设计，提升设计质量，提高产品设计效率、产品设计的可靠性与成功率。

（2）产品设计验证

应用快速成型技术，可以短时间内将计算机中的模型转换成三维实体模型，完成产品的装配验证，检验结构设计的合理性，同时完成快速成型样件的干涉检查，校验各样件之间是否存在因干涉、结构设计不合理等导致产品装配不良的情况。尤其是对复杂、昂贵的产品进行严谨的装配验证与干涉检查，以校验产品结构设计的合理性、安装工艺要求，以便发现问题，做到早找错、早更改，避免在产品设计后期出现严重不可修复的错误而造成经济损失。如果使用传统方法制造产品的原型，这些设计验证的测试与检查将会变得没有任何意义。应用快速成型技术，还可以对新研发产品进行功能测试、性能试验等方面研究。

5.3.2　在模具领域的应用

当新产品投放市场试运行后，在其功能测试和获得用户反馈的准确信息方面，还需要通过实际材料制成的产品加以验证。所以，还需要利用 RP 为母模制造模具，这样就产生了基于 RP 的快速模具（RT）制造技术。通过理论研究和近 10 年的实际应用，该技术显示出了强大的生命力，现已成为模具制造行业的一个热点。

为了得到真实的物质产品，并迅速形成批量生产能力，将产生一种基于间接成型的快速模具方法。根据材料的不同，快速模具一般分为软质模具和硬质模具两类，如图 5-4 所示。

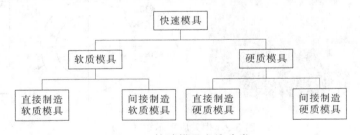

图 5-4　快速模具方法分类

软质模具因其所使用的软质材料（如硅橡胶、环氧树脂等）有别于传统的钢质材料而得名，软质模具制造方法主要有硅橡胶浇注法、金属喷涂法、树脂浇注法等。硬质模具指的就是钢质模具，利用 RP 制作钢质模具的主要方法有熔模铸造法、陶瓷型精密铸造法等。

5.3.3　在铸造领域的应用

铸造工艺是传统机械制造中常用的方法。随着社会和技术的不断发展，该工艺的应用已变得越来越有限：如生产周期太长、质量不够稳定，一些重要部件的质量要求和周期无法得到有效的保证。特别是在短时间内修复个别重要部件时，传统铸造技术往往不能满足实际需求，实施风险大，最终导致成本增加。采用快速成型技术可以有效地避免上述缺点，提高设计速度，实现无须成型制造工件的概念。此外，快速成型技术可实现高品质、稳定的质量和高产量。在制造 3D 实体模型时，可以发现潜在问题并最终确保产品质量和周期。快速成型技术在铸造中的应用对比见表 5-1。

⊡ 表 5-1　快速成型技术在铸造中的应用对比

成型方法	模样制造材料	尺寸精度/mm	成本	可用于铸造方法	粗糙度 Ra
SLA	树脂、聚合物	±0.13	高	砂型、石膏型、精密铸造	0.6
FDM	蜡、塑料、树脂		较高	砂型、石膏型、精密铸造	14.5
LOM	塑料、纸、复合材料	±0.254	低	模锻、精密铸造	1.5
SLS	尼龙（聚酰胺）、聚酯纤维、金属粉、陶瓷粉	±0.13～±0.25	较高	精铸、压铸、砂型、金属型	5.6
SGC（光掩模）	树脂、蜡	0.1%	较高	砂型、石膏型、精密铸造	6.3
DSPC（直接制模铸造）	陶瓷粉、黏结剂	±0.05	高	精密铸造	小于 0.2

（1）直接铸造法

这种方法的优点在于能够一步成型。在铸造期间，不必采用熔接方法，通常都是采用金属浇注的方法来铸造金属零件。在此期间，由于金属零件不用转变成另外形式，因此就被称为直接铸造法。但是，此方法一般会用在铸造并不复杂的零件上。直接铸造法主要具有以下两种方式。

① 直接壳型铸造法。这种方法通常采用陶瓷粉以选择性激光烧结的方法进行烧结，可以保证在壳体和型芯铸造时一次满足设计要求。在加工过程中，壳体的厚度通常为 5～10mm。在烧结作业时，重点在于非零件部位烧结，零件仍为粉末状。在烧结完成后，倒出粉末并进行硬化处理以形成壳体。使用这种方法的优点是该方法相对简单，既提高了铸造效率，同时也确保了铸件的铸造质量。不过此方法也有一定问题，如铸造出的零件表面较为粗糙。所以，此项技术最重要的环节就是掌握好壳型厚度和表面粗糙度。

② 直接制模铸造法。此种方法不是选择性烧结，主要是根据所采用的黏结剂具体情况进行粘接。以该法制造的零部件具有环保、柔性等优点，通常用于制造复杂形状和内部结构部件。在进行材料选择时，通常使用铸造用砂。按设计要求形成砂型后，开始进行浇注作业，最终形成所需的金属件。

（2）一次性转制法

一次性转制法是通过科学优良的制造工艺，利用快速成型技术和另外的一些铸造技术相结合，来获得最终产品。一般是先利用快速成型技术制造母模，然后以与熔模、砂模等铸造方式相结合的形式来实现生产。该方法适用于铸造单个或小批量工件的加工过程。

对于砂型铸造用模的快速成型技术，首先是将树脂材料利用快速成型技术铸造成模型，之后采用相关辅助软件，进一步确定加工零件数量、斜度、模具标准等指标，将获得的几何数据利用电脑处理后，根据实际铸造工艺要求来获得已经修正完毕的零件模样。将所有模型拼接起来组成模板，科学控制实际模型背面状态，通过蜂窝状设计，可以较好地控制铸造模型在制造过程中的应力和整体模型的耐磨性。这种蜂窝状结构的好处在于不但可以节省铸造材料，而且可以节约铸造时间；也可以采用电镀的方式让模型变得更加耐磨。汽车排气管道砂型模具如图 5-5 所示。

对于熔模快速成型技术，是采用辅助设计软件，对陶瓷外壳进行三维成型设计。这样就可以减少一些铸造环节，从而能够节约熔模铸造的时间；同时，陶瓷壳模型还可以完全忽视蜡模变形的因素，保证铸造零件的精度，很好地保证了铸造零件的成型效果，有效提高了零件的加工质量。

对于铸造消失模块快速成型技术，是根据熔融的形成和叠加，准确地分析树脂和热塑成型

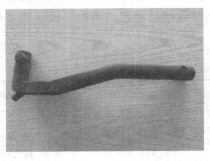

图 5-5　汽车排气管道砂型模具

的实际范围。通过快速成型技术，可确保整个材料的有效填充。通过放入装有干砂的密封箱内，以抽空空气的方法，使砂型紧密结合。随后将金属放进浇注口，让它慢慢地流入砂型里，之后把模样烧毁，如此一来就可以获得金属零件。

（3）二次性转制法

二次性转制法主要是使用快速成型技术生成的原型作为母模，该法所制模具采用蜡铸件、硅橡胶、环氧树脂、聚氨酯等软质材料制成，将模具与铸造工艺相结合，形成待加工的金属零件。这个过程需要通过各种工艺改变来获得具有一定精准度的金属零件。由于此工艺要进行至少两次甚至更多次转化，因此，它被称为二次性转制法。这种方法更多的是广泛用于零件的批量生产。在制造过程中，应保证成型软模具的尺寸精确，表面粗糙度符合设计要求。其中，关键的技术环节主要是对表面粗糙度的处理以及如何控制好零件的尺寸。

5.3.4　在医疗领域的应用

目前，在医学上的快速成型（RP）技术往往与逆向工程（RE）结合在一起。例如，与骨相关的三维模型制造，具体步骤一般如下：①给病人做影像检查扫描，以获得所需解剖部位的影像断层数据；②对每层医学图像做轮廓化处理，生成边缘轮廓，这一过程可以根据灰度值自动进行，也可人为干预；③将处理好的断层轮廓图像按应有间距堆栈，得到所需观察骨骼的三维线框图；④将该线框图转化成 STL 文件后输入快速成型设备，制作出骨的实体模型。医生和工程师们可以直接利用该模型做出假体设计及其他应用，也可输入 CAD 软件供修改研究。目前，RE 和 RP 的医学应用主要有以下几个方面。

① 外科手术规划。医学三维模型能让医生在手术之前对着模型进行手术规划，这在很多复杂手术中显得非常重要。如在进行口腔颌面外科复杂手术时，医生可通过口腔颌面的模型（图 5-6）更直观地观察和分析患者骨组织的解剖结构，优化手术计划，以进行更加真实和可重复的手术模拟和演练来确保手术的成功；同时，也有利于医生和患者间的交流，使患者更了解手术预期。

② 设计和制作可植入假体。设计和制作的可植入假体应用广泛，在关节外科、颌面外科、口腔科、整形外科都有不同程度的应用，极大地减少了种植体设计的出错空间。应用 RE 和 RP 技术也可进行完美的赝复体制造。例如，在义耳的制造中，可利用正常耳的数据镜像出缺失耳的影像数据，通过 RE 和 RP 技术制成树脂耳模型，然后向树脂耳的硅橡胶阴模注入熔蜡，形成左右完全对称的蜡耳模型，从而制成完美的义耳。

③ 人体的生物力学分析研究。采用人体生理结构的三维模型进行生物力学分析研究也是当前的一个方向，目的是建立人体的运动力学模型，这对人体仿生生理功能分析、运动功能修

复等都有深远的意义。例如，有人利用 RE 和 RP 技术加工了鼻腔模型来研究鼻腔内的气流通过状况；还有人制造了心脏模型来研究血液动力学的特点等。此外，医学三维模型还可以用于教学及其他研究。

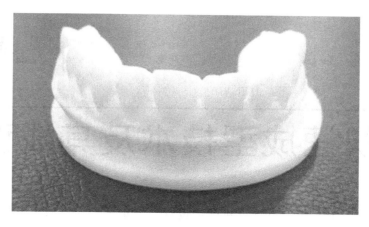

图 5-6　口腔颌面模型

 思考题

1. 什么是快速成型技术？它与传统的机械加工有何区别？
2. 快速成型有什么特点？
3. 目前得到较为广泛应用的快速成型技术有哪五种？
4. 简述快速成型技术的应用。

第6章

快速成型技术及其成型原理

快速成型技术（RP 技术）是计算机辅助设计及制造技术、逆向工程技术、分层制造技术、材料去除成型（MPR）技术或材料增加成型（MAP）技术以及它们的集成。通俗地说，快速成型技术就是利用三维 CAD 的数据，通过快速成型机，将一层层的材料堆积成实体原型。快速成型技术流程示意如图 6-1 所示。

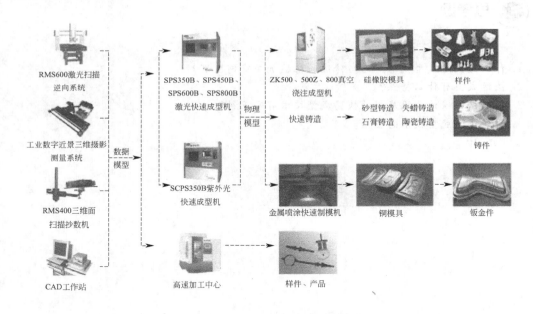

图 6-1　快速成型技术流程示意

6.1 光固化快速成型技术

光固化快速成型（stereo lithography 或 stereo lithography apparatus，SL 或 SLA）技术，

又可称之为立体光刻成型技术。光固化快速成型技术已很成熟和稳定，尺寸精度也较高，最高可达 0.2%。此项技术是由 Charles W. Hull 提出的，采用激光束照射液态光敏树脂后，逐层制作三维实体的快速成型方案。此项技术曾于 1984 年获得美国专利，之后 3D Systems 公司根据此项专利，在 1988 年生产出第一台激光快速成型设备 SLA-250。

SLA 工艺是早期发展起来的 RP 技术，也是目前技术最成熟、应用最广泛的 RP 技术之一。它能简便、快捷地加工制造出各种传统加工方法难以加工制作的复杂三维实体模型，在加工技术领域中具有划时代的意义。

6.1.1 基本原理和系统组成

6.1.1.1 光固化快速成型原理

光固化快速成型（SLA）原理如图 6-2 所示。SLA 成型系统工作时，在储液槽中盛满液态光固化聚合物（即液态光敏树脂），带有很多小孔洞的升降台（工作台）在步进电动机的驱动下，沿 Z 轴方向作往复运动。激光器为紫外激光器，如氦-镉激光器、氩离子激光器、固态激光器等。扫描系统由一组定位镜组成，它能依据计算机控制系统发出的指令，按照每一层截面的轮廓信息作高速往复摆动，使得激光器发出的激光束反射后聚焦在储液槽里液态光固化聚合物的表面上，同时沿此而作 X-Y 平面的扫描运动。在这一层当中受到紫外激光束照射的部位，液态光固化聚合物就快速固化且形成相应的一层固态截面轮廓。

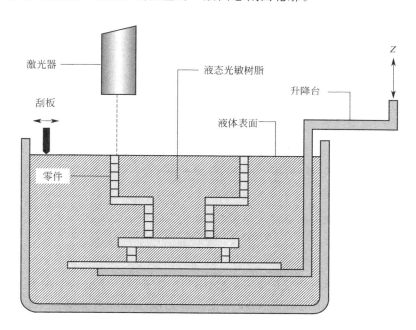

图 6-2 光固化快速成型（SLA）原理

当一层固化完毕后，工作台就会下移事先设定好的一个层厚的距离，然后在原固化好的表面再铺上一层新的液态树脂，用刮板将树脂液面刮平，再进行下一层轮廓的扫描加工。此时新固化的一层牢固地粘接在前一层表面上，如此循环，直至整个零件加工制造完毕，就得到一个三维实体产品或模型。

储液槽中所盛装的液态光敏树脂，在一定波长和强度的紫外激光照射下会在确定区域内固化，以形成固化点。在每一层面的成型开始时，工作台会处在液面下某一确定的深度，例如

0.05～0.2mm。聚焦后的激光光斑在液面上将按计算机所发出的指令逐点进行扫描，以实现逐点固化。当某一层扫描完成后，未被激光照射的树脂仍然是液态的；之后升降架带动工作台再下降一层的高度，则在刚刚成型的层面上又布满一层树脂；之后再进行第二层轮廓的扫描，形成一个新的加工层，同时与已固化部分牢牢地粘接在一起。

对于采用激光偏转镜扫描的成型设备而言，由于激光束被偏转面斜射，因此焦距和液面光点尺寸都是变化的，这将直接影响每一薄层的固化。为了补偿焦距和光点尺寸的变化缺陷，激光束扫描的速度必须是可以实时调整的。此外，制作每一薄层时，扫描速度也必须根据被加工材料的分层厚度变化而作随时调整。

6.1.1.2 光固化快速成型系统的组成

光固化快速成型系统通常由激光器、X-Y 运动装置或激光偏转扫描器、液态光固化聚合物、聚合物容器、控制软件和升降台等部分组成。光固化快速成型激光扫描运动轨迹示意如图 6-3 所示。

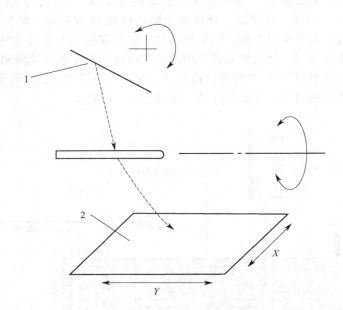

图 6-3 光固化快速成型激光扫描运动轨迹示意
1—激光器；2—液态光固化聚合物

（1）光学部分

① 紫外激光器。第一种通常采用氦-镉（He-Cd）激光器，输出功率约为 15～500mW，输出波长为 325nm；第二种采用氩离子（Ar 离子）激光器，其输出功率为 100～500mW，输出波长为 351～365nm。这两种激光器的输出都是连续的，寿命大约为 2000h。第三种采用固体激光器，输出功率可达 500mW 以上，寿命可超过 5000h，更换激光二极管后还能继续使用；相较氦-镉激光器而言，更换激光二极管的费用要比更换气体激光管的费用少得多。此外，固体激光器所形成的光斑模式较好，有利于聚焦。一般而言，其激光束的光斑尺寸为 0.05～3.00mm，激光位置精度可达到 0.008mm，往复精度能达到 0.13mm。由此可见，固体激光器将是未来重要的发展趋势。

② 激光束扫描装置。一般数控的激光束扫描装置有两种形式：一种是基于检流计驱动式的扫描镜方式，其最高扫描速度能达到 15m/s，适合制造尺寸较小、高精度的模型制件；另一种是 X-Y 绘图仪的方式，其激光束在整个扫描过程中与树脂液面垂直，通过这种扫描方式能

获得高精度、大尺寸的模型制件。

（2）树脂容器系统

① 树脂容器。用于盛装液态光敏树脂的容器，一般由不锈钢制成，其尺寸大小取决于光固化快速成型系统设计的最大尺寸原型，通常为 20～200L。液态光敏树脂是能够被紫外线感光且固化的光敏聚合物。

② 升降台。在升降台上分布有多个小孔洞，在步进电动机的驱动下，沿 Z 轴方向作往复运动，最小步距可在 0.02mm 以下。在 Z 轴方向 225mm 工作范围内，位置精度为 ±0.05mm。

6.1.2 工艺过程

光固化快速成型包括三维模型设计、模型切片与数据准备、三维实体模型的构造、固化后处理等，其具体工艺步骤如下。

（1）三维模型设计

光固化快速成型的第一步是在 CAD 软件中设计出所需产品的三维数据模型。所构造出的 CAD 图形无论是三维实体模型还是表面模型，都应具备完整的壁厚和内部描述特征。第二步是将设计出的 CAD 文件转换成快速成型设备所要求的标准文件，如 STL 文件格式，并将此文件输入至快速成型系统所配置的计算机内。

目前，与快速成型系统兼容的常用软件有 Pro/E、Unigraphics NX、AutoCAD、Solid-Works、I-DEAS、CATIA、CADKEY 等。这些软件具有较强的三维实体造型或表面造型功能，可以构造具有复杂外形结构的模型，其中最常用的是 Pro/E、SolidWorks 软件。

前面所提到的计算机辅助设计软件，其产生的模型文件的输出格式多种多样。常见的有 IGES、SFTP、DXF 和 STL 等格式，STL 格式是最常采用的格式之一。生成 STL 格式后，还需要第三方软件进行数据转换和处理，以便生成快速成型设备能够识别的数据文件。目前，国外出现很多 CAD 与 RP 系统之间相互转换的第三方软件，如美国 Solidconcept 公司的 Bridge-Works、SolidView，比利时 Materialise 公司的 Magics，美国 Imageware 公司的 Surface-RPM 等。其中，Magics 软件除了具有观察、测量、变换、修改、加支撑常规功能，还提供了 STL 文件的剖切和冲孔功能，并且在分解 STL 文件时，可生成便于对接的结构；同时，具有能将复杂零件进行精确的抽壳、光顺、去除噪声点等功能。

（2）模型切片与数据准备

将 STL 文件传送到光固化快速成型系统时，首先应对 STL 模型文件进行检查和修复，并优化模型制作方向，以便构造出所需的三维实体模型。

在 STL 成型过程中，当液体树脂固化成型时，由于体积收缩而造成内应力，同时模型中的悬垂部分与底面都需要添加制作的基础，这就需要设计出合理的支撑结构来保持成型制件在制作过程中的稳定性和精确性，从而保证三维实体成型的成功制作。

目前常用的支撑结构设计方法有两种：一是根据 STL 数据模型直接设计支撑，输出 STL 的支撑文件，再与零件 STL 模型合并，进行分层处理；二是在分层截面轮廓上设计支撑结构，此支撑结构的设计需要在计算机上单独生成。在三维实体成型制作完毕后，再进行一些后处理，将支撑结构与产品原型剥离。光固化快速成型常见的支撑结构如图 6-4 所示。

利用 RP 设备自带的分层软件将三维数据模型进行分层，可得到无数具有一定厚度的薄片层平面图形和有关的三角网格矢量数据。这些数据可用于控制激光束进行轨迹的扫描工作。分层参数的选择对产品模型的成型时间、模型精度等有很大影响。分层数据包括切片层厚、扫描速度、网格间距、线宽补偿值、收缩补偿因子、建造模式以及固化深度等参数的选择。

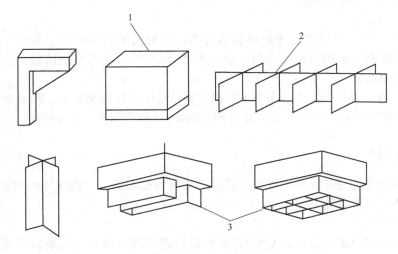

图 6-4　光固化快速成型常见的支撑结构
1—成型制件；2—支撑结构元素；3—支撑结构

（3）三维实体模型的构造

三维实体模型的构造过程是液态光敏树脂聚合并固化成产品模型的过程。图 6-5 所示为光固化快速成型工艺过程。首先可升降台的上表面位于液面下的一个截面层厚的高度，一般为 0.125～0.75mm。该层的液态光敏聚合物被激光束扫描后固化，形成所需的轮廓截面形状，如图 6-5(a) 所示；然后工作台下降一个层厚的高度，液槽中的液态光敏聚合物流经并铺在刚才已固化的那层截面轮廓层上，如图 6-5(b) 所示；然后刮板按照事先设定好的层厚高度作往复运动，刮去多余的聚合物，如图 6-5(c) 所示；再对新铺上的这层液态光敏聚合物进行激光扫描和固化以形成第二层所需的固态截面轮廓。新固化的一层牢固地粘接在前一层的上面，如此循环往复，直到整个产品模型加工完毕。

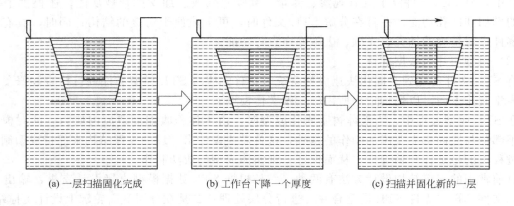

(a) 一层扫描固化完成　　　　　(b) 工作台下降一个厚度　　　　　(c) 扫描并固化新的一层

图 6-5　光固化快速成型工艺过程

6.1.3　扫描方法

由于成型的机理不同，通常将通过激光束扫描树脂液面使其固化的技术，称为光固化快速成型（SLA 或 SL）技术。将通过利用紫外线照射液态光敏树脂液面使其固化的技术，称为光掩模（solid ground curing，SGC）技术。利用激光扫描固化的成型，根据扫描方式的不同，又可分为 X-Y 坐标扫描法和振镜扫描法。从原理上讲，SLA 和 SGC 技术各有优缺点，参见表 6-1。

☐ 表 6-1 扫描方式不同的差别

固化方法	X-Y 坐标扫描法	SLA	SGC
光路特点	不需要动态聚焦镜	需要动态聚焦镜	光路简单
扫描速度	受到限制	视树脂性能可以变化	—
层固化效率	最慢	中等	最快

坐标扫描式是通过 X-Y 数控台带动反射镜或光导纤维束在树脂液面进行扫描，扫描速度由工作台移动的速度决定。由于受到机械惯量的限制，所以扫描速度不可能达到很高，大尺寸规格的设备更是如此。振镜扫描法是通过两块正交布置的检流计振镜的协调摆动实现激光束的二位扫描，摆动的频率可以很高，摆动的角度为±20°的范围。只要增大扫描半径，就可以增大扫描范围。这种方法的缺点是非平场扫描，不过有相应配套的动态聚焦镜，还有三轴联动的控制器，因此使用起来还是非常方便。

6.1.4 支撑结构设计

在光固化快速成型过程中，树脂在由液态转化为固态的过程中会产生内应力收缩。这种收缩会引起原型在制作过程中的变形[图 6-6(a)]，支撑结构可以用来连接原型零件的制作表面（制作表面与工作台、制作表面与制作表面），使原型件在制作过程中保持应力平衡，防止或降低变形。在制作过程中，由工作台带动已固化过的原型实体在液体树脂里上下移动，使得刚固化的层产生"伞降"效应[图 6-6(b)]，而支撑结构可以用来连接原型零件刚固化的层表面，避免或降低这种"伞降"效应。

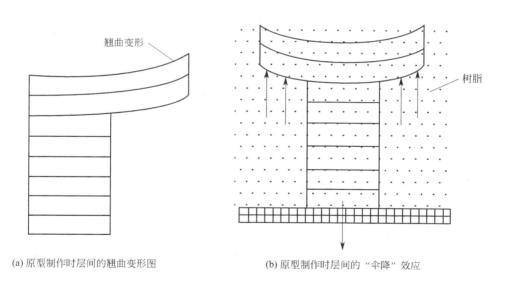

(a) 原型制作时层间的翘曲变形图　　　　(b) 原型制作时层间的"伞降"效应

图 6-6 原型制作时层间的翘曲变形及"伞降"效应

在光固化快速成型加工中，虽然不需要机械加工中的工装夹具，但是所有零件在制作过程中都需要支撑，支撑可以认为是快速成型制造系统中与原型同时制作的工装夹具。目前在 SLA 中经常使用的支撑形式基本类型如下（图 6-7）。

① 十字支撑。面向支撑区域点、支撑区域内部填充及支撑区域角点。

② 带垂直板的单墙支撑。面向支撑区域线。

③ 斜板支撑。面向具有稳定支撑臂的悬臂类区域。

④ 轮廓支撑。面向基础面类区域及不具有稳定支撑臂的悬臂类区域。

⑤ 自由单墙支撑。面向悬臂类区域、悬吊面类区域。

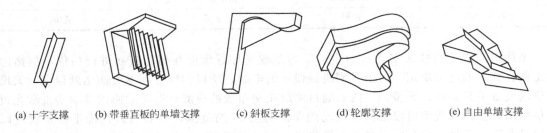

(a) 十字支撑　　(b) 带垂直板的单墙支撑　　(c) 斜板支撑　　(d) 轮廓支撑　　(e) 自由单墙支撑

图 6-7　常见的支撑形式基本类型

支撑结构在设计时应结合快速成型的工艺特点，充分考虑各种因素。由树脂从液态转变为固态的收缩引起的零件变形与翘曲，会引起对应支撑的内部拉应力。如果支撑本身的层间结合力（与支撑的结构形状、结构尺寸、树脂材料的性能有关）小于支撑的内部拉应力，或支撑与零件、支撑与工作台结合的强度不够，就会引起支撑本身的层间开裂及支撑与零件、支撑与工作台结合部的开裂，使支撑无法防止原型零件的变形与翘曲。支撑结构如果设计得过细，在支撑的制作过程中因为流动的液态力或本身的稳定性不够，会导致支撑的制作不稳定，在连接到原型件的轮廓层时会丧失支撑的作用。在快速成型中，原型的制作时间直接决定了制作成本。尤其是支撑在制作过程中扫描的速度比较慢（为保证支撑的强度），因此在设计支撑结构时，在保证制作质量的前提下，应尽可能地减少支撑的数量与支撑的线长度。在原型零件的制作过程中，支撑是一种辅助的工艺结构，在制作完毕后要将其去掉。在设计支撑结构时，应充分考虑原型零件制作完成后支撑的易去性及支撑对零件精度的影响。因此，支撑设计时应考虑的主要因素如下：

① 支撑的强度（与材料性能、截面结构尺寸、扫描线数等有关）；

② 支撑的稳定性（与材料性能、截面结构尺寸、支撑高度、扫描线数等有关）；

③ 支撑的制作时间（与支撑数量、线长度、扫描线数等有关）；

④ 支撑结构设计的实验优化经验。

6.1.5　光固化快速成型技术的特点及应用

6.1.5.1　光固化快速成型技术特点

光固化快速成型技术的优势在于成型速度快、原型精度高，非常适合制作精度要求高、结构复杂的小尺寸工件。在使用 SLA 技术的工业级 3D 打印机领域，比较著名的是 Object 公司。该公司为 SLA 3D 打印机提供超过 100 种以上的感光材料，是目前支持材料最多的 3D 打印设备；同时，Object 系列打印机支持的最小层厚已达到 16μm，在所有 3D 打印技术中 SLA 打印成品具有最高的精度、最好的表面粗糙度等优势。

但是，光固化快速成型技术也有两个不足。首先是光敏树脂原料具有一定的毒性，操作人员在使用时必须采取防护措施。其次，光固化快速成型的成品虽然在整体外观方面的表现非常好，但是，在材料强度方面尚不能与真正的制成品相比。这在很大程度上限制了该技术的发展，使得其应用领域限制于原型设计验证方面，后续需要通过一系列处理工序才能将其转化为工业级产品。

此外，SLA 技术的设备成本、维护成本和材料成本都远远高于熔融沉积制造（FDM）等技术。因此，目前基于 SLA 技术的 3D 打印机主要应用于专业领域，相信不久的将来会有更多低成本、适用于家庭使用的 3D 打印机面世。

（1）SLA 技术的优势

具体来讲，SLA 技术的优势主要有以下几个方面：

① SLA 技术出现时间早，经过多年的发展，技术成熟度高；

② 打印速度快，光敏反应过程便捷，产品生产周期短，且不需要切削工具与模具；

③ 打印精度高，可打印结构外形复杂或传统技术难以制作的原型和模具；

④ 上位机软件功能完善，可联机操作及远程控制，有利于生产的自动化。

（2）SLA 技术的缺陷

相比其他打印技术而言，SLA 技术的缺陷主要在于以下几个方面：

① SLA 设备普遍价格高昂，使用和维护成本很高；

② 需要对毒性液体进行精准操作，对工作环境要求苛刻；

③ 受材料所限，可使用的材料多为树脂类，使得打印成品的强度、刚度及耐热性能都非常有限，并且不利于长时间保存；

④ 由于树脂固化过程中会产生收缩，不可避免地会产生应力或引起形变，因此开发收缩小、固化快、强度高的光敏材料是其发展趋势；

⑤ 核心技术被少数公司所垄断，技术和市场潜力未能被全部挖掘。

6.1.5.2 光固化快速成型技术应用

3D 打印可以应用于各个领域，只要这些领域需要相关模型或原型。对于光固化快速成型，也是如此。在航空航天领域光固化快速成型制件可用于可装配、可制造性检验，进行可制造性讨论评估以确定更合理的制作工艺，可有效地缩短周期，提高精度，提高制件成功率。光固化打印制件如图 6-8 所示。

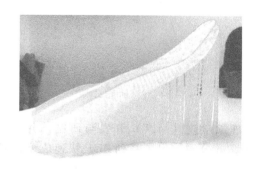

图 6-8　光固化打印制件

在汽车制造领域，针对汽车制造领域产品多、生产周期短等特点，光固化快速成型可用于模型展示、模具制造、功能性和装配性检验、管路流动性分析等。

在铸造行业，光固化快速成型可以快速、低成本制作压蜡模具，制作树脂熔模以替代蜡型。在砂型铸造中，可用树脂模具代替木模，可有效提升复杂、薄壁、曲面等结构铸件的质量和成型效率。光固化快速成型技术在铸造业的应用为快速铸造、小批量铸造、复杂件铸造等问题的解决提供了有效的解决方法。

在医学方面，光固化快速成型可用于假体的制作、复杂外科手术的术前规划模拟、牙齿种植导板制作以及口腔颌面修复等，有力促进了医疗手段的进步。

在生命科学研究前沿领域，利用光固化快速成型技术可以制作具有生物活性的人工骨支架，使用特定树脂材料制作的支架拥有良好的力学性能和生物相容性，对骨细胞在其表面的黏附和生长有很大帮助。另外，通过与冷冻干燥技术相结合，光固化快速成型技术制作出的复杂微结构肝组织工程支架，能够保证多种肝脏细胞有序分布。SLA 打印的心脏模型如图 6-9 所示。

图 6-9　SLA 打印的心脏模型

目前 SLA 技术正朝着更高精度的亚微米级方向发展，微光固化快速成型的实现，以及近些年来微电子领域和微型计算机电系统的快速发展，使得光固化快速成型技术在微型计算机械结构的制造和研究方面有了极大的应用前景和经济价值。

另外，光固化快速成型技术在军工、建筑、轻工、文化和艺术等领域也将得到广泛应用。

6.2　三维打印成型工艺

三维打印（3DP）技术与设备是由美国麻省理工学院（MIT）开发与研制，并由美国 Z Corporation 公司申请获得专利。目前，Z Corporation 公司推出了系列 3DP 快速成型设备，例如 Z400、Z402、Z406、Z810 等。由于 3DP 技术有多种种类，而每种技术使用的成型设备不尽相同，而本书研究主要针对粘接材料三维打印快速成型技术（简称三维打印技术）进行，故重点对该类技术的成型原理进行描述和分析。

6.2.1　三维打印快速成型基本原理

粉末三维打印快速成型技术的原理及工艺过程是使用喷头喷出黏结剂，按计算机设计选择性地将粉末材料逐层粘接起来。可以使用的成型材料有石膏粉、淀粉、陶瓷粉、金属粉、热塑材料等。图 6-10 所示为 3DP 技术成型工艺，过程为铺撒第一层粉末，喷洒黏结剂，下降工作台，继续打印，周而复始。图 6-11 所示为 3DP 技术成型原理。

先由铺粉辊从左往右移动，将供粉缸里的粉末均匀地在成型缸上铺上一层，然后按照设计

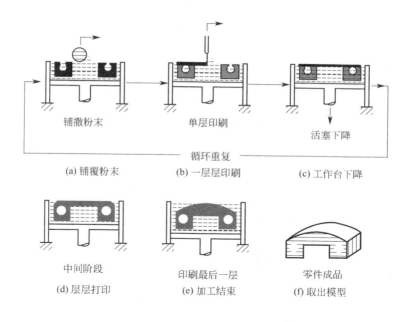

铺撒粉末　　　　　　　单层印刷

　　　　　　　　　　　　　　　　活塞下降

循环重复

(a) 铺覆粉末　　　(b) 一层层印刷　　　(c) 工作台下降

中间阶段　　　　　印刷最后一层　　　　零件成品

(d) 层层打印　　　(e) 加工结束　　　(f) 取出模型

图 6-10　3DP 技术成型工艺

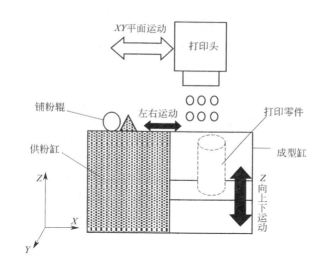

图 6-11　3DP 技术成型原理

好的零件模型，由打印头在第一层粉末上喷出零件最下一层截面的形状，成型缸平台向下移动一定距离，再由铺粉辊平铺一层粉末到刚才打印完的粉末层上。随后由打印头按照第二层截面的形状喷洒黏结剂，层层递进，最后得到的零件整体是由各个横截面层层重叠起来的。这种技术的好处是不但可以制作出内部空心的零件，而且能制作出各种形状复杂、要求精细的零件模型，将原本只能在成型车间才能进行的工艺搬到了普通办公室，增加了设计应用面。

6.2.2　三维打印快速成型过程

　　三维打印快速成型系统和 SLA、SLS、FDM、LOM 成型系统一样，都是基于离散堆积制造思想的快速成型技术。三维打印快速成型技术采用的原材料包括陶瓷、金属、石膏、塑料的粉末等，而其技术关键是配置合乎要求的黏结剂和原材料粉末。三维打印快速成型技术制作制件的工艺流程如下。

① 利用三维CAD系统完成所需制件模型设计。所设计的模型是实心或空心的，并具有最终尺寸和内部细节。

② 设计完成后，将模型在计算机中用专门软件格式切成薄片并生成SLC文件格式。每层的厚度由设计者决定，在高精度的区域通常层厚比较薄。

③ 计算机将每层矢量格式的分层图片转换为位图格式，并控制黏结剂喷射头移动的方向和速度。

④ 通过铺粉装置将粉末均匀铺撒在工作台台面，并控制压平后粉末的厚度等于计算机模型中相应的层厚。

⑤ 计算机控制的喷射头对分层位图进行喷射粘接。对于喷有黏结剂的部位，粉末粘接在一起，周围无粘接的粉末则起支撑粘接层的作用。

⑥ 第一层扫描完成后，计算机控制工作台下降一定高度，然后重复步骤④、⑤、⑥三步，逐渐将整个制件制作出来。

⑦ 取出原型或零件坯体，去除未粘接的粉末，并将这些粉末收回。

⑧ 最后对制件进行相应后处理。

（1）3DP的后处理

3DP的后处理较为简单。待加工结束后，将成型制件放置在加热炉中，或在成型箱中保温一段时间，使得成型制件中的黏结剂得到进一步固化，同时成型制件的强度也有所提高。然后在除粉系统中将附在成型制件上的粉末除去，同时收回这些粉末。有时可根据用户需求，需在原型表面涂上硅胶或其他一些耐火材料，以提高制件的表面精度和降低粗糙度；或在高炉中进行焙烧，以提高成型制件的耐热性及力学性能等。

（2）3DP快速成型技术特点

① 成本低，体积小。由于3DP技术不需要复杂的激光系统，所以整体造价大幅度降低，喷射结构高度集成化。整个设备系统简单，结构紧凑，可以将以往只能在工厂进行的成型过程搬到普通的办公室中。

② 材料类型选择广泛。3DP技术成型材料可以是热塑性材料、光敏材料，也可以是一些具备特殊性能的无机材料粉末，如陶瓷、金属、淀粉、石膏或者其他复合材料，还可以是成型复杂的梯度材料。

③ 打印过程无污染。打印过程中不会产生大量的热量，无毒、无污染，是环境友好型技术。

④ 成型速度快。打印头一般具有多个喷嘴，成型速度比采用单个激光头逐点扫描要快得多。单个打印喷头的移动速度十分迅速，且成型之后的干燥硬化速度很快。

⑤ 运行维护费用低，可靠性高。打印喷头和设备维护简单，只需要简单地定期清理，每次使用的成型材料少，剩余材料可以继续重复使用，可靠性高，运行费用和维护费用低。

⑥ 高度柔性。这种成型方式不受所打印模具的形状和结构的任何约束，理论上可打印任何形状的模型，可用于复杂模型的直接制造。

但是，三维打印快速成型技术也存在制件强度和制件精度不够高等不足之处。由于该技术采用分层打印粘接成型，制件强度较其他快速成型方式稍低。因此，一般需要加入一些后处理程序（如干燥、涂胶等）以增强最终强度，延长所成型模具的使用寿命。虽然该技术已具备一定的成型精度，但是比起其他快速成型技术，精度还有待提高，特别是液滴黏结粉末的三维打印快速成型技术，其表面精度受粉末成型材料特性和成型设备的约束比较明显。

6.2.3 三维打印快速成型应用

三维打印快速成型可以用于产品模型的制作，以提高设计速度，提高设计交流的能力，成为强有力的与用户交流的工具，可以进行产品结构设计及评估，以及样件功能测评。除了一般工业模型，三维打印可以成型彩色模型，特别适合生物模型、化工管道及建筑模型等。此外，彩色成型制件可通过不同的颜色来表现三维空间内的温度、应力分布情况，这对于有限元分析是非常好的辅助工具。

三维打印快速成型还可用于制作母模、直接制模和间接制模，对正在迅速发展和具有广阔前景的快速模具领域起到积极的推动作用。将三维打印成型制件经后处理作为母模，浇注出硅橡胶模，然后在真空浇注机中浇注聚亚氨酯复合物，可复制出一定批量的实际零件。聚亚氨酯复合物与大多数热塑性塑料性能大致相同，生产出的最终零件可以满足高级装配测试和功能验证。直接制作模具型腔是真正意义上的快速制造，可以采用混合用金属的树脂材料制成，也可以直接采用金属材料成型。

快速成型技术的发展目标是快速、经济地制造金属、陶瓷或其他功能材料零件。美国 Extrude Hone 公司采用金属和树脂黏结剂粉末材料，逐层喷射光敏树脂黏结剂，并通过紫外线照射进行固化，成型制件经二次烧结和渗铜，最后形成 60% 钢和 40% 铜的金属制件。其金属粉末材料的范围包括低碳钢、不锈钢、碳化钨，以及上述材料的混合物等。美国 Prometal 公司通过喷射液滴黏结剂粉末逐层粘接覆膜金属合金粉末，成型后再进行烧结，直接生产金属零件。Automated Dynamics 公司则生产喷射铝液滴的快速成型设备，每小时可以喷射 1kg 的铝滴。三维打印快速成型可以进行假体与移植物的制作，利用模型预制个性化移植物（假体），提高精确性，缩短手术时间，减少病人的痛苦。

此外，三维打印快速成型制作医学模型可以辅助手术策划，有助于改善外科手术方案，并有效地进行医学诊断，大幅度减少时间和费用。缓释药物可以使药物维持在所希望的治疗浓度，减少副作用，优化治疗，提高病人的舒适度，是目前研究的热点。缓释药物往往具有复杂的内部孔穴和薄壁部分。麻省理工学院采用多喷嘴三维打印快速成型，用 PMMA（聚甲基丙烯酸甲酯，俗称有机玻璃）材料制备了支架结构，将几种用量相当精确的药物打印出来，实现可控释放药物的制作。

美国 Therics 公司使用三维打印快速成型生产这种可控释放药物，其药剂偏差量小于 1%，而当前制药方法的药剂含量偏差约为 15%。目前三维打印快速成型能够快速并无浪费地制造具有复杂药物释放曲线、精确药量控制的药物。L. Setti 等曾运用三维打印快速成型原理，用具有生物和电子功能的水基溶液制造出生物传感器。若安装多个打印头同时打印多种成型材料，则三维打印快速成型技术还可制造出不需要装配的且具有多种材料、复杂形状的微型机电器件。三维打印技术还以其比传统方法更快速等优势在短期内对纺织服装业产生影响，而纵观长期发展，它将改变整个纺织服装业发展的结构与设计师们的想象力。

6.3 选择性激光烧结快速成型技术

选择性激光烧结（selected laser sintering，SLS）快速成型技术，又称为激光选区烧结或粉末材料选择性激光烧结等。此项技术是由美国得克萨斯大学奥斯汀分校的 C. R. Dechard 于 1989 年研制成功的，目前该工艺已被美国 DTM 公司商业化。十几年来，奥斯汀分校和 DTM

公司在 SLS 领域做了大量的研究与开发工作，在设备研制、加工工艺和材料开发上取得了很大进展。德国的 EOS 公司也开发出相应的系列成型设备。

目前在国内有很多机构进行 SLS 的相关研究工作，华中科技大学、南京航空航天大学、北京隆源自动成型有限公司等已研制和生产出系列的商品化设备。

SLS 快速成型技术（简称 SLS 技术）是利用粉末材料，例如金属粉末、非金属粉末，采用激光照射的烧结原理，在计算机控制下进行层层堆积，最终加工制作成所需的模型或产品。SLS 与 SLA 的成型原理相似，而所使用的原材料不同，SLA 所用的原材料是液态的光敏可固化树脂，SLS 使用的原材料为粉状材料。从理论上讲，任何可熔的粉末都可以用来制造产品或模型，因此可以选择粉末材料是 SLS 技术的主要优点之一。

6.3.1 基本原理和组成系统

（1）SLS 快速成型原理

图 6-12 所示为 SLS 快速成型系统的工作原理示意图。从图 6-12 中可以看出，SLS 快速成型的基本原理是采用激光器对粉末状材料进行烧结和固化。首先在工作台上用刮板或滚筒铺覆一层粉末状材料，再将其加热至温度略低于其熔化温度，然后在计算机的控制下，激光束按照事先设定好的分层截面轮廓，对成型制件的实心部分进行粉末扫描，并使粉末的温度升至熔点，致使激光束扫描到的粉末熔化，粉末间相互粘接，从而得到一层截面轮廓。位于非烧结区的粉末则仍呈松散状，可作为工件和下一层粉末的支撑部分。当一层截面轮廓成型完成后，工作台就会下降一个截面层的高度，然后进行下一层的铺料和烧结动作。如此循环往复，最终形成三维产品或模型。

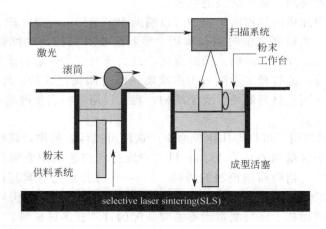

图 6-12　SLS 快速成型系统的工作原理示意图

由此可见，SLS 技术是采用激光束对粉末材料，例如塑料粉末、金属与黏结剂的混合物、陶瓷与黏结剂的混合物、树脂砂与黏结剂的混合物等，进行选择性激光烧结的工艺。它是一种由离散点一层层堆积，最终成型为三维实体模型的快速加工技术。

（2）SLS 快速成型系统组成

SLS 快速成型系统主要由主机、计算机控制系统和冷却器三部分组成。

① 主机主要由机身与机壳、加热装置、成型工作缸、振镜式动态聚焦扫描系统、废料桶、送料工作缸、铺粉辊装置、激光器等组成。

a. 机身与机壳。此部分为整个 SLS 快速成型系统提供机械支撑及所需的工作环境。

b. 加热装置。此部分为送料装置和成型工作缸中的粉末提供预加热。

c. 激光器。提供烧结粉末材料所需的能源。当前激光器主要有两种：Nd-YAG 激光器和 CO_2 激光器。Nd-YAG 激光器的波长为 $1.06\mu m$，CO_2 激光器的波长为 $10.6\mu m$。一般情况下，塑料粉末的烧结选用 CO_2 激光器，金属和陶瓷粉末的烧结采用 Nd-YAG 激光器。

d. 成型工作缸。成品零件的加工是在成型工作缸中完成的。工作时，成型工作缸每次下降一个层厚的距离，如此循环往复。待零件加工完成后，成型工作缸升起，取出制件，然后为下一次的成品加工做准备。

e. 振镜式动态聚焦扫描系统。此系统由 X-Y 扫描头和动态聚焦模块组成。X-Y 扫描头上的两个镜子能将激光束反射到工作面预定的 X-Y 坐标平面上。动态聚焦模块通过伺服电动机的控制，可调节 Z 方向的焦距，使得反射到 X、Y 坐标点上的激光束始终聚焦在同一平面上。振镜式动态聚焦扫描系统和激光器的控制始终保持同步。

f. 废料桶。用于回收铺粉时溢出的粉末材料。

g. 送料工作缸。提供烧结所需的粉末材料。

h. 铺粉辊装置。此装置包括铺粉辊及其驱动系统，其作用是均匀地将粉末材料平铺在成型工作缸上。

② 计算机控制系统由计算机、应用软件、传感检测单元和驱动单元组成。

a. 计算机。计算机由上位主控机和下位机两级控制组成，其中上位主控机是主机，一般采用配置高、运行速度快的微型计算机，完成三维 CAD 数据的处理任务。下位机是子机，为执行机构，可进行成型运动的控制工作，即机电一体的运动控制。通过特定的通信协议，主机和子机进行双向通信，构成并联的双层系统。

b. 应用软件。应用软件主要包括下列几部分软件：切片模块，STL 文件和直接切片文件两种模块；数据处理，识别 STL 文件并重新编码；工艺规划，烧结参数、扫描方式和成型方向等的设置；安全监控，设备和烧结过程故障的诊断、自动停机保护等。

c. 传感检测单元。此部分包括温度和成型工作缸升降位移传感器。温度传感器用来检测工作腔、送料筒内粉末的预加热温度，以便进行实时的温度监控。

d. 驱动单元。其主要控制各电动机完成铺粉辊的平移和自转、成型工作缸上下升降和振镜式动态聚焦扫描系统各轴的驱动。

③ 冷却器由可调恒温水冷却器和外管路组成，用于冷却激光器，提高激光能量的稳定性。

6.3.2 烧结工艺

6.3.2.1 SLS 快速成型工艺过程

SLS 技术利用各种粉末状材料进行快速成型。其工艺过程是：首先将粉末材料铺在工作台面上，然后刮平；用 CO_2 激光器在刚铺的新层上扫描出事先设定好的零件截面轮廓；经过扫描的粉末材料在高强度的激光照射下被烧结在一起，得到零件的一个截面层，并与下面已成型的截面轮廓部分相粘接。当一层截面烧结完后，再铺上新的一层粉末，然后进行下一层截面轮廓的烧结工作。如此循环往复，最终成型成品或模型。其具体工艺过程主要由以下两个工序组成。

① 离散处理。首先在计算机上创建出三维 CAD 数据模型，或通过逆向工程系统得到所需的三维实体图形文件，再将其转换成 STL 的文件格式。用离散软件从 STL 文件离散出一系列事先设定好的、具有一定厚度的有序片层，或者直接从三维 CAD 数据文件中进行切片。这些离散的片层按一定的次序累积叠加后仍为所设计的三维零件实体形状。然后将这些离散的切片数据传输到 SLS 成型设备中去，SLS 成型机中的扫描器就会在计算机信息的控制下，逐层进

行扫描和烧结。

② 叠加成型。SLS 成型系统的主要结构是在一个封闭的成型室中安装两个缸体活塞机构。其中一个用于供粉，另一个用于粉末的烧结成型。在成型开始前，先用红外线板将粉末材料加热至低于烧结点的某一温度。在成型开始时，送料工作缸内活塞上移一定的层厚，然后铺粉辊将粉料均匀地铺覆在成型工作缸加工表面上，之后激光束在计算机的控制下，以给定的速度对每一层给定的信息进行扫描。激光束扫过之处，粉末被烧结和固化为给定厚度的片层，未烧结的粉末被用来作为支撑，零件的某一层便制作出来。然后成型工作缸活塞再下移至事先设定的距离，送料工具缸活塞上移。铺粉辊再次铺粉，激光束再按另一层的截面信息进行扫描，所形成的这一片层被烧结，同时固化在前一层上。如此循环往复，逐层叠加，最终加工制造出三维实体模型或样件。

SLS 成型技术与前面讲到的 SLA 技术基本相同，只是将 SLA 的液态树脂材料换成在激光照射下可以烧结和固化的粉末材料。

6.3.2.2 SLS 快速成型技术

目前，SLS 技术用原材料一般为粉末，可选用的粉末有金属粉末、塑料粉末、陶瓷粉末等，可分别制造出相应材料的产品原型或零件。

（1）金属粉末烧结技术

若材料为金属粉末，则可直接烧结成金属原型零件，可进行金属粉末烧结的零件很难达到所需的强度和精度。SLS 技术用金属粉末大致有三种：单一金属粉末、金属粉末加有机物粉末、金属混合粉末等。以下简单介绍三种金属粉末的烧结技术。

① 单一金属粉末的烧结技术。先将粉末预热到一定温度，再用激光束扫描与烧结，然后将烧结好的产品制件经热等静压处理，能使最后零件的相对密度达到 99.9%。

② 金属粉末与有机黏结剂粉末混合体的烧结技术。首先将金属粉末与有机黏结剂粉末按一定比例均匀混合；再使用激光束对其进行扫描，使有机黏结剂熔化并与金属粉末粘接在一起，如铜粉和 PMMA（有机玻璃）粉的混合体；然后将烧结好的产品制件经高温等后续处理，以去除产品制件中的有机黏结剂，同时能提高制件的力学强度和耐热等物理性能，也增加了成品制件内部组织的均匀性。

③ 金属混合粉末的烧结技术。金属混合粉末主要是两种金属的混合粉末，两种金属粉末的熔点应该不同，例如铜粉和镍粉的混合粉。其烧结工艺是：首先将金属混合粉预热到某一温度，然后用激光束进行扫描，此时低熔点的金属粉末（例如青铜粉）被熔化；同时，与难熔的镍粉粘接在一起；然后再将烧结好的产品经液相烧结等后处理工序，制成成品。

（2）塑料粉末烧结技术

SLS 技术不采用直接激光烧结，烧结好的产品制件不必进行后续处理。其工艺过程是采用一次烧结成型，将塑料粉末加热至稍低于其熔点；再采用激光束加热粉末，使其达到烧结温度，进而将粉末材料烧结在一起得到成品制件。

（3）陶瓷粉末烧结技术

SLS 技术烧结用陶瓷材料需在粉末中加入黏结剂。现在所用的陶瓷粉末原料主要有 Al_2O_3 和 SiC，黏结剂有金属黏结剂、有机黏结剂、无机黏结剂三种。例如，SLS 烧结的 Al_2O_3 陶瓷粉末含有以下几种成分：Al_2O_3 陶瓷粉添加金属黏结剂 Al 粉、Al_2O_3 陶瓷粉添加有机黏结剂聚甲基丙烯酸甲酯、Al_2O_3 陶瓷粉添加无机黏结剂磷酸二氢铵粉末等。

采用陶瓷材料烧结的 SLS 模型制件可以直接用于生产各类铸件或是复杂的金属零件，多用于型壳的加工制造。例如，用反应性树脂包覆的陶瓷粉末为原料进行烧结，型壳部分成为烧结体，零件部分不属于扫描烧结的区域，所以仍是未烧结的粉末。将壳体内部粉末消除干净后，在一定的温度下，使得烧结过程中未完全固化的树脂进行充分固化，得到最终型壳。将制得的成型件进行功能测试可知，型壳制件在透气性、强度、发气量等方面的指标均能满足要求，但表面粗糙度还需进一步提高。

采用陶瓷粉末烧结制成的 SLS 模型制件，其精度是由激光烧结时以及后续处理时的精度所决定的。在 SLS 粉末烧结过程中，其扫描点间距、扫描线行间距、粉末收缩率、烧结所需时间及光强等因素都会对陶瓷制件的精度有很大影响。另外，陶瓷制件的后续处理（例如焙烧时产生的变形、收缩等）也会影响陶瓷制件的表面精度。

6.3.3 后处理

由于 SLS 成型过程及材质本身等因素，成型件易存在裂纹、致密度低、变形、表面粗糙及强度差等缺陷。为此，需要对烧结件进行后处理，改善材料的表面性能与理化性质，逐步提高烧结件的硬度和致密化程度。

到目前为止，最常用的后处理方式包括热等静压、高温烧结等，分为四个阶段：清粉处理、脱脂降解、烧结成型和浸渗工艺。普遍采用的原料为环氧树脂及其衍生物。

后处理工艺各阶段的基本原理差异较大，且达到的预期效果均不同。其中，清粉处理作为第一个环节，主要是采用外力（如粉刷、吹风机等）去除烧结件表面及工作台上的残余原料粉末，避免表面粉末结块，提高烧结件表面的光滑度。脱脂降解主要是为了去除环氧树脂黏结剂，一般采用热脱脂技术进行处理，便于后续的高温烧结处理。烧结成型是在助烧剂的协助下提高烧结件的强度和硬度，但该环节对材料性能影响最大，其中烧结参数（如烧结温度、激光功率和扫描速率等）能够显著影响材料的力学性能。浸渗处理过程是通过向烧结件浸渗树脂以固化增强，提高烧结件的各项性能。借助单一环氧树脂或纤维增强环氧树脂进行表面处理，如刷树脂工艺，采用毛细管法能提高烧结件内部孔道树脂填充率。该过程有利于强化材料的理化性质，并进一步固化成型。其中，压力渗透原理和热等静压过程如图 6-13 所示。

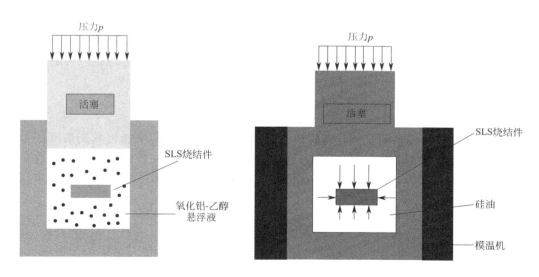

图 6-13 压力渗透原理（左）和热等静压过程（右）

根据不同的坯体材料和不同的制件性能要求，可以采用不同的后处理方法。例如，采用金属粉末烧结的制件，可以放到加热炉内进行加热后处理。待黏结剂烧尽后，金属粒子在被烧结的同时，紧紧地相互粘接在一起。

6.3.4　选择性激光烧结工艺的特点及应用

与其他 3D 打印技术相比，SLS 工艺最突出的优点在于它打印时可以使用的原材料十分广泛。目前，可成熟运用于 SLS 设备打印的材料主要有石蜡、高分子材料、金属、陶瓷粉末和它们的复合材料粉末。由于 SLS 工艺的成型材料品种多、用料节省、成型件性能好、适合用途广以及不需要设计和制造复杂的支撑系统等优点，所以 SLS 工艺的应用越来越广泛。

SLS 工艺的优点主要有以下几个方面。

① 材料品种多样。类似高分子树脂、金属粉末、陶瓷材料等受热时黏度降低的任何粉末材料都可以作为烧结原料。

② SLS 与其他 RP 相比工艺简单，不需要预先制作支架，烧结下层没有被烧结的松散粉末，可对上层粉末起支撑作用，因而不必另外设计支撑结构。同时几乎任意几何形状的零件都可以用 SLS 技术进行成型，尤其是内部结构比较复杂的零件。

③ 材料利用率相对较高。未烧结的粉末可重复使用，节约资源，避免了人力、物力的浪费。

④ 此外，SLS 工艺只需零件的 CAD 模型设计成功后就可进行加工，加工过程时间短，整个生产过程方便、快捷。

⑤ 成型精度高。该工艺可达到全工件范围内 0.1% 的误差，后期修整工作量小，所使用材料的复杂程度、种类、产品的几何形状、粒径等都对成型精度有很大的影响。

⑥ 可为传统加工方法注入新的活力。与传统工艺方法结合在一起，可实现快速模具制造、提供良好质量型腔表面，还具有快速铸造、无模具尺寸限制、制作周期短、生产率高、小批量零件输出等功能。

⑦ 由于成型材料的多样化，其应用范围也非常广泛。对于不同用途的烧结件，可以选用不同的成型材料，如制作用于结构验证和功能测试的金属零件和模具、塑料功能件、砂芯精密铸造用蜡模和砂型等。

相对于其他 3D 打印技术，其缺点主要包括以下几点：

① 关键部件损耗高，并需要专门的实验室环境；

② 打印时需要稳定的温度控制，打印前后还需要预热和冷却，后处理也较为麻烦；

③ 原材料价格及采购维护成本都较高；

④ 成型表面受粉末颗粒大小及激光光斑的限制，影响打印的精度；

⑤ 无法直接打印全封闭中空的设计，需要留有孔洞去除粉材。

随着快速成型技术的持续发展，其应用已从单一的模型制作向快速模具制造（rapid tooling，RT）及快速铸造（quick casting，QC）等多用途方向发展，其应用领域涉及航空航天、机械、汽车、电子、建筑、医疗及美术等行业。目前，SLS 技术的应用主要包括以下几个方面。

（1）用于快速成型制造

利用快速成型方法可以方便、快捷地制造出所需要的原型，主要是树脂 [PS（聚苯乙烯）、PA（聚酰胺，俗称尼龙）、ABS（丙烯腈-丁二烯-苯乙烯三元共聚物）等] 原型。它在新产品的开发中具有十分重要的作用。通过原型，设计者可以很快地评估设计的合理性、可行性，并充分表达其构想，使设计的评估及修改在极短的时间内完成。因此，可以显著缩短产品开发周期，降低开发成本。如图 6-14 所示的工业电钻样件采用 SLS 技术，仅用 12 天就完成了全部制作。

（2）用于快速模具制造

利用 SLS 技术制造模具有直接法和间接法两种。直接制模是用 SLS 工艺方法直接制造出

图 6-14　工业电钻样件

树脂模、陶瓷模和金属模具；间接制模则是用快速成型件作为母模或过渡模具，再通过传统的模具制造方法来制造模具。不同的模具有着不同的制造时间，主要与模具的大小和复杂程度有很大的关系。一般来说，采用传统方法制备一个大型模具，大概在 2～5 个月才能完成。而如果是使用 SLS 技术制作一个高精密度的 EDM 电极，却只需要短短 4～8h，大幅度缩短了产品的制作周期，间接节约了成本。

（3）用于快速铸造

铸造是制造业中常用的方法。在铸造生产中，模板、芯盒、蜡模压模等一般都是机加工和手工完成的，不仅加工周期长，费用高，而且精度不易保证。对于一些形状复杂的铸件，模具的制造一直是个老大难问题，快速成型技术为实现铸造的短周期、多品种、低费用、高精度提供了一条捷径。可以通过以下三种方法实现快速铸造：

① 用快速成型技术直接制造精铸用蜡模和树脂消失模；

② 用快速成型原型代替铸造中的木模或制造铸造模具；

③ 用快速成型技术直接成型铸造型壳、型芯和蜡模的压型。

用 SLS 快速成型所得到的蜡型可直接用于熔模铸造得到金属零件。这种快速成型工艺不需要制造模具，大幅度缩短了毛坯的铸造周期和费用，如图 6-15 所示是采用快速铸造技术生产的电机外壳。

图 6-15　采用快速铸造技术生产的电机外壳

（4）用于航空航天领域

航空航天领域属于对材料及材料制造要求比较高的高新技术领域，因而 SLS 技术对于航空航天领域某些形状复杂，并且具有特殊流线型结构的模型设计有独特的优势；同时，SLS成型周期短，成本相对较低。唐亚新等对 SLS 技术在航空航天领域的应用做了大量研究，开发出独特的加工技巧和多种新的成型材料。图 6-16 所示为通过 SLS 技术制造的太空反射镜。

（5）应用医学研究

SLS 技术应用于医学领域起步较其他领域晚，但是 SLS 技术却给医学界带来了质的变化。人体结构是独特并且极其复杂的，不同于常见的一般物体结构。比如说骨骼，采用普通工艺制造的人造骨在精度上一般会有较大差异。由于人造骨的不规则性，移植到人体中很容易出现生理不协调的现象。颉芳霞等利用 SLS 技术直接以骨骼原型建模，制造出能和原始骨骼形貌完全一样的人造骨，最大限度地减少人体的排斥反应。

图 6-16　太空反射镜

选择性激光烧结因为具有成型材料选择范围宽、应用领域广的突出优点，已成为国际上的研究热点。国外有许多高校、科研机构及公司正在进行该项技术的研究开发，如美国的 Austin 大学、DTM 公司，德国的 EOS 公司等。目前国外对该项技术的研究开发主要集中在成型材料及成型工艺方面。

但总体来看，国内对 SLS 的基础技术研究，特别是成型粉末材料及成型工艺的研究比较缺乏，与国外先进国家相比有一定差距。今后 SLS 的发展趋势如下：

① 开发高性能、低成本的成型材料，如适合选择性激光烧结的金属材料、陶瓷材料及其与有机树脂的复合材料；

② 开展对成型工艺参数和控制技术的研究，实现加工过程的智能化参数选择，稳定和提高成型质量；

③ 与传统制造工艺相结合，进一步扩大其工程应用范围，如快速模具制造技术、快速精密铸造技术以及在生物工程领域的应用等。

6.4　熔融沉积制造快速成型技术

熔融沉积制造（fused deposition modeling，FDM）快速成型技术，也称为熔丝堆积制造、熔融挤出成型技术。FDM 快速成型技术（简称 FDM 技术）是利用热塑性材料的热熔性、粘接性等特点，在计算机控制下进行层层堆积叠加，最终形成所需产品或模型。FDM 技术的最大特点是不依靠激光成型能源，而是将成型材料熔融后，堆积成三维实体模型。最初该技术是由美国 Stratasys 公司在 20 世纪 90 年代初推出，并在 1999 年开发出水溶性支撑材料，因而被广泛应用于 RP 的各行业当中。

由于 FDM 技术不使用激光，因此该设备的使用、维护都较简单，成本也较低。用蜡成型的零件模型，可以直接用于失蜡铸造。用 ABS 丝制造的模型因其具有较高强度，能在产品设计、测试、评估等方面得到应用。近年来又开发出 PPSU（聚苯砜）、PC（聚碳酸酯）、ABS 等强度较高的成型材料，使得该技术可直接加工制造出功能性零件或产品。由于 FDM 技术具有以上这些优点，因此该技术发展极为迅速，目前的 FDM 系统在全球快速成型系统中的份额约占 30%。

由于 FDM 技术用丝状材料是熔融状态下在工作空间中一层层堆积而成的，因此在构建模型时也需要设计必要的支撑结构。Stratasys 公司开发了附有支撑结构的生成软件，而且目前能采用水溶性丝材作为支撑结构的材料，待模型制件加工制作完成后，只要经过简单的水洗处理，就能方便地剥离支撑结构，从而大幅度简化 FDM 技术的后处理过程，并且大幅度提高模型的表面精度。

6.4.1 基本原理和系统组成

（1）FDM 原理

FDM 所用材料一般为热塑性材料，如 ABS、蜡、PC、尼龙（聚酰胺）等都以丝状供料。丝状的成型材料和支撑材料都由供丝机构送至各自相对应的喷丝头，然后在喷丝头中被加热至熔融状态；此时，加热喷头在计算机的控制下，按照事先设定的截面轮廓信息作 X-Y 平面运动；与此同时，经喷头挤出的熔体均匀地铺撒在每一层的截面上。此时喷头喷出的熔体迅速固化，并与上一层截面相粘接。每一个层片都是在上层片上进行堆积而成，同时上一层对当前层又起到定位和支撑的作用。

随着层高度的增加，层片轮廓面积和形状都会发生一些变化。当形状有较大的变化时，上层轮廓就不能给当前层提供足够的定位与支撑作用，这就需要设计一些辅助结构即支撑结构，这些支撑结构能为后续层提供必要定位和支撑，保证成型过程的顺利实现。这样，成型材料和支撑材料就被有选择性地铺覆在工作台上，快速冷却后就形成一层层截面轮廓。当一层成型完成后，工作台就会下降至事先设定好的一截面层的高度，然后喷头再进行下一层的铺覆，如此循环，最终形成三维实体产品或模型。具体的 FDM 原理示意如图 6-17 所示。

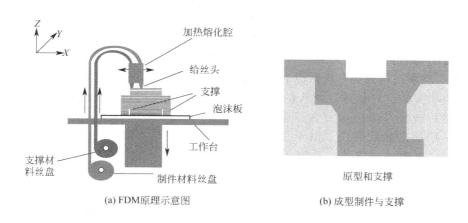

(a) FDM原理示意图　　　　　　　　(b) 成型制件与支撑

图 6-17　FDM 原理示意

（2）系统组成

以清华大学研制出的 MEM-250 为例，FDM 系统主要包括机械系统、软件系统、供料系统三部分。

① 机械系统。MEM-250 机械系统由运动部分、喷头装置、成型室、材料室和控制室等单元组成。机械系统采用模块化设计，各个单元之间相互独立。例如，运动部分完成扫描和升降动作，整套设备的运动精度由运动单元的精度所决定，与其他单元无关。因此，每个单元可以根据自身功能的需求，采用不同的设计。此外，对于运动部分和喷头装置的精度要求较高。

机械系统的关键部件是喷头装置，现以上海富力奇公司研制出的快速成型设备为例介绍喷

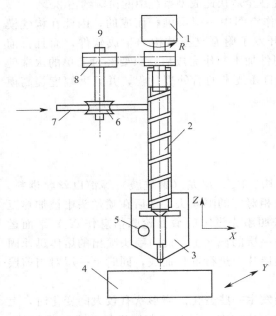

图 6-18 FDM 快速成型系统喷头结构示意图
1—电动机；2—螺杆成型头；3—喷嘴；
4—工作台；5—电热棒；6—送料辊；7—原丝材；
8—同步齿形带；9—送丝机构

头的结构。如图 6-18 所示，沿 R 方向旋转的同一电动机驱动喷头内的螺杆与送丝机构，当计算机发出指令后，电动机驱动螺杆的同时，又通过同步齿形带传动，送料辊将 ABS 丝等丝束送入成型头。在喷头装置中，丝束被电热棒加热呈熔融状态，并在螺杆的推动下，通过铜质喷嘴挤出，按照计算机给定的模型轮廓路径铺覆在工作台上。

② 软件系统。FDM 工艺软件系统包括信息处理和几何建模两部分。信息处理部分包括 STL 文件的处理、工艺处理、图形显示等模块，分别完成 STL 数据的检验与修复、层片文件的设置与生成、填充线的计算、对成型机的控制等工作。其中，工艺处理部分是根据 STL 数据文件，判断产品的成型过程中是否需要设置支撑和进行支撑结构的设计以及对 STL 数据的分层处理，然后根据每一层填充路径的设计与计算，以 CLI 格式输出，并产生分层 CLI 文件。

几何建模部分是由设计师使用三维 CAD 建模软件，如 Pro/E、AutoCAD、SolidWorks 等建模软件，构造出产品的三维数据模型，或利用三维扫描测量设备获得的产品的三维点云数据资料，重构出产品的三维数据模型，最后以 STL 文件的格式输出产品的数据模型。

③ 供料系统。MEM-250 制造系统要求 FDM 的成型材料及支撑材料为直径 2mm 的丝束，而且丝束具有较低的收缩率和一定的强度、硬度以及柔韧性。一般的塑料、蜡等热塑性材料都可以使用。目前研制较成功的丝束有蜡丝和 ABS 丝。

将 ABS 等丝束材料缠绕在送料辊上，电动机驱动送料辊旋转，送料辊和丝束之间的摩擦力能使丝束向喷头的出口送进。喷头的前端部位装有电阻丝加热器，在其作用下，丝束被加热、熔融，然后流经喷嘴后铺覆在工作台上，冷却后就形成一层层的轮廓界面。由于受到较小的喷嘴结构限制，电阻丝加热器的功率不大，FDM 所选用的丝束一般为熔点不高的热塑性塑料或蜡。丝束熔融沉积的层厚随喷头的运动速度、喷嘴的直径而变化，通常铺覆的层厚为 0.15～0.25mm。

FDM 快速成型技术在制作模型制件的同时需要制作支撑结构。因此，为了节省材料成本、提高沉积效率，可以设计出多个喷头。如图 6-19 所示，此 FDM 设备采用了双喷头装置，其中一个喷头用于制作模型制件，另一个喷头则用于制作支撑材料。一般来说，用于制作模型制件的材料精细且成本较高，因此制作效率也较低；而用于制作支撑的材料较粗且成本较低，因此制作的效率也较高。双喷头的优点除了考虑到制作效率和成本以外，还可以灵活、随意地选择一些特殊的支

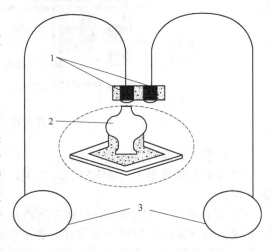

图 6-19 FDM 双喷头的工艺原理
1—喷嘴；2—成型制件；3—原丝材

撑结构，使得成型制件的外形更加完美。此外，还可以采用最近刚研制出的水溶性支撑材料，以便后处理过程中的支撑材料可被简便、快捷地去除。

6.4.2 工艺的特点

（1）FDM工艺过程

如图6-20所示，FDM具体的工艺过程大致归纳成以下步骤：

① 读取产品的三维数据文件，目前常用的一般为*STL文件，并检查数据是否有问题；若有问题需修正数据；

② 确定产品的成型区域、成型方向及摆放位置；

③ 设定成型参数，对产品的三维数据按确定的分层厚度进行分层处理，同时建立分层数据文件，目前一般为*CLI文件；

④ 建立成型所需的支撑结构，同时检查支撑结构摆放的位置是否合理；

⑤ 生成加工路径，输出*CLI等加工文件；

⑥ 自动成型加工。

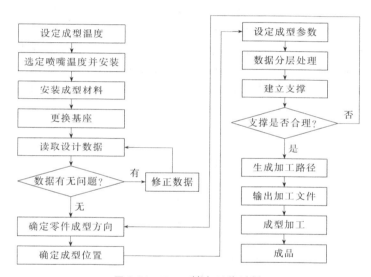

图6-20 FDM基本工艺过程

（2）FDM工艺特点

熔融沉积制造工艺与其他快速成型工艺方法相比，该工艺较适合产品设计的概念建模及产品的功能测试。其中，ABS材料具有很好的化学稳定性，可采用γ射线消毒，特别适合医用。但其成型精度相对较低，不适用于制作结构过于复杂的零件。

熔融沉积制造工艺的优点如下：

① 系统构造和原理简单，运行维护费用低；

② 原材料无毒，适宜在办公环境中安装使用；

③ 用蜡成型的零件原型，可以直接用于失蜡铸造；

④ 可以成型任意复杂程度的零件；

⑤ 无化学变化，制件的翘曲变形小；

⑥ 原材料利用率高，而且材料使用寿命长；

⑦ 支撑去除简单，不需要化学清洗，分离容易；

⑧ 可直接制作彩色原型。

熔融沉积制造工艺的缺点如下：

① 成型件表面有较明显条纹；

② 需要设计与制作支撑结构；

③ 需要对整个截面进行扫描涂覆，成型时间较长；

④ 沿成型轴垂直方向的强度比较弱；

⑤ 原材料价格昂贵。

6.4.3 熔融沉积制造快速成型应用

目前，FDM 工艺与技术已被广泛地应用于航空航天、家电、通信、电子、汽车、医学、机械、建筑、玩具等领域的产品开发与设计过程，如产品外观的评估、方案的选择、装配的检查、功能的测试、用户看样订货、塑料件开模前校验设计、少量产品的制造等。目前采用传统方法几个星期甚至几个月才能制造出来的复杂产品原型，采用 FDM 成型工艺，不需要任何刀具和模具，几个小时或一至两天即可完成。

（1）日本丰田公司的具体应用

借助 FDM 技术，日本丰田公司制作轿车的部分零部件模具或母模，如右侧镜支架和 4 个门把手的母模，使得某车型的制造成本显著降低。

FDM 在快速模具制作中的用途相当广泛，最常用的方法是利用 FDM 制作出的快速原型来制造硅橡胶模具。例如，汽车电动窗和尾灯等的控制开关就可采用这种方法进行制造，或通过打磨过的 FDM 母模制得透明的氨基甲酸乙酯材料的尾灯玻璃，它与用铸造法或注塑法制作的零件几乎没有任何差别。FDM 技术为丰田公司某型号汽车的改进设计与制造所节约的资金超过 200 万美元。

（2）福特公司的应用

福特公司常年需要部件的衬板，往常每种衬板改型要花费上千万美元和 12 周时间以制作必需的模具。现在新衬板部件的蜡靠模采用 FDM 制作，制作周期仅 3 天。采用 FDM 技术后，福特汽车公司大幅度缩短了运输部件衬板的制作周期，而且显著降低了制作成本。仅花 5 周时间和原来一半的成本，所制作的模具可月产 30000 套衬板。

（3）美国快速成型制造公司的应用

采用 FDM 技术，美国 Rapid Model 公司与 Prototypes 公司为某生产厂商制作了玩具水枪模型。借助 FDM 技术，通过将多个零件一体制作该玩具水枪模型（图 6-21），从而减少了传统制作模型的部件数量，同时也避免了焊接与螺纹连接等组装环节，大幅度缩短了该模型的制作时间。

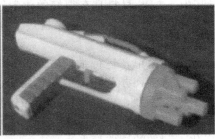

图 6-21 水枪模型及实物

（4）韩国现代公司的应用

近几年，韩国现代汽车公司借助 FDM 快速成型系统，进行检验设计、空气动力评估等功能测试，其中在起亚的 Spectra 车型设计上得到了较为成功的应用（图 6-22）。目前，现代公司计划再安装第二套先进的 FDM 快速成型系统。

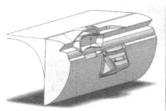

图 6-22　汽车中控模型及实物

FDM 技术的应用除了上述各大汽车公司的具体应用外，在其他领域的应用也十分广泛，尤其在工业产品等行业的应用相当普及。

6.5　其他快速成型技术

由于 RP 主要技术就是基于离散和堆积的加工制造原理，因此它自出现以来就被广泛关注并得到开发应用，并且对其新的工艺以及新的成型方法的研究也从未间断过。目前除了前面介绍的 4 种常见快速成型技术方法外，还有许多新的 RP 技术也已经市场化：如光掩模（solid ground curing，SGC，也称为立体光刻）技术、弹道微粒制造（ballistic particle manufacturing，BPM）技术、无模铸型制造（patternless casting manufacturing，PCM）技术、激光近净成型技术、数码累积成型（digital brick laying，DBL）技术、实体底部净化成型技术、金属板料渐进快速成型技术以及多种材料组织的熔积成型技术、直接光成型技术、三维焊接成型技术、气相沉积成型技术、减式快速成型技术等。

6.5.1　分层实体制造快速成型技术

分层实体制造（laminated object manufacturing，LOM）快速成型技术（简称 LOM 技术），又称叠层实体制造、薄型材料选择性切割等，是目前较为成熟的快速成型制造技术之一。LOM 技术和设备最早由美国 Helisys 公司于 1991 年推出，并得到迅速发展。其最具有代表性的产品是 LOM 2030H 型快速成型机。较常用的设备主要有 Helisys 公司的 LOM 系列，以及新加坡 Kinergy 公司的 ZIPPY 型成型机等。

目前，LOM 技术采用薄片型材料，如纸、塑料薄膜、金属箔等，通过计算机控制激光束，按模型每一层的内外轮廓线切割薄片材料，得到该层的平面轮廓形状，然后逐层堆积成零件原型。在堆积过程中层与层之间以黏结剂粘牢，因此所成型模型的最大特点是无内应力且无变形，成型速度较快，制件精度高，不需支撑和成本低廉等，而且制造出来的产品原型具有一些特殊的品质如外在的美感，因此受到较为广泛的关注。

（1）LOM 快速成型基本原理和工艺过程

LOM 设备及工艺原理如图 6-23 所示。首先将产品模型的三维 CAD 数据输入 LOM 成型系统中。具体步骤如下：用系统中的激光切割器对模型进行层层切片，得到产品在高度方向上多个横截面的轮廓线；再由计算机系统发出指令，步进电动机带动主动辊芯进行转动，进而带动纸卷转动，同时在工作台面上自右向左移动预定的距离；工作台升高至切割位置；热压辊自左向右滚动，对工作台上面的纸以及涂敷在纸下表面的热熔胶进行加热与加压，使纸粘接于基底上；激光头依据预先设定好的分层截面轮廓线进行逐层切割纸的工作。然后，工作台以及被切出的轮廓纸层下降至一定的高度后，步进电动机驱动主动辊再次沿逆时针方向进行转动。如此循环往复，直至完成最后一层轮廓的切割与粘接。

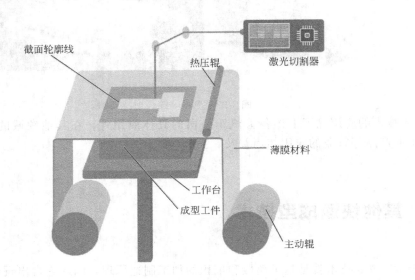

图 6-23　LOM 设备及工艺原理

图 6-24 所示为采用 LOM 技术进行切割的某一层切割平面。将轮廓线外部的纸切割成一个个小方网格，以便模型成型后快速剥离。从工作台上取下加工好的长方体块，再用小锤敲打，使部分由小网格构成的小立方块废料与产品模型分离开来，或用小刀从模型上刷除残余的

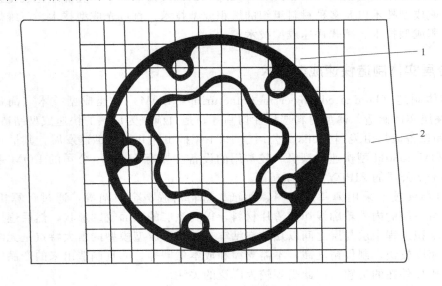

图 6-24　LOM 技术进行切割的某一层切割平面
1—废料；2—原材料（纸）

小废料块，即可获得三维实体模型。图 6-25 所示为 LOM 整个工艺成型过程示意。

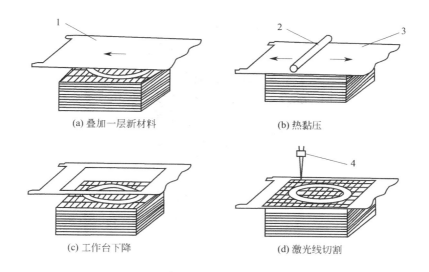

(a) 叠加一层新材料　　　　　　　　(b) 热黏压

(c) 工作台下降　　　　　　　　(d) 激光线切割

图 6-25　LOM 工艺成型过程示意

1—原材料；2—热黏压机构；3—新一层原材料；4—激光束

LOM 成型的加工过程可以概括为前处理、分层叠加成型、后处理 3 个主要步骤。具体加工过程包括以下内容。

① 产品的几何处理。当需要制造一个产品时，首先通过几何造型软件构造产品的几何模型，得到的三维模型可以转换为通用的 STL 格式，最后将这种格式的三维模型导入相应的切片软件进行加工。

② 基底制作。加工中需要频繁起降工作台，因此需要将叠层同工作台进行相应的固定。通常，在工作台上附加基底，并在基底的基础上进行加工。为了牢固地固定基底，可以采用工作台预热的方法。

③ 原型制作。完成基底后，根据事先设定好的工艺参数，快速成型机自动完成产品的加工制作。根据原型制作的质量、精度以及加工效率来决定加工工艺参数。其中，这些参数包括：热压辊温度、激光的切割速度、破碎网格尺寸、激光能量等。

④ 余料去除。余料去除属于加工之后的一个辅助过程。这个过程需要相关人员的仔细和耐心，同时对于产品的原型比较熟悉，这样可以在很大程度上避免对原型造成损坏。

⑤ 后置处理。余料去除后，为了提高产品表面质量或进一步翻制模具，就需要相应的后置处理，如防潮、防水、加固以及打磨产品表面等。经过必要的后置处理后，才能达到快速完成、尺寸稳定性、表面质量、精度和强度等相关技术的要求。

（2）LOM 快速成型系统组成

LOM 快速成型系统由计算机及控制软件、激光切割系统、原材料储存及送料机构、可升降工作台、热黏压机构等组成，如图 6-26 所示。

① 计算机及控制软件。LOM 工艺配有三维数据分层处理软件，接受 *STL 数据格式，可将 *STL 数据处理成可分层加工的二维数据格式。

② 激光切割系统。由 CO_2 激光器、激光头、电动机、外光路等组成。激光器功率一般为 20～50W，激光头在 X-Y 平面上由两台伺服电动机驱动作高速扫描运动。为了保证激光束能够恰好切割当前层的材料，而不损伤已成型部分，激光切割速度与功率自动匹配控制。外光路是由一组聚焦镜和反光镜组成，切割光斑的直径范围是 0.1～0.2mm。

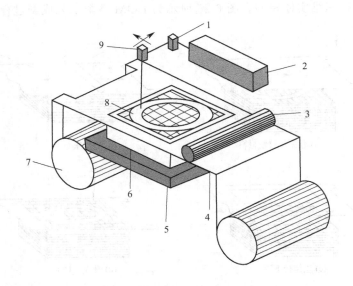

图 6-26　LOM 快速成型系统组成
1—聚焦镜；2—激光器；3—热压辊；4—供纸机构；5—工作台；
6—成型制件；7—收纸机构；8—成型制件的某一层；9—激光头

③ 原材料储存及送料机构。原材料储存及送料机构由直流电动机、摩擦轮、原材料储存辊、送料夹紧辊、导向辊、废料辊等组成。原料纸套在原材料储存辊上，材料的一端经过送料夹紧辊、导向辊粘于废料辊上。送料时，送料电动机沿逆时针方向旋转一定角度，带动纸料向左前进所需要的距离。若完成当前层的铺覆加工，送料机构就会重复上述动作，铺设下一层材料。

④ 可升降工作台。可升降工作台用于支撑模型工件。每完成一层加工，工作台在数控系统的控制下自动下降约 0.1～0.2mm。

⑤ 热黏压机构。热黏压机构由热压板、温控器及高度检测器、步进电动机发热板、同步齿形带等组成。热压板上装有大功率发热元件，温控器包括温度传感器和控制器。当送料机构铺完一层纸材后，热黏压机构就会对工作台上方的材料进行热加压，其目的是保证上、下层之间完全粘接。

6.5.2　光掩模技术

（1）光掩模技术工艺原理及工艺过程

光掩模（solid ground curing，SGC）技术，也称为立体光刻技术。SGC 技术实质上就是 3DP 技术的扩展。3DP 技术是以激光束直接扫描树脂液面，而 SGC 技术是采用激光束或 X 射线，通过一个可编程的光掩模，照射树脂直接成型。

如图 6-27 所示，光掩模上的图形依据掩模设备在事先设定的模型片层参数控制下，利用电传照相技术，在玻璃板上进行静电喷涂从而制成成型制件，其掩模表面可透过激光或 X 射线。最终制成的成型制件，可经过电铸处理形成零件的反模，再经过充模及脱模处理，形成零件的模具，最后经电铸加工制成相应的产品。SGC 技术由于采用高能紫外激光器进行成型加工，因此其成型速度较快，可以省去支撑结构。

SGC 技术最早是由以色列 Cubital 公司研制开发出的新型快速成型工艺方法，与 SLA 原理大致相同但工艺不同。该成型系统采用紫外线进行光敏树脂的固化，采用光学掩模技术曝

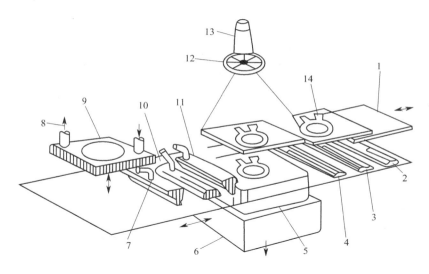

图 6-27　SGC 工艺原理示意
1—罩生成板；2—电荷发生装置；3—罩生成装置；4—罩删除装置；5—石蜡；6—工作台；
7—石蜡喷涂装置；8—冷却剂出口；9—石蜡冷却板；10—树脂清洁装置；
11—树脂喷涂装置；12—遮蔽快门；13—UV 紫外激光；14—零件切片截面形状

光，采用电子成像系统在一块特殊的玻璃上通过曝光和高压充电过程，产生与截面形状一致的静电潜像，并吸附炭粉，形成截面形状的负像；紧接着以此片为准，用强紫外灯对涂敷的一层层光敏树脂进行曝光和固化；再将多余的树脂吸附后，截面中的空隙部分用石蜡进行填充；最后用铣刀将每一层截面修平，并在此基础上进行下一个截面的曝光和固化。如此循环往复，直至最终制出模型制件。由于 SGC 的每层固化都是瞬间完成的，因此 SGC 效率比 SLA 更高，且 SGC 的工作空间较大，可同时一次制作出多个模型制件。

SGC 工艺过程如图 6-28 所示，光掩模技术具体工艺步骤如下。

① 首先建立三维模型，再利用切片软件对其进行切片。每层制作之前，先用光敏树脂均匀铺覆工作台平面，如图 6-28(a) 所示。

② 对每一层进行光掩模加工工艺的操作，如图 6-28(b) 所示。

③ 再用强紫外线灯对其进行照射，暴露在上面的一层光敏树脂被第一次固化，如图 6-28(c) 所示。

④ 每一层固化完毕后，未固化的光敏树脂会被真空抽走以便循环重复利用。固化过的那层光敏树脂在强紫外线灯的照射下得以二次固化，如图 6-28(d) 所示。

⑤ 采用蜡填充被真空抽走的区域，然后通过冷却系统使蜡冷却和变硬，硬化后的蜡可作为支撑，如图 6-28(e) 所示。

⑥ 将蜡、树脂层铺平，以便进行下一层的加工制作，如图 6-28(f) 所示。

⑦ 模型制件加工完毕后，将蜡去掉，打磨后即可得到模型或产品，而不需要其他的后处理工序，如图 6-28(g) 所示。

（2）工艺的技术要求

为了得到较大型的超微细立体结构元件，应进行深度的 X 射线光刻。其模型制件的图形质量取决于 X 射线掩模图形的精度、辐射过程的投影精度、光刻材料留模率等因素。此外，对掩模、光源、掩模材料等也有一定的技术要求。

在制作复杂三维实体结构或不同高度的模型时，可以采用多次曝光的加工方法，即先制作出第一层图形，电铸加工得出金属图形后，再涂第二层光刻胶，并进行对准和曝光。经电铸得

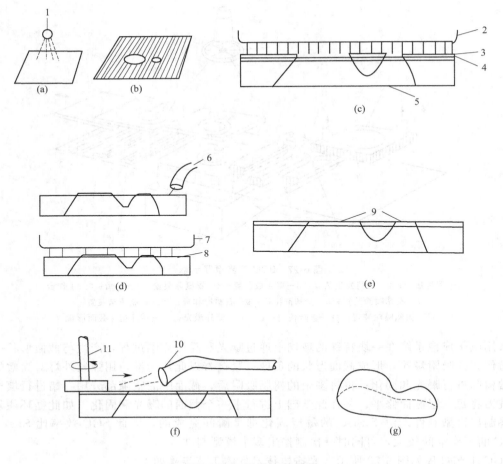

图 6-28　SGC 的工艺过程
1—喷洒树脂；2—紫外激光；3—罩；4—当前层；5—已加工好的零件；
6，10—真空吸附；7—紫外线灯；8—残留树脂；9—蜡；11—旋转磨头

出第二层金属图形，如此循环往复，直至加工出所需的模型制件。

（3）SGC 技术优缺点

① SGC 技术的优点如下。

a. 不需要单独设计支撑结构。

b. 模型的成型速度不受复杂程度的影响且速度快，成型效率高。

c. 树脂瞬时曝光，精度高。

d. 最适合制作多件原型。

e. 模型内应力小，变形小，适合制作大型件。

f. 在模型的制作过程中若发现某一层有加工错误，当时就可将错误层铣切再重新制作此层。

② SGC 技术的缺点如下。

a. 树脂和用于支撑的石蜡浪费较大，工序复杂。

b. 设备占地大且噪声大，设备的维护费用昂贵。

c. 可选用的原材料较少且有毒，须密封避光保存。

d. 加工制作过程中，若感光过度，则会导致树脂材料失效。

e. 成型制件的后处理过程中，需要进行除蜡等后处理工序。

6.5.3　金属板料渐进快速成型技术

金属板料渐进快速成型在制造业中有着广泛应用，而传统的金属板料加工工艺都离不开模具。模具加工成型的生产周期长且没有柔性，并且产品变化时必须替换新的模具，这使得新产品的开发周期延长。而现代社会产品的更换速度很快，如何高效、低成本地开发出新产品对企业来说至关重要。因此，一些新型的无模具成型技术应运而生。

6.5.3.1　渐进成型分类

数控渐进成型技术有多种分类方式，其中根据工具头类型，将渐进成型技术分为金属工具头渐进成型和高压水射流渐进成型。金属工具头渐进成型是由松原茂夫提出的，这种渐进成型技术精度更高，成型所需时间也较少，因此得到了更多研究者的关注，取得了更多的成果。

从成型方向角度分类，可将渐进成型技术分为两种类型，即正向渐进成型和反向渐进成型。在成型过程中工具头垂直运动方向与板料成型方向相反。正向渐进成型一般需要在板料下方放置一个简易模具或者局部支撑，这样可以为板料提供反向成型力，提高成型质量，因此正向渐进成型又称为双点成型，如图 6-29 所示。

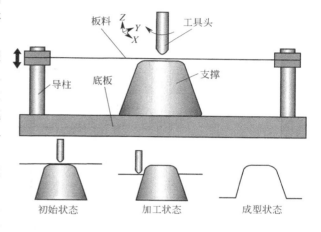

图 6-29　正向渐进成型

反向渐进成型如图 6-30 所示，其主要特点是工具头垂直运动方向与板料成型方向相同。从图 6-30 中可以看出，加工结束后，得到的制件位于压料装置下方。在反向渐进成型加工过程中，板料没有支撑模支撑，仅仅靠工具头和压料装置的作用从边缘到中心逐步受力变形，直至加工结束。因此，反向渐进成型也称为单点成型。由于反向渐进成型加工过程中不需要支撑模，因此相比正向渐进成型技术更加节省成本和时间。但其主要缺陷在于应用范围小，一般只能加工简单的制件。

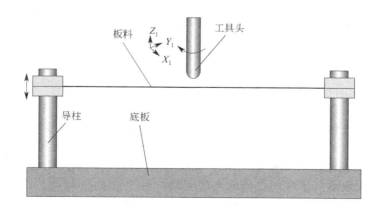

图 6-30　反向渐进成型

另外，依据支撑模类型原则还可以将渐进成型技术分为全形支撑渐进成型、局部支撑渐进成型、无支撑渐进成型和动态支撑渐进成型。

6.5.3.2　基本原理和系统组成

（1）渐进成型技术工作原理

　　渐进成型技术是一种多学科交叉的新型先进制造技术。这种技术与传统冲压模具成型技术相比，在成型过程中不需制造成型模，因此具有加工柔性、节省时间、成本低等优点。图 6-31 所示为数控渐进成型机，是由压边圈装置和数控机床组成，压边圈装置将板料夹持在机床上，数控机床基于 UG 软件得到的加工轨迹控制工具头运动对板料进行加工。另外，在渐进成型加工过程中，运用支撑模型以提高板料的成型性，最终得到满足工程需要的制件。

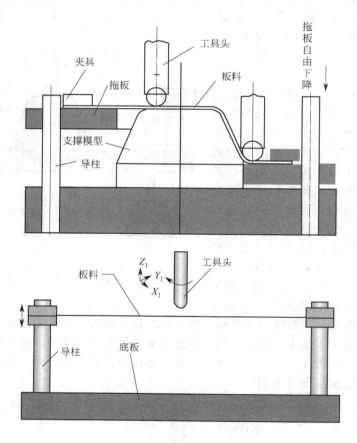

图 6-31　数控渐进成型机原理

（2）系统组成

　　金属板料数控成型机由底座、立柱、动横梁、拖板、工具头等几个部分组成（图 6-32）。被加工板料的夹持系统包括夹板、托架、滑柱、支撑气缸和气压传动系统等。支撑模型被固定在主机身底座上，成型工具头装在拖板上，拖板在动横梁上由伺服电机滚珠丝杠传动系统驱动，沿 Y 轴移动。动横梁在机身框架上由双伺服电机滚珠丝杠传动系统驱动，沿 X 轴移动。工具头在拖板上由伺服电机滚珠丝杠传动系统驱动，沿 Z 轴向下运动。计算机发送指令控制 X、Y、Z 三轴的伺服电机，即可控制加工压头作三维运动，以走等高线的方式对金属板料进行渐进的塑性成型。

　　板料数控渐进成型系统的机身结构包括轨迹执行系统、成型工具头系统、气动升降压边系

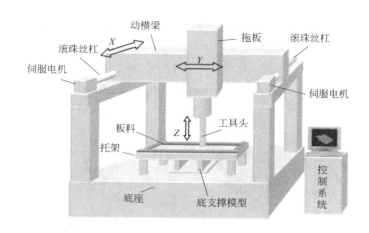

图 6-32 金属板料数控渐进成型系统

统、成型支撑及定位系统和计算机控制系统等 5 个子系统。

其中，轨迹执行系统包括 X、Y 和 Z 三个运动轴，它们分别由伺服电机、联轴器、滚珠丝杠和直线导轨组成，用于完成三个方向上的加工运动；成型工具头系统由定位锥套、紧固螺母和成型工具头组成，成型工具头在轨迹执行系统的驱动下对金属板料进行逐层连续渐进碾压，实现板料的无模成型；气动升降压边系统用于对板料进行紧固夹持，并可随着成型工具头的逐层下降而下降，它由压边圈、压板、活塞、气缸、电磁阀、选择开关和控制电路组成。成型支撑及定位系统由底支撑模型构成，起到靠模的作用，在模型之上加工有定位孔以完成模型在机床坐标系中的定位。设备的计算机控制系统由上、下位机组成，上位机负责设备操作的人机交互和机床运动逻辑管理，下位机负责运动轨迹插补和实时控制。

板料数控渐进成型机机身结构具有如下特点：

① 整机为框架式结构，具有结构简单、惯量小的优点，在 X 方向上使用双电机同时驱动，保证动横梁的运动平稳；

② 成型工具头具有不同直径规格，并分为滑动式和滚动式等多种结构形式，适合不同形状尺寸的零件加工，并且成本低、更换简便、持久耐用；

③ 成型支撑及定位系统由快速成型中的 LOM 技术实现，加工快速、精度高，较好地满足了板料成型过程中的靠模需要。

6.5.3.3 工艺过程

利用渐进成型工艺进行钣金零件加工时，首先需要根据设计信息，建立三维 CAD 模型；然后对产品进行工艺分析，修改无法成型的特征，并增加必要的辅助工艺特征，以获得加工模型。在此基础上进行工艺规划，建立制造工艺模型，以设计简单夹具、规划工艺路径、编制成型路径，并生成 NC 代码；进而根据获得的 NC 代码模拟整个成型过程，分析成型路径、进给方式不足，以获得最佳的优化结果，确定最终工艺方案。最后，应选择合适的数控成型设备完成产品制造。

（1）基本概念

① 成型路径，即成型工具的实际成型进给运动轨迹，如图 6-33 所示，主要分为两轴半成型和连续成型两类。

② 进给方式，即成型工具在相邻两层之间的进给方式，主要分为间断进给和连续进给两种。间断进给，是指成型工具在等高线层上的进给运动与其轴线方向上的进给运动相互

独立分开，如图 6-34 所示，间断进给又可以分为直线进给、切线进给和螺旋进给等方式。连续进给，是指成型工具在等高线层上的进给运动与其轴线方向上的进给运动同时进行，合为一体。

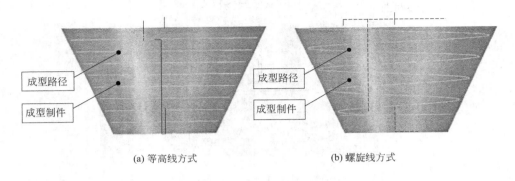

(a) 等高线方式　　　　　　　　　　(b) 螺旋线方式

图 6-33　两轴半成型和连续成型

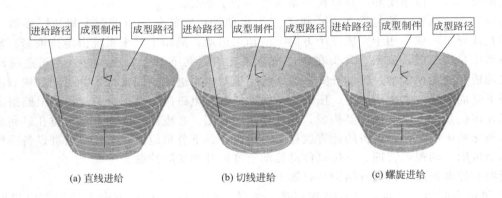

(a) 直线进给　　　　　(b) 切线进给　　　　　(c) 螺旋进给

图 6-34　间断进给方式

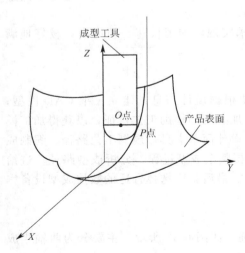

图 6-35　渐进成型过程中成型工具与
产品之间的几何关系

③ 理论接触点（P 点），如图 6-35 所示。假设成型工具与金属板料之间的接触为点接触，该接触点即为理论接触点。成型工具的加工轨迹即是以理论接触点为依据确定的。

④ 理论接触点曲线，即由理论接触点所构成的曲线。该曲线是加工轨迹生成的基本要素，既可通过显式方法在成型表面上直接定义，如定义曲面的等参数曲线及两曲面的交线等；也可采用隐式方法间接定义，使其满足一定的约束条件，如约束成型工具沿某一导动线作进给运动。

⑤ 成型轨迹曲线，即由成型工具位置点所构成的曲线。该轨迹曲线一般根据成型、通过计算切触点曲线偏置而获得。

⑥ 导动规则，即指成型理论接触点曲线的生成方法（如参数线法、截平面法）及理论成型精度的确定，如步长、行距、两层成型间的残痕高度、曲面加工的

盈余公差和过切公差等。

（2）建立工艺模型

在目标零件的数字模型设计完成之后，必须对其进行工艺性分析，建立工艺模型，其实质就是综合考虑设计、成型工艺性等要求以建立制造模型。对于存在成型工艺性较差的特征（如直壁、多凸凹性等）的钣金零件，需要分析产品的设计要求，适当增加必要的辅助特征以获得成型性较好的工艺模型；进而选择合适的成型工艺。

（3）工艺准备

工艺准备是指分析和审查设计产品的工艺性，拟定工艺方案，为零件成型作生产准备。其内容主要包括：简单夹具的设计与制造，简单支撑的设计与制造，毛坯的设计与制造，成型工具的设计与制造及数控编程。

（4）零件成型

零件成型，即根据预先拟定的工艺方案，选择满足制造要求的成型设备，选用合适的成型工具，采用合理的工艺参数及润滑方式，实现产品成型的过程。工艺参数的选择对成型过程有着直接影响，是保证成型质量与成型效率的重要条件。影响成型的主要工艺因素有：成型工具、成型速度、定位精度以及摩擦与润滑等。

① 成型工具。大半径成型工具可以增大局部接触面积，减小材料变形，增加相邻成型轨迹的重叠程度，有利于提高成型零件的表面粗糙度，与此同时，成型力也会相应增大；在小半径成型工具条件下，局部接触面积相对较小，材料变形比较大，容易产生材料被切削的现象，从而降低成型质量。因此，为提高成型质量，在条件允许的情况下，应尽可能地选择大半径成型工具。

② 成型速度。成型速度直接影响着成型效率和成型质量，主要由层进给速度（v）和轴向进给速度（f）组成。通常情况下，成型速度越大，成型效率越高，同时成型速度对成型稳定性也有着很大的影响。因此，在成型过程中，在保证成型稳定性的前提下，应尽可能选择较高的成型速度。

6.5.3.4 特点及应用

（1）特点

板料数控渐进成型技术参照快速制造技术中分层制造的思想，将复杂的 3D 模型沿轴向方向离散分解成许多等高线层，加工工具在计算机的控制下沿着等高线（即加工轨迹）运动，使板料沿着加工刀具的轨迹一层一层地逐渐变形，最终获得成型后的目标制件。这种板料加工工艺和传统工艺对比有着如下优点。

① 实现了无模成型。采用板料数控渐进成型工艺加工零件时，只需要简单芯模或甚至不需要模具，从而不仅节约了模具制造过程耗费的精力与财力，达到降低生产成本目的，也缩短了新品种的开发周期。因此，厂家对市场的变化更加敏感，产品也能快速跟上市场供需高速变化的节奏，实现快速成型制造。

② 提升板料的成型性能。这种板料加工工艺利用了分层制造的思想，将目标产品的三维数字模型边沿沿轴向按照一定的步长离散成若干等高线轮廓，然后利用机床逐点加工成型，故而理论上工艺对板料的控制可以精确到材料上的每个点。通过点变形的累积成型零件，充分发挥了板料的成型性能，从而能加工出传统板料加工方法不能加工的变形更大、具有更复杂局部曲面形状的零件。另外，成型制件的壁厚也更加均匀。

③ 数控渐进成型属于绿色加工。利用这种工艺在成型目标制件时，板料发生局部塑性变形时所需的成型力相对较小，近似于静压力。因此，以其用于加工的设备能耗低，振动也比较小，产生的噪声低，是一种绿色制造工艺。

④ 自动化程度高。通过在计算机中运用 NX(UG)、Pro/E 或者 CATIA 等 CAD 和 CAE

软件，可以实现板料数控渐进成型过程中的各个工序，包括产品的三维数字化建模及其工艺的规划。另外，产品加工过程的模拟与控制都可以通过计算机实现。因此，整个产品的设计及生产流程自动化程度很高。

总之，这种柔性加工工艺技术与传统成型工艺相比，实现了无模成型；与其他无模成型工艺相比，采用分层制造思想，能充分发挥板料成型性能；与快速原型制造技术相比，加工的零件可直接或经少量处理后投入使用。

与传统板料成型工艺相比，该工艺虽然有着很大的优势，但仍然存在着一些不足：这种工艺并不适合用于大批量零件或产品的生产；另外，由于加工工具头及设备本身的限制，用于数控渐进成型的毛坯规格也有着一定程度的限制，它不易成型厚度过大的零件。

（2）应用

该技术的应用已经由最初的汽车工业领域，扩展到其他工业领域，如交通工具、医疗器具、航空航天、电子以及废旧材料的回收利用等领域。

① 交通工具。国际市场上每年都有大批新型的交通工具问世，因而必须快速、低成本和高质量地开发出新车型。将板料渐进成型技术用于覆盖件的制造，省去了产品开发过程中因模具设计、制造、试验修改等复杂过程所耗费的时间和资金，降低了新产品开发的周期和成本。图 6-36 所示为交通工具中应用的各种渐进成型件。其中，图 6-36（a）～（h）为日本本田公司采用板料渐进成型技术研制出的飞度概念车，已投入生产；图 6-36（i）所示为无锡澳富特精密快速成型公司应用板料渐进成型技术生产的国产"美式校车"，曾在 2010 年北京车展成功展出。

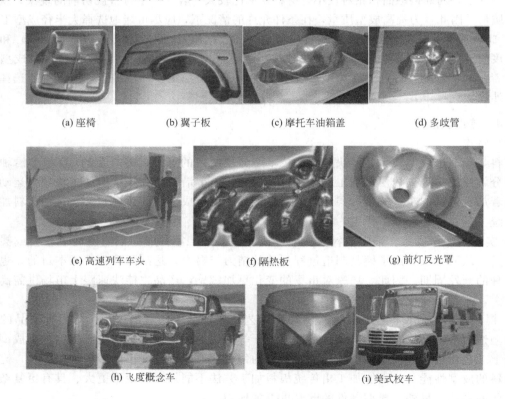

(a) 座椅　　(b) 翼子板　　(c) 摩托车油箱盖　　(d) 多歧管

(e) 高速列车车头　　(f) 隔热板　　(g) 前灯反光罩

(h) 飞度概念车　　(i) 美式校车

图 6-36　渐进成型工艺得到的各种交通工具件

② 医疗器具。由于人体颅骨形状各不相同，在颅骨修补术中，与患者缺损部位形状相吻合的修复体的快速成型，一直是难以解决的问题。板料渐进成型一种可能的应用领域是利用生物钛合金板实施颅骨修复。比利时学者 Douflou 利用板料多道次渐进成型工艺对颅骨修补进行

了研究，如图 6-37(a) 所示，在满足最小减薄量要求下，成型极限半锥角可达 61°。华中科技大学的王培也对利用渐进成型方法加工钛合金颅骨修复体的技术进行了研究。此外，日本学者 Tanaka 利用渐进成型对纯钛板进行加工得到了义齿基托 [图 6-37(b)]；意大利学者 Ambrogio 对人体脚模进行三维激光反求得到脚踝的 3D 数字模型，再应用渐进成型方法得到了脚踝矫形器 [图 6-37(c)]。南京航空航天大学的崔震加工出质量较高、为不同病人定制的金属治疗面罩 [图 6-37(d)]。由此可见，板料渐进成型技术很适合根据患者身体的特点、尺寸和结构进行专门设计与制造，实现个性化服务。

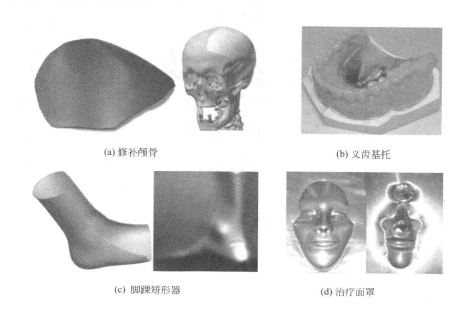

(a) 修补颅骨　　　　　　　　　　　　　　(b) 义齿基托

(c) 脚踝矫形器　　　　　　　　　　　　　(d) 治疗面罩

图 6-37　渐进成型医疗器具

③ 航空航天。在航空航天领域，一般采用超塑性成型技术生产航天器大型球面蒙皮结构件。但是，该技术成本高，工艺设备大，成型工艺复杂，材料的内部结构也因为较高的成型温度而发生变化，且超塑性成型技术的加工周期长，精度也难以得到准确控制；而对于航天器带加强肋的薄壁结构件，利用传统的成型方法也不能很好地进行成型。为了解决上述问题，李彩玲等将数控渐进成型技术应用到航空航天领域，初步解决了上述两类航天器薄壁件难成型问题，表明了金属板料数控渐进成型技术应用在航天领域的潜质。如图 6-38 所示为渐进成型技术在航空航天领域的应用。

(a) 加强肋薄壁件　　　　　　　(b) 球冠件　　　　　　(c) 大型球面蒙皮结构类零件

图 6-38　渐进成型技术在航空航天领域的应用

④ 其他领域。目前在雕塑领域中，通常使用金属浇注和锻造等方法加工金属雕塑，不能实现小批量雕塑的高效生产，而渐进成型技术由于其良好的柔性特征，在雕塑领域得到发展。南京航空航天大学的陈兆英利用数控渐进成型技术成型大型雕塑，如图 6-39（a）所示为渐进成型加工的爱因斯坦头像。板料数控渐进成型还可以用于加工其他工艺品和生活用品，如图 6-39（b）所示为铝合金浴缸。

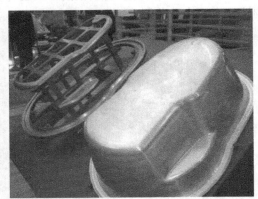

(a) 爱因斯坦头像雕塑　　　　　　　　　(b) 铝合金浴缸

图 6-39　渐进成型在其他领域的应用

6.5.4　弹道微粒制造

弹道微粒制造（ballistic particle manufacturing，BPM）技术，此项技术是由美国的 BPM 技术公司开发并将其商品化。如图 6-40 所示，其成型原理大致是采用压电喷射系统对热塑性塑料进行沉积熔化，BPM 喷头安装在一个无轴的运动机构上，模型的有些部位需要添加支撑结构。

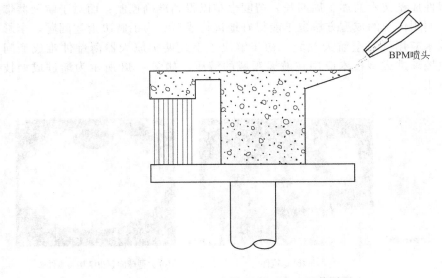

图 6-40　BPM 工艺原理

6.5.5 数码累积成型

数码累积成型（digital brick laying，DBL）技术，也称之为喷粒堆积、三维马赛克。其大致工艺原理如图 6-41 所示，用计算机分割三维实体模型，得到系列的有序点阵；然后借助三维成型系统，按照指定的路径，在相应的工作台面上喷射出流体；进行逐点、逐线、逐面的粘接；最后进行必要的后处理工序，获得三维实体模型。

此工艺类似于马赛克工艺，即每间隔一定距离，就增加一个积木单元，可采用分子级或原子级的单元进行搭接加工，从而提高成型制件的加工精度；也可通过不同成分、颜色、性能的材料排列单元，实现三维空间中复杂成型制件的加工与制造。

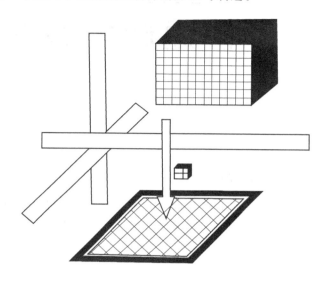

图 6-41 数码累积成型技术工艺原理

6.6 发展趋势

经过 20 余年的发展，快速成型技术已经逐渐发展成熟并可以代替传统加工工艺来制造高质量和有特殊性能的材料。一些快速成型技术表现出了明显优势，如在制造微型可活动零件方面；同时，快速成型技术对于金属材料的适用性也得到了证明，包括根据样品制造新型且组成多样，具有可定制的物理、化学和多功能性能的多种金属。例如，金属复合材料、结构分级材料（如多孔金属材料）。但是，熔化快速成型工艺的过程非常复杂，难以理解和建模。固态成型技术在材料和热流、结合机理、性质上也存在类似的复杂性。一些加工方法内在的关键因素决定了快速成型技术的稳定性。制造过程的一些内部因素问题，如控制快速成型过程的稳定性、过程和组织结构的控制、工艺优化以及设备能力等，仍然有待进一步改进。

目前，阻碍快速成型技术广泛应用和发展的主要因素有：相对于传统制造技术的不成熟性，适用的金属材料种类有限、经济性不佳，以及工业界对其制造高重复性、精确和良好性能产品的信心缺乏等。这项技术未来的发展潜力如何，取决于人们是否能够更加高效地突破这些障碍。展望未来，针对快速成型的研究重点，依然集中于新型定制性能材料和适用性广的填充材料的开发，加工过程的模拟、建模与控制，以及材料和性能数据库与标准的建立。

图 7-1　3D Systems 公司
ProJet 6000 HD 系统

第7章

快速成型设备及材料

7.1　设备

7.1.1　光固化快速成型制造设备

光固化快速成型（stereo lithography apparatus，SLA）技术的开拓者是美国 3D Systems 公司，其制造系统现有多个商品系列并形成垄断市场；同时，该公司一直致力于研究如何提高成型制件的精度，以及激光诱导光敏树脂材料聚合的物理、化学过程，并提出了一些有效的加工与制造方法。

3D Systems 公司自 1988 年推出 SLA-250 机型后，于 1997 年推出 SLA-250HR、SLA-3500 机型；近期推出了 SLA-5000、SLA-7000 机型，随后又推出了 Viper SLA 系统，技术上逐渐更新换代。其中，SLA-3500 和 SLA-5000 设备使用的激光器为半导体激励的固体，其扫描速度分别为 2.54m/s 和 5m/s，其成型层厚最小为 0.05mm；SLA-7000 设备的成型层厚最小为 0.025mm，扫描速度提高到 9.52m/s，成型空间为 508mm×508mm×600mm，其最大特点是制件的成型质量好，成型速度较快，同时有效地减少了后处理时间。

近些年 3D Systems 公司推出的 ProJet 6000 HD 系统如图 7-1 所示，采用标准成型和高精度成型两种成型方式。标准成型的方式可达到质量和成型时间的平衡；高精度成型方式适用于较小零件的加工与制作。两种模式的实现是由两个独特的数字处理器控制着激光聚焦扫描系统，此系统尤其适合制作垂直型薄壁零件。

此外，该公司还采用了一种新技术，在每一成型层加工完毕后，在该层上用真空吸附式刮板涂一层 0.005～0.1mm 的待固化树脂材料，此项技术能使成型制件的成型时间平均缩短 20%。

除了 3D Systems 公司，国内外相关 SLA 技术研究人员，在 SLA 工艺的成型机理、控制成型制件的变形、提高制件的精度等方面进行了大量研究。日本帝人精制公司研发的 SOLIFORM 系统，可用来直接注射真空注塑模具。此外，日本的 SLA 技术不使用紫外线光源，如日本 AUTOSTRADE 公司使用半导体激光器作为光源，此项技术大幅度降低了 SLA 设备的价格。尤其是 AUTOSTRADE 公司的 EDARTS 机型，采用了一种光源，此光源是从下部隔着玻璃往上照射树脂液面，此项技术也使得该设备价格大幅度降低。在提高制品精度方面，De Montfort 大学研发了一种 Meniscus Smoothing 技术，其主要特点是降低成型制件表面的粗糙度。此外，Clemson 大学开发出旋转工件工作平台，此项技术可减少分层制造中的台阶问题。

近期，英国 Nottingham 大学提出一种对 SLA 成型表面修复的工艺方法，可减小成型制件的表面粗糙度。此项工艺的主要内容是：在一层扫描加工完毕后，工作台上升两个层厚，在层与层之间的台阶上吸附上部分树脂。此时由于表面张力的作用，吸附的这部分树脂就会将台阶之间的空隙填充起来，然后用激光照射使其固化，这样就将台阶之间的缝隙填补完整，从而减小成型制件的表面粗糙度。表 7-1 列出了典型的 SLA 快速成型设备的主要参数及用途。

▣ 表 7-1　典型的 SLA 快速成型设备的主要参数及用途

技术参数	机型		
	Viper si2	SLA-7000	Viper Pro
激光器类型	YVO4	YVO4	YVO4
激光器功率/mW	100	800	1000
激光器寿命/h	7500	5000	5000
最大扫描速度/(m/s)	5	9.52	25
最大制作空间(长×宽×高)/mm	250×250×250	508×508×584	1500×750×500
最大制作质量/kg	9.1	68	75
加工层厚/mm	0.05～0.15	0.025～0.127	0.5～0.15
主要用途	注射和熔模铸造的母模；具有精密部件的工作；中小概念模型；中小尺寸的模型	精密原型和概念模型；注射和熔模铸造的母模；小批量生产的工件；快速制模	精密原型和概念模型；注射和熔模铸造的母模；小批量生产的工件；快速制模

在国内，西安交通大学研发出 LPS、SPS 和 CPS 系列 SLA 成型设备，以及相应配套的光敏树脂材料。其中，SPS 的扫描速度最大可达 7m/s、最大成型空间可达 600mm×600mm×500mm。该设备的最大特点是减小了成型制件翘曲等形变，并提高了成型制件的表面质量。另外，CPS 成型设备采用紫外灯作为光源，设备价格较低廉，运行费用也极低，是一种经济型的设备。

图 7-2 所示为西安交通大学成功研发的 LPS-600 型激光快速成型设备，其最大特点是关键部件采用进口器件，性能可靠；采用软件汉化界面，操作简便；成型制件的加工精度较高，成型设备购置成本低；性价比高。LPS-600 型激光快速成型设备的主要技术参数如下。

外形尺寸：1.7m×1.7m×1.9m。

激光器波长：325nm。

激光器功率：32～45mW。

扫描系统：光斑直径 0.2mm。

扫描速度：0.2～2m/s。

数据格式：*STL 文件格式。

加工尺寸：600mm×600mm×500mm。

加工精度：±0.1mm。

加工层厚度：0.1～0.3mm。

图 7-2　西安交通大学研发的
LPS-600 型激光快速成型设备

近期，在德国法兰克福举行的 3D 打印专业展会 FORMNEXT 上，波兰的 Zortrax 公司展出旗下的 LPD 3D 打印机和 LCD 3D 打印机。Zortrax 成立于 2013 年，已成为桌面 3D 打印机和线材的主要制造商之一。该公司的知名产品包括 M200 3D 打印机、稍大的 M300 以及双喷头 Inventure 3D 打印机、LCD 3D 打印机 Inkspire（图 7-3）等。

图 7-3　Zortrax 的 LCD 3D 打印机 Inkspire

Inkspire 使用 LCD 显示器来固化光聚合物原料，并辅以紫外线背光。通过这种组合，该公司希望能够与 SLA 的精确度和 DLP（数字光处理）提供的速度相媲美。Zortrax Inkspire 号称比领先的 SLA 3D 打印机的速度提高了 8 倍，精确度提高了 9 倍。

该技术具有分层制造的特性、较高的打印精度、较好的表面质量，可使树脂零件的设计自由度大幅提高，并可制造一些传统工艺难以制造的复杂零件，且不需要模具，能够有效缩短新品研发、产品迭代的周期，减少新品研发、产品迭代的投入，实现小批量制造。图 7-4 所示为 Inkspire 打印出的样品。

图 7-4　Inkspire 打印出的样品

7.1.2 三维打印快速成型设备

三维打印快速成型技术作为喷射成型技术之一，具有快捷、适用材料广等许多独特的优点。该项技术是继 SLA、LOM、SLS 和 FDM 四种应用最为广泛的快速成型工艺技术之后，发展前景更为看好的一种快速成型技术。例如，结合了高级 3 频 CMY 全彩 3D 打印和集成式清洁站的 ProJet CJP 460Plus 使用安全的建模材料，配有主动除尘技术并且能够实现零废液排放，是真正多用途的办公首选，其主要特点如下。

① 彩色 3D 打印。ProJet CJP 460Plus 以 CMY 色彩创建出美丽且逼真的部件，可以利用全纹理/UV 贴图来更好地评估产品设计的外观、感觉和风格，使用户得以更加全面而形象地了解设计意图，迅速、高效地确定决策（图 7-5）。

② 高吞吐量。全彩喷射打印技术可以实现最快的打印速度，与其他所有技术相比，打印速度可快至 5～10 倍，并且以小时（而不是天）为单位交付模型；吞吐量高，能够轻松支持整个部门的生产需求。

③ 部件成本低。基于经济、可靠的 CJP 技术，ProJet CJP 460Plus 可以用比其他技术低 7 倍的成本打印部件。借助高效的材料利用率这一大特色，可避免浪费，削减表面处理时间，不需要任何辅助支持，还可以回收利用未使用的芯材。

图 7-5　快速成型设备 ProJet CJP 460Plus

三维打印快速成型技术组成系统由 3D 打印机、打印头等组成。

（1）3D 打印机

3D 打印机是一种用于模具制造和快速成型的强大设备，刚开始时这种设备主要应用在野外勘测、侦测等专业领域，应用范围非常有限。然而，随着计算机 CAD、CAM 技术的飞速发展，3D 打印机应用领域越来越广泛。目前，在电影动漫、快速成型、工业制造、建筑设计和气象、教育、医疗等领域都能用彩色的 3D 打印机制作所需要的模型、沙盘、零件等。更为重要的是，3D 打印机不仅简单地改变了快速成型工厂的生产方式，还有效地给制造业带来了一场革命。未来 3D 打印机还将进入到我们每个人的办公室或者家庭等私人空间中，给生活带来革命性的变化。它将简单的二维打印变成了立体打印，给社会带来了极大变革，也使得原本只能在工厂进行的模型打印搬入办公室。

根据三维打印快速成型技术种类的不同，所使用的成型设备略有不同，针对研究内容，现对粉末成型三维打印快速成型技术设备进行描述。如图 7-6 所示，3D 打印机外形上与普通的打印机区别不大，设备左面是供粉缸，粉末材料被放置在里面并通过铺粉辊均匀逐层分布到右边成型缸部分，是快速成型过程的起始位置，右面的成型缸为部件制作的地方。在工作平台的里面是一个平整的金属盘，上面一层层微细的粉末由铺粉辊从供粉缸中移动过来并铺开。当粉末平铺后，在制作过程中由打印头按轮廓逐层喷出液体黏结剂进行粘接。三维打印机在普通打印机基础上多了垂直方向的运动，使得平面打印变成了立体打印，在计算机控制下，通过铺粉辊、打印头等组件不断运行完成打印任务，主要打印过程在成型缸中进行，供粉缸只提供每层所需的粉末。

（2）打印头

由于 3DP 技术的特殊性，要求将黏结剂作为墨水打印以粘接成型材料，所以此处重点讨论喷墨打印机打印头的种类和打印原理。喷墨打印是将墨滴喷射到接受体形成图像或文字的打印技术，主要分为静电式、压电式、超声波式和热发泡式等。静电式打印头的原理是在电极上

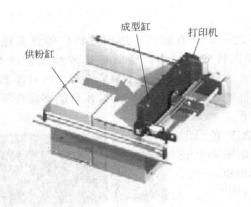

图 7-6　3D 打印设备

施加适当电压，使电机与振动板之间产生静电吸引，造成振动板移动，墨水进入墨水腔，电压去除时恢复原状，将多余墨水喷出。但是，此项技术打印精度并不理想。

压电式喷墨打印头主要是利用电压直接转换原理，形成机械力并以机械动作将墨水从墨道中推出去或者挤出去，通过控制电压的大小来控制墨滴大小。此技术为常温工作、寿命长、墨滴大小可控、能耗少，但是喷射速度慢、控制较复杂。

超声波式喷墨打印头是利用压电陶瓷元件高频振动产生超声波，通过菲涅耳透镜聚焦，借助聚焦的能量将墨水从墨水腔中激发出去。该类打印头在固体喷墨印刷领域应用较为广泛。

热发泡式喷墨打印技术由于能很好地满足三维打印快速成型技术所需的条件，成为三维打印快速成型技术的主要喷墨方式。3DP 成型机打印头采用气泡技术，其结构和原理与普通的热发泡式喷墨打印头相差无几，目前以 Canon 公司、惠普公司等生产的气泡式打印头为代表。热发泡式喷墨打印头的工作原理是通过加热喷墨打印头上的电加热元件，使其在极短时间内急速加热升温到一定温度，使处于喷嘴底部的油墨气化并形成气泡。该气泡膜将墨水和加热元件隔离，使墨水部分升温，避免了喷嘴内墨水的全部加热。加热信号消失后，陶瓷元件表面开始降温，残留的余热促使气泡在 8ms 内迅速膨胀，气泡膨胀所产生的压力压迫一定量的墨滴克服表面张力而快速挤出喷嘴。随后，气泡开始收缩，喷嘴前端的墨滴因挤压而喷出；而后端的墨滴因墨水的收缩开始分离，气泡收缩使墨滴与喷嘴内的墨水完全分开，完成一个喷墨过程，继续重复该过程。此种打印头可以通过改变加热元件的温度来控制所喷出的墨水的量，从而使其保持一定的打印精度，达到成像目的。

本书采用惠普系列打印头，采用热发泡式喷墨技术，其工作原理和喷墨过程如图 7-7 所示。此种喷墨技术具有成本低、喷射速度快、利于频繁操作、制造容易、更换和维护方便等特点，也很利于解决 3DP 技术打印头时常因为粉末飞扬导致打印头堵塞的问题。

7.1.3　选择性激光烧结快速成型制造设备

目前，研究 SLS 技术及设备的单位有美国 DTM 公司、德国 EOS 公司等。从 1992 年开始，DTM 公司先后推出了 Sinterstation 2000、Sinterstation 2500 和 Sinterstation 2500 Plus 机型设备。其中，Sinterstation 2500 Plus 机型的体积比以前增加了 10%，通过对加热系统进行优化处理，减少了一些辅助时间，提高了制件的成型速度，精度高且表面粗糙度低。有些成型制件不需要进行后处理，如抛光等。相关机型外观如图 7-8 所示。

自 1998 年开始，Optomec 公司先后推出了 LENS750 和 LENS850-R 机型，以金属或合金为原材料，采用激光近净成型技术使金属直接沉积成型。

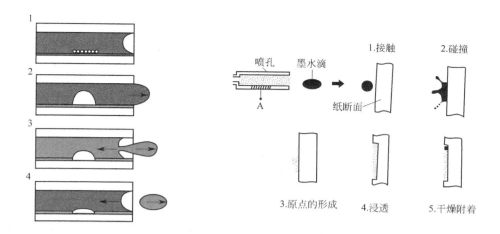

图 7-7 工作原理和喷墨过程

图 7-8 相关机型外观

在国内，华中科技大学近期开发出采用 SLS 技术的 HRPS 系列成型设备，如图 7-9 所示，具体技术参数见表 7-2。

图 7-9 华中科技大学 HRPS 系列成型设备

技术参数	机型		
	HRPS-ⅡA	HRPS-ⅢA	HRPS-ⅣA
激光器类型	50W CO₂ 进口	50W CO₂ 进口	50W CO₂ 进口
最大扫描速度/(m/s)	4		
最大制作空间(长×宽×高)/mm	320×320×450	400×400×450	500×500×400
可靠性	无人看管自动运作,故障自动停机		
设备应用软件	Power RP-S2004		
主机外形尺寸(长×宽×高)/mm	1900×920×2070	2030×1050×2070	2270×1150×2070
激光定位精度/mm	0.02		
扫描方式	动态聚焦振镜式		
输送材料机构	三缸式,双送料桶		

　　2019 年 11 月在 FORMNEXT 2019 展会现场,华曙高科重磅发布全新金属增材制造系统 FS301M 系统,如图 7-10 所示。这是一款真正从用户角度设计的系统,基于对用户生产率、易用性、稳定性、安全性的需求调研和分析,华曙高科与航空航天、模具等行业重要合作伙伴共同创新,成功打造出一款真正契合金属增材制造产业化应用的系统。

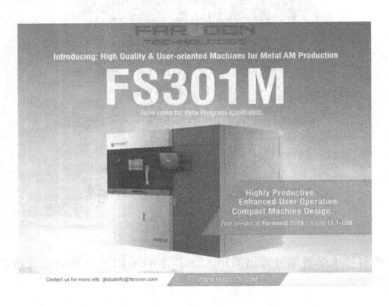

图 7-10　华曙 FS301M 系统

　　华曙 FS301M 系统采用 305mm×305mm×400mm 的成型缸尺寸,适用于较大尺寸的工业应用,单激光或双激光系统灵活选配,以提高生产效率。集成的粉末输送连接装置提高了粉末处理过程的安全性,可在惰性气体保护下完成粉末添加,避免打印或操作过程中潜在的污染或风险。华曙 FS301M 系统配备集成的长效过滤系统,有效节省机器占地面积,满足灵活的工厂布局和良好的可维护性。

　　在展会中,华曙高科还展示了采用 Flight 技术的 Flight-HT403P 尼龙(聚酰胺)高速烧结 3D 打印系统。Flight™ 技术于 2019 年 2 月首次引入,这种增材制造工艺可以提高塑料激光烧结的生产效率。Flight™ 技术采用强大的光纤激光器取代普通激光烧结系统的 CO₂ 激光器。与普通 CO₂ 激光器相比,光纤激光系统为粉末床提供了更高的激光功率。光纤激光系统更强大、更稳定,其使用寿命更长,能够提升客户的投资回报率。此外,Flight™ 技术提供了一个基于光纤光源新材料开发的全新 3D 打印材料开发平台，更具操作灵活性，为开发材料提供了更多可能性。图 7-11 所示为 Flight 技术尼龙（聚酰胺）高速烧结 3D 打印样件。

图 7-11　Flight 技术尼龙（聚酰胺）高速烧结 3D 打印样件

7.1.4　熔融沉积制造快速成型制造设备

目前，研制 FDM 技术设备的主要单位有：美国 Stratasys 公司、Med Modeler 公司与我国的清华大学等。例如，Stratasys F900 专为设计和工作规模较大的制造业和重工业而打造，它具备所有 FDM 系统中较大的构建尺寸，旨在满足苛刻的制造需求，如图 7-12 所示。

通过将加速套件添加到打印系统，可加快大型部件的构建速度，并快速扩大生产规模。通过直接将常用的 CAD 文件格式导入 GrabCAD Print 中，可提高部件设计的效率和可视性。借助 Insight 软件的生产阶段优化，用户可以即时进行设计更改、生产材料修改等操作，而不会延误用户的整体生产进度。通过远程内部摄像机、露点监视器、双材料舱和大容量材料选项，可实现自动生产和监控能力以及 MTConnect 就绪。

此外，该生产系统故障较少，这是因为打印系统采用与传统制造工艺相同的众多标准工程级、高性能热塑性塑料制成。

Fortus 380mc（图 7-13）碳纤维版采用 FDM 尼龙（聚酰胺）、碳纤维和 ASA 进行打印。它是针对需要满足碳填充复合材料时的强度和刚度的功能性原型、生产零件和紧固工具的解决方案。

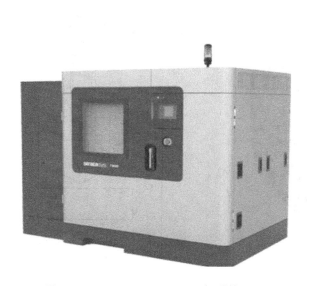

图 7-12　FDM Stratasys F900 机型外观图

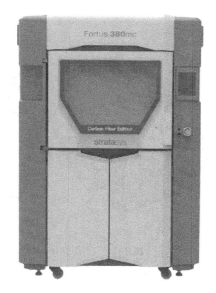

图 7-13　Fortus 380mc 机型外观图

目前，美国 Stratasys 公司是 FDM 快速成型设备的主要供应商，其产品具有国际领先地位，现在已可直接采用彩色 ABS 丝材制作出所需的彩色原型，用于装配校验或功能试验。

近期该公司又推出三种 FDM 快速成型设备，其主要技术参数见表 7-3。支撑结构采用水溶性材料，并且设备可提供水解装置，因此可以一次性制作出由若干零件组装好的产品或零部件。

⊡ 表 7-3　Stratasys 公司 FDM 快速成型设备的主要技术参数

技术参数	机型		
	FDM 200mc	FDM 400mc	FDM 900mc
材料	ABS Plus 塑料丝束	ABS-M30 塑料丝束	ABS-M30,PPSF 塑料丝束
制作和支撑材料用	922cm³/卷,各一卷	1058cm³/卷,各两卷	1510cm³/卷,各两卷
最大制作空间(长×宽×高)/mm	203×203×305	355×254×254	914×610×914
构建精度/mm	±0.127	±0.127	±0.127
可加工层厚/mm	0.178～0.254,两种	0.178～0.33,四种	0.178～0.33,三种
主机外形尺寸(长×宽×高)/mm	686×864×1041	1291×985×1962	2272×1683×2281

在这三种机型设备中，FDM 200mc 设备适用于办公环境，可作为网络化产品协同开发的外围设备；FDM 400mc 设备是目前各方面性能最好的中型 FDM 快速成型设备；FDM 900mc 设备的最大特点是成型速度快，且有两个工作室可以单独或合并工作，适合制作大型功能试验用的成型制件。

此外，3D Systems 公司除了研发光固化快速成型系统及选择性激光烧结系统，近期又研发出熔融沉积制造的小型三维成型设备 Invision 3-D Modeler 系列。该系列机型设备采用多喷头结构，成型速度较快，材料也具有多种颜色，同时也采用溶解性支撑，成型制件稳定性能较好，成型过程中几乎无噪声。图 7-14 所示为 3D Systems 公司研发出的 Invision 3-D Modeler 两款机型。

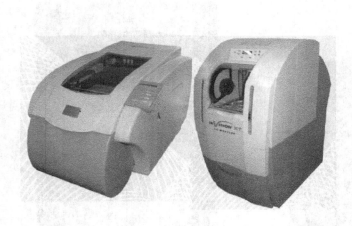

图 7-14　3D Systems 公司研发的
Invision 3-D Modeler 两款机型

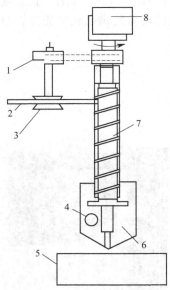

图 7-15　TSJ 型快速成型设备结构
1—齿形带；2—丝材；3—送料辊；
4—电热棒；5—工作台；6—喷嘴；
7—螺杆；8—电动机

最近，同济大学与上海富奇凡机电科技公司合作开发出 TSJ 型快速成型设备，此设备具有一种螺旋挤压机构的喷丝头，这种螺旋挤压喷丝头具有较高的性价比，尤其适合高校教学使用。其外观及工作原理如图 7-15 所示，此快速成型设备类似台式机，主要由机架、工作台，以及可沿 Y 方向和 Z 方向移动的成型头、送丝机构和控制系统组成。

TSJ 型快速成型设备的关键部件是一个已申请专利的成型头。此设备的最大特点是：丝材流量大，挤出流量可达 0.05～0.4cm/s，挤出均匀；成型制件表面质量好，内部材料的均匀性也较好；成型速度较快；可使用各种热塑性材料。此外，该设备的最大优点是它附带丝材制备系统，用户可自行配制混合丝材，例如增强型尼龙（聚酰胺）为基体的聚合物等；同时，可采用仿轮廓线法填充成型制件的横截面，因此成型表面粗糙度低，强度较高，翘曲变形小，垂直强度也能同时得到保证。整机设备外形尺寸较小，其外形尺寸为 600mm×540mm×700mm；而成型制件的尺寸较大，最大加工尺寸可达 280mm×250mm×300mm，设备的性价比较高。

在德国法兰克福举行的 3D 打印专业展会 FORMNEXT 上，来自波士顿的 3D 打印机制造商 RIZE 展出了其全彩色 3D 打印机 XRIZE，如图 7-16 所示。XRIZE 最初由 RIZE 于 2018 年底推出，配备了其专有的增强聚合物沉积（APD）全彩色 3D 打印技术。该设备可以在办公室等场所使用，帮助用户打印全彩色的样品。

图 7-16 全彩色 3D 打印机 XRIZE

XRIZE 系统能够使用无毒且可回收的材料 3D 打印全彩色的功能部件，这得益于其专利 APD 技术。当材料被挤出成型时，打印头将喷射出油墨，帮助改善打印件的表面粗糙度以及其涂上的颜色。图 7-17 所示为全彩打印鞋子模型和全彩 3D 打印瓶子包装。

图 7-17 全彩打印鞋子模型（左）和全彩 3D 打印瓶子包装（右）

7.2 快速成型材料

7.2.1 光固化快速成型材料

7.2.1.1 光固化快速成型（SLA）技术所用材料特点组成及分类

SLA技术所采用的成型材料是光固化树脂材料。由于成型材料及其相关性能会直接影响成型制件的质量与精度，因而在材料的成型加工过程中，成型制件出现的各种形变都与成型材料有着密切关系。因此，快速成型材料的选择是SLA技术以及其他快速成型加工制造中的主要问题。

SLA技术所用材料为液态光固化树脂材料，有时称之为液态光敏树脂。光固化树脂材料具有一些特殊的性能，例如收缩率小或无收缩、变形小、不用二次固化、强度高等。随着SLA技术的飞速发展，光固化树脂材料也不断被研发和推广。

（1）SLA技术所用材料的特点

首先，光固化成型材料应具备以下基本条件：能固化成型，以及成型后的形状、尺寸精度的稳定性，即应满足以下条件。

① 成型材料易于固化，成型后须具有一定的粘接强度。

② 树脂成型材料需有一定的黏度值但不能太高，以保证所加工出来的每层的平整性，同时减少树脂液体的流动时间。

③ 树脂成型材料自身的热影响区较小，收缩应力也较小。

④ 树脂成型材料对光有一定的穿透力，从而可获得具有一定固化深度的层片。

（2）SLA技术所用成型材料的组成、分类及光固化特性分析

光固化树脂成型材料主要包括低聚物、反应性稀释剂及光引发剂三种成分。根据引发剂的引发机理，光固化树脂材料可分为三类：阳离子光固化树脂、自由基光固化树脂、混杂型光固化树脂。其中，混杂型光固化树脂材料为SLA技术新研制出的新型材料。

低聚物是光固化成型材料的主体，它是一种含有不饱和官能团的基料，其末端有可以聚合的活性基团，因此一旦有了活性，它就可以继续聚合长大，一旦聚合，其相对分子质量上升的速度非常快，立刻就可成为固体。低聚物决定了光固化成型材料的基本物理和化学性能，如液态树脂的黏度、固化后的强度和硬度，以及固化收缩率和溶胀性等。

① 阳离子光固化树脂。阳离子光固化树脂主要有两种低聚物：一是环氧化合物；二是乙烯基醚。环氧化合物的固化机理是：在阳离子引发剂的作用下，环氧化合物发生聚合反应，低聚物之间的距离会由范德瓦耳斯力的作用距离转变为固化之后的共价单键之间的作用距离，二者之间的距离大幅度缩短，而且聚合后，各分子更加有序排列，这就使得树脂聚合后体积会明显收缩。此外，环氧化合物上的环被打开后形成新的结构单元，尺寸也发生改变，其尺寸是大于单体分子的；一个结果是使固化后体积收缩，另一个结果是使固化后体积变大。二者综合的结果是环氧化合物固化后的体积收缩率减小甚至消失，内应力也相应变小，成型零件的翘曲变形也小，力学性能优异。

由于乙烯基醚类树脂固化速度比较慢，不能满足光敏树脂对固化速度的要求，所以应用比较少，不如环氧类化合物广泛。自由基光固化树脂的固化体积收缩率一般为5%～7%，而阳离子型的环氧树脂固化体积收缩率为2%～3%，所以阳离子树脂的产品打印精度高；除此之外，氧气对自由基树脂有聚合作用，容易使树脂性能降低，而对环氧化合物树脂没有影响；阳

离子树脂的黏度较低，打印模型的强度高，力学性能好，一般可直接用于注塑模具。如果想要得到性能较好的阳离子树脂，最关键的因素是要正确选择光引发剂的类型，因为光引发剂能够影响树脂反应的固化交联速度以及紫外线的穿透深度。最开始研究人员使用的是重氮盐阳离子光引发剂，它的缺点是在发生光解反应时会有氮气产生，影响实体模型的打印，会在打印的产品中产生气泡和针眼，影响产品的表面质量和力学性能。为了解决这个问题，科研人员又开发了两种新型阳离子引发剂：碘鎓盐和硫鎓盐。由于这两种光引发剂的最大吸收光谱在远紫外区，为了提高对光源的吸收，还需要加入一些增感剂，与光引发剂组成复合引发剂。阳离子光固化树脂有很多优点，非常适合用于 SLA 快速成型中。但是，由于其各种组成成分的价格高，使得光敏树脂的生产成本高，这阻碍了阳离子光固化树脂的大规模工业化应用，仅仅处于实验室阶段。阳离子由于具有以下优点，因此它是目前最常用的阳离子型低聚物之一。

  a. 固化后收缩小，产品制件的精度较高。

  b. 黏度值较低，生产成型制件的强度较高。

  c. 由于阳离子聚合物是活性聚合，因此在光熄灭后还可以继续引发聚合。

  d. 氧气对自由基的聚合有阻聚作用，但对阳离子树脂几乎没有影响。

  e. 采用阳离子光固化树脂制成的制件可直接用于注塑模具。

  ② 自由基光固化树脂。目前用于光固化成型材料的自由基低聚物主要有三类：聚酯丙烯酸酯树脂、聚氨酯丙烯酸酯树脂、环氧丙烯酸酯树脂。聚酯丙烯酸酯材料的流平性较好，固化质量也较好，其成型制件的性能可调节范围较大。采用聚氨酯丙烯酸酯材料成型的制件，可赋予产品一定的柔顺性与耐磨性，但聚合速率较慢。环氧丙烯酸酯树脂材料聚合速率较快，成型制件的强度极高，但脆性较大，产品制件的外形易变色发黄。我们常用的光敏树脂主要是含有环氧丙烯酸酯的树脂，因为聚氨酯低聚物的分子中有酰胺键，酰胺键的分子极性很大，这就造成了分子间的作用力较大，在使用同种类型和含量的稀释剂情况下，聚氨酯低聚物的黏度会远远大于环氧丙烯酸酯，而且在相同的添加剂的情况下，环氧丙烯酸酯的反应速度也快于聚氨酯丙烯酸酯；而且环氧丙烯酸酯的价格便宜，固化后的模型硬度也较高，而聚氨酯丙烯酸酯固化后较为柔韧。所以在生产机械强度优良的光敏树脂时，环氧丙烯酸酯是较为理想的低聚物。

  固化后体积收缩率比较大是自由基光固化树脂最大的缺点。发生聚合反应时，稀释剂和低聚物之间的距离会由范德瓦耳斯力的作用距离转变为固化之后的共价单键之间的作用距离，二者之间的距离大幅度缩短，而且聚合后，各分子更加有序排列，这就使得树脂聚合后体积会明显收缩。这种收缩会使树脂内部产生较大的内应力，使树脂发生翘曲变形，这就使得成型的零件尺寸精度降低，尤其是在打印制造一些悬臂和大平面零件时，这个缺点会造成层间开裂，模型翘曲变形，甚至会造成打印失败。

  ③ 混杂型光固化树脂。最近，西安交通大学通过研究开发，以固化速度较快的自由基光固化树脂材料为骨架结构，再以收缩、变形小的阳离子光固化树脂材料为填充物，制成混杂型光固化树脂材料用于 SLA 技术。此种混杂型光固化树脂材料的主要优点是：可提供诱导期较短、聚合速率稳定的聚合物；还可以设计成无收缩的聚合物；同时保留了阳离子在光消失后，仍然可以继续引发聚合的优点等。经实验验证，采用混杂型光固化树脂作为 SLA 技术的原材料，可以得到精度较高的成型制件。

  SLA 技术用稀释剂包括多官能度单体、单官能度单体两类。目前采用的添加剂有：阻聚剂、光固化剂、燃料、天然色素、UV 稳定剂、消泡剂、流平剂、填充剂和惰性稀释剂等。其中，阻聚剂尤其重要，它是保证液态树脂材料在容器中存放较长时间的主要因素。

  光引发剂是刺激光敏树脂材料进行交联反应的特殊基团。当受到特定波长的光子作用时，它就会变成高度活性的自由基团作用在低聚物上，促使其产生交联反应，使其由原来的线型聚合物变为网状聚合物，最终呈现为固态。光引发剂的性能决定了光固化树脂成型材料的固化程度与固化速度。

与一般用途的光敏树脂不同，SLA 技术中的光敏树脂用于三维实体零件的成型时，所需树脂不仅要有较高的成型精度，而且要有较高的成型速度，还要具有更高的性能指标。

a. 固化收缩率要小。大多数光敏树脂固化都存在一定的收缩，对于 SLA 打印过程，固化收缩不仅影响成型件的尺寸精度和形状精度，而且会产生较大的成型应力，这些应力会导致变形、翘曲甚至开裂。所以，用于 SLA 成型技术的树脂收缩量越小越好，收缩率不能超过 8%。

b. 一次固化的程度高。一般光敏树脂固化分为两个部分，即短时光照阶段形成的一次固化和此后延续较长时间的后固化。为减少后者产生的变形、收缩，希望 SLA 树脂的一次固化能力越高越好。这里的一次固化能力包括两个方面：一是固化速度要快；二是湿态强度要高。

c. 溶胀系数要尽量小。SLA 打印成型过程一般为几小时，甚至几十小时，前期固化部分长时间浸泡在液态树脂中，会出现溶胀、尺寸变大且强度下降，这会导致制造误差甚至失败。因此，要求 SLA 光敏树脂具有较强的抗溶胀能力。

d. 黏度要低。液态树脂的黏度低，流动性好，有利于在成型过程中树脂的快速流平，从而减少分层扫描的层间等待时间，以提高效率。

e. 毒性要尽量小。光敏树脂含有有害成分，特别是光固化时挥发的气体，一般具有较大的刺激性，对于成型时间较长的 SLA 打印过程来说，无毒、无害的产品具有重要意义。

7.2.1.2　SLA 典型材料介绍

SLA 技术用材料根据其工艺原理和成型制件的使用要求，要求其具有黏度低、流平快、固化速度快且收缩小、溶胀小、无毒副作用等特点。

（1）3D Systems 公司的 ACCURA 系列

3D Systems 公司生产的 ACCURA 光固化成型材料，其应用范围较广，几乎所有的 SLA 技术都可使用。

其中，ACCUGEN 材料在进行 SLA 技术光固化后，其成型制件具有较高精度和强度、较好的耐吸湿性等优良的综合性能。此外，ACCUGEN 材料的成型速度也较快，且成型制件的稳定性也好。

另外，几种 ACCURA 系列的成型材料成型后的制件，其各方面综合性能也较好。例如 S110 材料，固化后成型制件的强度和耐吸湿性好，成型制件的精度和质量也较高。S120 材料在进行光固化后能呈现出持久的白色，具有较好的强度和耐吸湿性，成型速度较快，尤其适用于加工制作较精密的成型制件、硅橡胶真空注型的母模等。近期新推出的 Bluestone 树脂材料，其固化后成型制件具有较高的刚度和较好的耐热性，适合进行空气动力学试验、照明设备等方面的应用，以及适用于真空注型或热成型模具的母模的加工制作等。部分 3D Systems 公司 ACCURA 系列材料的性能如表 7-4 所示。

☐ 表 7-4　部分 3D Systems 公司 ACCURA 系列材料的性能

指标	型号					
	ACCURA 10	ACCURA 40 Nd	ACCURA 50	ACCURA 60	ACCURA Bluestone	ACCURA ClearVue
外观	透明光亮	透明光亮	非透明自然色或灰色	透明光亮	非透明蓝色	透明光亮
固化前后密度/(g/cm³)	1.16/1.21	1.16/1.19	1.14/1.21	1.13/1.21	1.70/1.78	1.1/1.17
黏度(30℃)/Pa·s	485	485	600	150～180	1200～1800	235～260
临界照射强度/(mJ/cm²)	13.8～17.7	20.1～21.7	9.0	7.6	6.9	6.1
抗拉强度/MPa	62～76	57～61	48～50	58～68	66～68	46～53
延伸率/%	3.1～5.6	4.8～5.1	5.3～15	5～13	1.4～2.4	1.4～2.4

指标	型号					
	ACCURA 10	ACCURA 40 Nd	ACCURA 50	ACCURA 60	ACCURA Bluestone	ACCURA ClearVue
拉伸模量/MPa	3048~3532	2628~3321	2480~2690	2690~3100	7600~11700	2270~2640
弯曲强度/MPa	89~115	92.8~97	72~77	87~101	124~154	72~84
弯曲模量/MPa	2827~3186	2618~3044	2210~2340	2710~3000	8300~9800	1980~2310
冲击韧性/(J/m^2)	14.9~27.7	22.3~29.9	16.5~28.1	15~25	13~17	40~58
玻璃化转变温度/℃	62	62~65.6	62	58	71~83	62
热膨胀率/10^{-6}℃$^{-1}$·($T<T_g$)/($T>T_g$)	64/170	87/187	73/164	71/153	(33~44)/(81~98)	122/155
肖氏硬度(HS)	86	84	86	86	92	80

（2）Vantico 公司的 SL 系列

针对 SLA 快速成型技术，Vantico 公司提供了 SLA 技术用一系列光固化树脂材料，其中 SL 5195 环氧树脂具有较低的黏性，较高的强度、精度与较低的表面粗糙度，适合加工制作功能模型、熔模铸造模型、可视化模型、装配检验模型以及快速模具的母模制造等。此外，SL 5510 材料是一种多用途尺寸稳定和精确的材料，可以满足多种生产的需求，现在该材料已被确定了成型制件精度的工业标准，尤其适合在较高湿度条件下应用，例如复杂型腔实体的流体研究等。最近，Vantico 公司新研制出 SL Y-C 9300 材料，它可以进行有选择性的区域着色，也可以生成无菌的成型制件，极适用于医学领域的器官内部可视化的应用场合。

表 7-5 给出了 Vantico 公司提供的光固化树脂在各种 3D Systems 公司光固化快速成型系统和在不同的使用性能和要求情况下的光固化成型材料的选择方案。

☑ 表 7-5　3D Systems 公司光固化快速成型系统的光固化成型材料选择方案

SLA 系统	规格					
	成型效率	成型精度	类聚丙烯	类 ABS	耐高温	颜色
SLA-190 SLA-250	SL 5220	SL 5170	SL 5240	SL 5260	SL 5210	SL H-C 9100
SLA-500	SL 7560	SL 5410 SL 5180	SL 5440	SL 7560	SL 5430	
Viper si2	SL 5510	SL 5510	SL 7540 SL 7545	SL 7560 SL 7565	SL 5530	SL Y-C 9300
SLA-350 SLA-3500	SL 5510 SL 7510	SL 5510 SL 5190	SL 7540 SL 7545	SL 7560 SL 7565	SL 5530	SL Y-C 9300
SLA-5000	SL 5510 SL 7510	SL 5510 SL 5195	SL 7540 SL 7545	SL 7560 SL 7565	SL 5530	SL Y-C 9300
SLA-7000	SL 5510 SL 7510	SL 7520 SL 7510	SL 7540 SL 7545	SL 7560 SL 7565	SL 5530	SL Y-C 9300

注：材料 SL 5170、SL 5180、SL 5190 和 SL 5195 不适于高湿度的场合。

（3）DSM 公司的 SOMOS 系列

环氧树脂主要是面向光固化快速成型开发的系列材料。近期美国 DSM 公司研发出 SLA 技术用的材料有 20L、9110、9120、11120、12120 等。部分 DSM 公司 SOMOS 系列材料性能如表 7-6 所示。

指标	型号				
	20L	9110	9120	11120	12120
外特性	灰色不透明	透明琥珀色	灰色不透明	透明	透明光亮
密度/(g/cm³)	1.6	1.13	1.13	1.12	1.15
黏度/Pa·s	2500	450	450	260	550
固化深度/mm	0.12	0.13	0.14	0.16	0.15
临界曝光量/mm	6.8	8.0	10.9	11.5	11.8
肖氏硬度(HS)	92.8	83	80~82	—	85.3
抗拉强度/MPa	78	31	30~32	47.1~53.6	70.2
拉伸模量/MPa	10900	1590	1277~1462	2650~2880	3520
弯曲强度/MPa	138	44	41~46	63.1~74.2	109
弯曲模量/MPa	9040	1450	1310~1455	2040~2370	3320
延伸率/%	1.2	15~21	15~25	11~20	4
冲击韧性/(J/m²)	14.5	55	48~53	20~30	11.5
适用性	可制作耐高温的零部件	制作坚韧、精确的功能零件	对硬度和稳定性有较高要求的组件	制作耐用、坚硬,具有防水功能的零件	能制作高强度、耐高温,具有防水功能的零件,外观呈樱桃红色

7.2.2 三维打印快速成型材料

从 3DP 成型技术可知,在事先铺设的粉末层面上,3DP 喷嘴按照制定的路径将黏结剂"打印"在粉末层的特定区域内,并逐层喷涂"打印",最终扫除周边多余的支撑粉末,即可得 3DP 模型制件。目前,3DP 因其成本低、粉末材料选择范围广、成型速度快及安全性好等特点而应用广泛。

三维打印快速成型机的成型材料有自己特殊的要求,其成型材料有很多。三维打印成型的材料并不是由简单的粉末构成,它包括粉末材料、与之匹配的黏结溶液以及后处理材料等。为了满足成型要求,需要综合考虑粉末及相应黏结溶液的成分和性能。3DP 工艺对材料的要求如表 7-7 所示。

⊡ 表 7-7 3DP 工艺对材料的要求

材料	要求
粉末材料	· 粉末颗粒小,最好呈球状,大小均匀,无明显团聚现象 · 粉末流动性好,不易使供粉系统堵塞,并能铺成薄层 · 黏结溶液喷射到上面时不出现凹陷、溅散和孔洞 · 与黏结溶液作用后会很快固化
粘接材料	· 性能稳定,可以长期储存 · 不腐蚀喷头 · 黏度合适,表面张力足够高,能按预期的流量从喷头中喷出 · 不易干涸,可以延长喷头的抗堵塞时间
后处理材料	· 与制件相匹配,不破坏制件的表面质量 · 能够迅速与制件发生反应,处理速度快

（1）粉末材料

成型粉末部分由填料、黏结剂、添加剂等组成。相对其他条件而言,粉末的粒径非常重要。粒径小的颗粒可以提供相互间较强的范德瓦耳斯力,但滚动性较差,且打印过程中易扬尘,导致打印头堵塞;粒径大的颗粒滚动性较好,但是会影响模具的打印精度。粉末的粒径根据所使用打印机类型及操作条件的不同可从 $1\mu m$ 到 $100\mu m$。其次,需要选择能快速成型且成型性能较好的材料，可选择石英砂、陶瓷粉末、石膏粉末、聚合物粉末（如聚甲基丙烯酸甲酯、聚甲醛、聚苯乙烯、聚乙烯、石蜡等）、金属氧化物粉末（如氧化铝等）和淀粉等作为材料的填料主体，再选择与之配合的黏结剂即可达到快速成型的目的。加入部分粉末黏结剂可起到加强粉末成型强度的作用，其中聚乙烯醇、纤维素、麦芽糖糊精等可以起到加固作用，但是纤维素链长应小于打印时成型缸每次下降的高度；胶体二氧化硅的加入可以使得液体黏结剂喷射到粉末上时迅速凝胶成型。除了简单混合，将填料用黏结剂（聚乙烯、吡咯烷酮等）包覆并干燥可更均匀地将黏结剂分散于粉末中，便于喷出的黏结剂均匀渗透进粉末内部。或者将填料分为两部分包覆，其中一部分用酸基黏结剂包覆，另一部分用碱基黏结剂包覆，当二者相遇时便可快速反应成型。包覆方法也可有效减小颗粒之间的摩擦，增加其滚动性。但要注意包覆厚度要很薄，介于 $0.1 \sim 1\mu m$ 之间。

成型材料除了填料和黏结剂两个主体部分，还需要加入一些粉末助剂以调节其性能，可加入一些固体润滑剂增加粉末滚动性，如氧化铝粉末、可溶性淀粉、滑石粉等，有利于铺粉层薄厚均匀；加入二氧化硅等密度大且粒径小的颗粒增加粉末密度，减小孔隙率，防止打印过程中黏结剂过分渗透；加入卵磷脂，则可减少打印过程中小颗粒的飞扬以及保持打印形状的稳定性等。另外，为防止粉末由于粒径过小而团聚，需采用相应方法对粉末进行分散。

在目前的常温 3D 打印快速成型技术中，很多种类的粉末都有应用，主要分为淀粉基粉末、陶瓷基粉末和石膏基粉末三类。因为石膏（硫酸钙）粉末具有成型速度快、精度高、价格低等优点，所以本书主要叙述石膏粉末（图 7-18）。在石膏粉末中需要加入一定的添加剂，如黏结剂、速凝剂、分散剂、增强剂等。粉末材料的成分和比例对成型的精度、强度以及可靠性有着重要影响。常用的是半水硫酸钙，半水硫酸钙与水混合后，通过水化作用形成具有黏附力和内聚力的硫酸钙硬化体。黏结剂是作为增强粉末粘接的原材料。目前，聚乙烯醇是首选的黏结剂；而分散剂对粉末的流动性、粒径等都有利。由于石膏成型后硬度不是很硬，而且硫酸钙粉末密度相对较小，可以考虑加入廉价的二氧化硅粉末等加以调节。除此之外，考虑其快速固化等特点，还需要加入一些有特殊作用的试剂进行改性。

与其他快速成型技术相比，采用石膏粉末作为快速成型的材料，不但大幅度降低模型制造的生产成本，通过采用合适的后处理方式，还可使成型件强度高、不易变形。另外，可以在某些场合替代现有的塑料和树脂模型，作为概念成型、功能测试成型、模具和实体零件使用；而且与其他类型的材料相比，石膏不受生产厂家的限制，产量大且价格相对便宜。

图 7-18　石膏粉末

（2）粘接材料

液体黏结剂分为几种类型：本身不起粘接作用的液体；本身会与粉末反应的液体及本身有

部分粘接作用的液体。本身不起粘接作用的黏结剂只起到为粉末相互结合提供介质的作用，其本身在模具制作完毕之后会挥发到几乎不剩下任何物质，对于本身就可以通过自反应硬化的粉末适用，此液体可以为氯仿、乙醇等。对于本身会参与粉末成型的黏结剂，如粉末与液体黏结剂的酸碱性不同，可以通过液体黏结剂与粉末的反应达到凝固成型的目的。而目前最常用的是以水为主要成分的水基黏结剂，对于可以利用水中氢键作用相互连接的石膏、水泥等粉末适用。黏结剂可为粉末相互结合提供介质和氢键作用力，成型之后挥发。或者是相互之间能反应的，如以氧化铝为主要成分的粉末，可通过酸性黏结剂的喷射反应固化。对于金属粉末，常常是在黏结剂中加入一些金属盐来诱发其反应。除了本身不与粉末反应的黏结剂，还有一些是通过加入一些起粘接作用的物质实现，通过液体挥发，剩下起粘接作用的关键组分。其中，可添加的粘接组分包括缩丁醛树脂、聚氯乙烯、聚硅碳烷、聚乙烯、吡咯烷酮以及一些其他高分子树脂等。可选择与这些黏结剂相溶的溶液作为主体介质，目前以水基黏结剂报道较多。

如前所述，要达到液体黏结剂所需条件，除了主体介质和黏结剂外，还需要加入保湿剂、快干剂、润滑剂、促凝剂、增流剂、pH值调节剂及其他添加剂（如染料、消泡剂）等。加入的保湿剂（如聚乙二醇、丙三醇等）可以起到很好地保持水分的作用，便于黏结剂长期稳定储存。可加入一些沸点较低的溶液（如乙醇、甲醇等）来增加黏结剂多余部分的挥发速度。另外，丙三醇的加入还可以起到润滑作用，减少打印头的堵塞。对于一些以胶体二氧化硅或类似物质为凝胶物质的粉末，可加入柠檬酸等促凝剂强化其凝固效果。添加少量其他溶剂（如甲醇等）或者通过加入分子量不同的有机物可调节其表面张力和黏度以满足打印头所需条件。表面张力和黏度对打印时液滴成型有很大影响，合适的形状和液滴大小直接影响打印过程成型精度的好坏。为提高液体黏结剂流动性，可加入聚乙二醇、硫酸铝钾、异丙酮、聚丙烯酸钠等作为增流剂，加快打印速度。另外，对于那些对溶液pH值有特殊要求的黏结剂部分，可通过加入三乙醇胺、四甲基氢氧化铵、柠檬酸等调节pH值。另外，出于打印过程美观或者产品的需求，需要加入能分散均匀的染料等。可加入脂肪酸、磷酸酯、改性聚乙烯醇、聚硅氧烷和聚醚改性硅氧烷、硅烷、疏水硅烷、脂肪酰胺、金属皂、三烷基磷酸酯和一些天然产物等作为黏结剂的消泡剂，还可以加入如山梨酸钾、苯甲酸钠等作为防腐剂。但要注意的是，添加助剂的用量不宜太多，一般小于质量分数的10%，助剂太多会影响粉末打印后的效果及打印头的力学性能。

（3）后处理材料

除了以上两个主要部分之外，还需适宜的后续处理工序，以增加打印出来的模具的强度、硬度等，防止其掉粉末，防止因为长期放置而吸水导致强度降低等，延长模具使用寿命。后处理过程主要包括静置、强制固化、去粉、包覆等部分。当打印过程结束之后，需要将打印的模具静置一段时间，使得成型的粉末和黏结剂之间通过交联反应、分子间作用力等作用固化完全，尤其是对于以石膏或者水泥为主要成分的粉末，成型的首要条件是粉末与水之间作用硬化，之后才是黏结剂部分的加强作用。当模具具有初步硬度时，可根据不同类别采用外加措施进一步强化作用力，例如通过加热、真空干燥、紫外线照射等方式。此工序完成之后所制备的模具具备较强硬度，需要将表面其他粉末除去，用刷子将周围大部分粉末扫去，剩余较少粉末可通过机械振动、微波振动、不同方向风吹等除去。也有报道将模具浸入特制溶剂中，可达到除去多余粉末的目的。对于去粉完毕的模具，特别是用石膏基、陶瓷基等易吸水材料制成的模具，还需要考虑其长久保存问题。常见的方法是在模具外面刷一层防水固化胶，或者以固化胶固定器连接关键部位，防止因吸水而减弱强度。或者将模具浸入能起保护作用的聚合物中，比如环氧树脂、氰基丙烯酸酯、熔融石蜡等，最后的模具可兼具防水、坚固、美观、不易变形等特点。图7-19所示为采用3DP工艺制造的作品和注射模具。

(a) 结构陶瓷作品

(b) 注射模具

图 7-19　3DP 工艺制造的作品和注射模具

7.2.3　熔融沉积制造快速成型材料

熔融沉积制造（FDM）技术的关键部位为热融喷头。该工艺最重要的内容就是成型所用材料及其特性，例如材料的熔融温度、黏度、粘接性、收缩率等，都是 FDM 技术的关键。

从 FDM 成型工艺可知，FDM 材料首先须具备良好的成丝性能；其次，由于在 FDM 工艺过程中，原材料经历从固态到液态，又从液态到固态的转变过程，因此要求 FDM 材料在相变过程中必须具备良好的化学稳定性，且成型后收缩率较小。

FDM 所用材料为热塑性高分子材料，主要是 PLA（聚乳酸）、ABS、PETG（聚对苯二甲酸乙二醇酯-1，4-环己烷二甲醇酯）、PC（聚碳酸酯）等。表 7-8 所示是一些 FDM 工艺成型材料的基本信息。

⊡ 表 7-8　FDM 工艺成型材料的基本信息

材料	适用的设备系统	可供选择的颜色	备注
ABS	FDM 1650 FDM 2000 FDM 8000 FDM Quantum	白黑红绿蓝	耐用的无毒塑料
ABSi 医学专用 ABS	FDM 1650 FDM 2000	黑白	被食品及药物监管局认可的、耐用且无毒的塑料
E20	FDM 1650 FDM 2000	所有颜色	人造橡胶材料，与封铅、轴衬、水龙带和软管等使用的材料相似
ICW06 熔模铸造用蜡	FDM 1650 FDM 2000	N/A	N/A
可机加工蜡	FDM 1650 FDM 2000	N/A	N/A
造型材料	Genisys Modeler	N/A	高强度聚酯化合物，多为磁带式而不是卷绕式

ABS（丙烯腈-丁二烯-苯乙烯三元共聚物）是 FDM 技术最常用的热塑性塑料之一。ABS 在强度、韧性、耐高温性及机械加工性等性能上良好。但 ABS 在 3D 打印的冷却过程中收缩问题明显，当打印至一定厚度时，温度场不均匀引起的收缩往往使 ABS 制件从底板上局部脱离，产生翘曲、开裂等问题，而且 ABS 在打印过程中会释放刺鼻的气味。为了改善 ABS 在 3D 打印成型中出现的问题，许多研究者对 ABS 材料进行了相关的改性研究，通过填充改性及共混改性提高其性能和打印效果是常见且有效的途径。ALGIX 3D 公司推出过一款基于 ABS 的生态 3D 打印线材 DURA，保持了 ABS 线材的基本物理性能，却更加健康环保。与普通的

ABS 相比，该线材不但使打印制品具有更精细的表面质量，实现了更高的打印分辨率，且毒性和挥发性更低。M. L. Shofner 等采用 10% 的气相生长碳纤维来增强 3D 打印 ABS 耗材，使其拉伸强度和拉伸弹性模量得到较大提高。邹锦光等以钛酸酯偶联剂处理的纳米导电炭黑掺入 ABS 树脂中进行改性，获得了具有导电性能的 3D 打印 ABS 耗材。

PLA 是早期用于 FDM 技术中打印效果最好的材料，它本身具有良好的光泽质感，易于着色成多种颜色。PLA 是一种环境友好型塑料，它主要源于玉米淀粉和甘蔗等可再生资源，而非化石燃料。借助于 3D 打印机的风扇板对 PLA 所打印模型的快速冷却和定型，能够有效避免模型的翘曲变形，因此使用 PLA 可以完成一系列其他材料难以打印的复杂形状。但是，它也存在不耐高温、抗冲击等力学性能不佳等缺陷。为了提升 PLA 打印件的强度，近年来，学术界开展了 PLA 改性的针对性研究，并且成果显著。陈卫等以熔融共混方式将适当扩链剂添入 PLA 中，制备了改性 PLA 耗材，其打印制件的缺口冲击强度比纯 PLA 材料增加了 140%。美国橡树岭国家实验室的研究人员正在研发并测试竹纤维复合的 PLA 打印材料，以确定这种生物基材料是否可用于增材制造。为此，研究人员们已开发出分别含有 10% 和 20% 竹纤维的 PLA 3D 打印材料，并将其作为 Cincinnati 公司的大尺寸 BAAM 3D 打印机的耗材，成功打印出桌子等大型制品。由于这两种材料都是完全基于生物成分的，保证了其环保和可持续性。

PETG 属于共聚酯类热塑性高分子材料，是一种新型的环保透明工程塑料，具有优异的韧性、透明度高、易加工等优点，并且在打印过程中无气味、无翘曲现象产生。

PC 材料具备高强度、高抗冲、耐高低温、抗紫外线等优异的性能，能够作为最终零部件用在工程领域。PC 材料制造的样件，可以直接在交通工具及家电行业的产品中装配使用。PC 材料具有比 ABS 材料高出 60% 的强度，广泛应用于航空航天、汽车内外饰、电子产品、家电、食品、医疗等领域。

另外，FDM 用高分子 3D 打印丝材还包括热塑性聚氨酯（TPU）、PA、聚醚醚酮（PEEK）等。表 7-9 所示是一些 FDM 工艺成型材料的特性指标。

⊡ 表 7-9 一些 FDM 工艺成型材料的特性指标

材料	抗拉强度/MPa	弯曲强度/MPa	冲击韧性/（J/m²）	延伸率/%	肖氏硬度	玻璃化转变温度/℃
ABS	22	41	107	6	105	104
ABSi	37	61	101.4	3.1	108	116
ABS Plus	36	52	96	4		
ABS-M30	36	61	139	6	109.5	108
PC-ABS	34.8	50	123	4.3	110	125
PC	52	97	53.39	3	115	161
PC-ISO	52	82	53.39	5		161
PPSF	55	110	58.73	3	86	230
E20	6.4	5.5	347		96	
ICW06	3.5	4.3	17		13	

2016 年 10 月，Graphene 3D 公司推出了一款柔性的导电 TPU 线材，这是该公司设计的一款适用于 FDM 技术的导电性 3D 打印材料，不但能够导电，而且十分柔软。该材料可以用于柔性导电线路、柔性传感器、射频屏蔽，以及可穿戴式电子产品的柔性电极等。

美国的 3D 打印机供应商 Matter Hackers 公司推出了一款号称最强的 3D 打印线材 NylonX，该材料为碳纤维复合的尼龙（聚酰胺）材料。该公司称其具有"优异的韧性和耐久性，同时具有出色的耐化学腐蚀和耐磨损性"，能够打印出特别高强度的功能部件。不过，这种材料需要 250～265℃ 的打印温度等较高的打印条件，很多 3D 打印机不支持打印这种材料。

PEEK 作为一种性能优异、被广泛研究和关注的特种工程塑料，具有一般工程塑料难以比拟的独特优势：优异的力学性能；良好的自润滑性；耐腐蚀、耐磨、阻燃、抗辐射，耐温高达

260℃。其可用于航空航天、核工程和高端的机械制造等高技术领域。包括众多 3D 打印企业在内的公司都想要充分利用 PEEK 所具有的独特优势，进而实现高性能的零件制造。比如，Impossible Objects 公司就新推出了一个 PEEK/碳纤维复合材料的 3D 打印耗材品种。国内外很多企业和专家也都看好 PEEK 应用于汽车等领域。

目前，FDM 技术在工业上也已经有了实际应用。例如日本丰田公司仅在 Avalon 汽车 4 个门把手上应用 FDM 技术就省下了超过 30 万美元的加工费用。2016 年 3 月，NASA（美国国家航空航天局）将一台 FDM 型 3D 打印机送入太空，以测评在太空微重力条件下 3D 打印技术的工作情况，并且可以帮助宇航员打印在太空所需的物品。FDM 技术在打印制造细胞载体支架、食品等领域也有应用。

PC 不仅性能优异，也是应用更为广泛的工程塑料。以 PC 为基础，目前出现了多种适合不同应用场合的合金材料。作为应用于 FDM 技术的新热点，对它的研究开发工作意义非凡。如能够在保持其某些优异性能的前提下，设法将其通用于 FDM 技术，将会进一步拓展 FDM 技术在工程领域的应用范围。

由以上材料特性以及 FDM 技术需求得知，FDM 技术对成型材料的要求是低熔融温度、低黏度、粘接性好且收缩率小。FDM 技术制成的成型制件可用于功能构件，这就要求成型制件有足够的堆积与粘接强度以及较低的表面粗糙度；FDM 制件也可代替熔模铸造中的蜡模，这就要求 FDM 成型制件应满足熔模铸造中对蜡模性能的需求。

FDM 用材料是 FDM 技术的核心部分，所使用的材料可分为两部分：成型材料与支撑材料。成型材料主要有 ABS、蜡丝、聚烯烃树脂丝、尼龙（聚酰胺）丝等。

（1）FDM 技术用成型材料的特性及要求

FDM 技术对材料的具体要求是黏度低、熔融温度低、粘接性好且收缩率小。影响材料挤出过程的主要因素是丝束的黏度。材料的黏度若低，则流动性好，阻力就小，这有助于丝束顺利地从熔融喷头中挤出；材料的黏度过高，则材料的流动性差，阻力就大，造成丝束不能顺利地从熔融喷头中挤出，从而影响成型精度及表面质量。

其次，FDM 技术要求其成型材料的熔融温度尽可能低，这有利于材料在较低温度下顺利挤出，同时也提高喷头和整个机械系统的寿命；还可以减小材料在挤出前后的温差，减小热应力，从而提高成型制件的表面精度。

此外，FDM 技术要求其成型材料具备较好的粘接性，粘接性的好坏直接影响制件的强度。由于 FDM 技术是基于分层叠加型技术，层与层之间的连接是零件强度最弱的地方。若粘接性过低，在成型过程中由于热应力的影响，可能就会造成层与层之间的开裂。因此，FDM 技术用材应具备较好的粘接特性。

收缩率也是影响成型精度的一个主要因素。当丝束在挤出时，喷头内需要保持一定的压力，材料才能顺利被挤出。丝束在挤出后，尤其是在熔融喷头的出口处，会出现挤出胀大现象，即造成喷头挤出的丝束直径与喷嘴的实际直径相差太大，这将严重影响材料的成型精度。因此，FDM 技术用材料的收缩率应尽可能低些，以免引起成型制件的尺寸误差；同时，也可能会产生热应力，严重时会使成型制件出现翘曲及开裂现象。

（2）FDM 技术用支撑材料的特性及要求

FDM 技术对支撑材料的具体要求如下。

① 能承受较高的温度。由于 FDM 技术用支撑材料与成型材料相互接触，所以支撑材料须能承受成型材料的高温，并在此温度下不发生分解和熔融，且在空气中能够较快冷却。因此，支撑材料应能承受 100℃ 左右的温度。

② 与成型材料不具亲和力，以便后处理。支撑材料是 FDM 技术中必需的辅助成型材料，在成型制件加工完毕后应该将其去除。因此，支撑材料应与成型材料不具备亲和力，以便容易

去除。

③ 具有水溶性或者酸溶性等特性。FDM 技术的最大优点是可以成型具有任意复杂外形和内部结构的零件，经常用于制作具有复杂的内腔、孔等结构的零部件。因此，为了便于后续处理，支撑材料在材料上的选择方面应该是在某种液体里能够快速溶解，并且这种液体应无污染、无毒。目前大量使用的成型材料一般为 ABS 丝束，该材料不能溶解在有机溶剂之中。鉴于此，Stratasys 公司目前已研发出水溶性支撑材料。

④ 具有较低的熔融温度。若熔融温度低，则成型与支撑材料在较低的温度下就可顺利挤出，从而提高喷头的使用寿命。

⑤ 流动性好。FDM 技术对支撑材料的成型精度要求不高，因此为了提高设备的扫描速度，要求支撑材料具有较好的流动性。

7.2.4 选择性激光烧结快速成型材料

7.2.4.1 选择性激光烧结（SLS）材料的性能及特点

SLS 快速成型技术所使用的材料是微米级的粉末材料。当材料成型时，在事先设定好的预热温度下，先在工作台面上用辊筒铺一层粉末材料；在激光束的作用下，按照成型制件的一层层截面轮廓信息，对制件的实心部分所在的粉末区域进行扫描与烧结，即当粉末的温度升至熔化点时，粉末颗粒在交界处熔融，进而相互粘接，由此逐步得到烧结的各层轮廓。在烧结区的粉末还仍然呈松散状态，可作为加工完毕的下一层粉末的支撑。SLS 打印的零件如图 7-20 所示。

图 7-20　SLS 打印的零件

在各种 RP 技术中，SLS 快速成型技术是近年来人们研究与开发的一个热点，其成型制件的主要特点如下。

① 成型制件可直接加工制作成各种功能制件，用于结构验证和功能测试或可直接装配样机。

② SLS 快速成型技术用粉末材料多样化，不同材料加工的成型制件有各自不同的物理性能，可满足不同的需要场合。

③ SLS 成型制件可直接用于精密铸造用的蜡模、砂型、型芯。

④ SLS 快速成型技术不需要单独制作支撑，原材料利用率高。

⑤ 采用 SLS 技术制作出来的成型制件，可快速翻制成各种模具。

（1）SLS 快速成型技术用材料的性能特点

SLS 成型用材料的性能对激光烧结的工艺过程、成型精度和成型制件强度都有较大影响。

SLS 快速成型技术用材料的性能特点如下。

① 良好的烧结成型性能。不需要特殊工艺就可快速、精确地加工出成型制件。

② 良好的力学和物理性能。对于直接用于功能零件或模具的成型制件，其力学和物理性能应满足使用要求，例如热稳定性、导热性、加工性能、强度及刚性等力学和物理性能，应达到一定的要求。

③ 便于后处理。成型制件还应进行一些后处理工序，且后续工艺的接口性要好，以便快捷地进行后处理。

（2）SLS 成型用材料对成型工艺的影响

① 热塑性材料对成型工艺的影响。SLS 技术用热塑性材料主要包括塑料及其与无机材料或金属的复合材料，如覆膜砂、覆膜陶瓷和覆膜金属等。一般的成型样件和精铸熔模，常使用热塑性材料；覆膜砂、覆膜陶瓷和覆膜金属等成型制件，可同时选用热固性或热塑性塑料。热塑性材料可分为晶态和非晶态两类。在通常情况下，非晶态热塑性材料从熔融状态到固态的转变过程中没有结晶，收缩率较低，成型工艺容易控制。近年来，北京隆源自动成型有限公司、中北大学等国内几家研究 SLS 工艺与技术的单位，研发出的有机 ABS、PS 等都属于非晶态的高分子材料。

晶态的热塑性材料，其特点是材料本身的模量和强度都较高，而且在熔点以下粉末颗粒不会粘接，易于控制材料成型时的成型温度，以获得较高密度的成型制件。但是，结晶类原材料也有缺点，即当它从熔体到固体转变时存在结晶相变，材料在成型时收缩变形大，因此必须降低结晶类原材料的收缩率。目前已使用的结晶类成型材料仅限于尼龙（聚酰胺）等类型材料。此外，结晶类成型材料具有较高的韧性和强度，此发展空间较大。热塑性材料制品如图 7-21 所示。

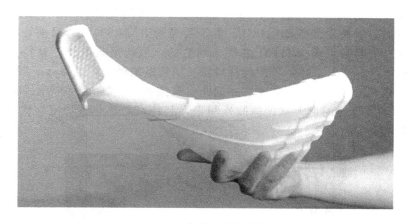

图 7-21　热塑性材料制品

② 热固性成型材料对成型工艺的影响。SLS 技术用热固性成型材料，其成型过程是：在激光的热作用下，材料各分子间发生交联反应，致使粉体颗粒彼此粘接。最常用的热固性材料是酚醛树脂和环氧树脂。通常情况下，此类材料作为粉末颗粒间的黏结剂使用，因此树脂颗粒在密封体材料表面的包覆状态、熔化黏度以及反应时间等是影响成型制件强度的关键因素。

采用热固性树脂材料成型的优点是尺寸稳定、成型制件变形小且价格低廉；缺点是其固化反应时间通常高于激光扫描的停留时间，并且有时会出现在制件成型后，某些地方却还未充分反应。因此，成型制件的初始强度一般较低，必须进行固化等后处理工艺。目前，使用较成熟的是树脂砂热固化成型材料，它可用于成型铸造的型壳和型芯。

SLS 成型用材料性能对成型过程的影响见表 7-10。

材料性能	主要作用
粉末粒径	粒径大,不易于激光吸收,易变形,成型精度与表面粗糙度差;粒径小,易于激光吸收,成型效率低,表面质量好,强度低,易烧蚀、污染
颗粒形状	影响着粉体堆积密度,进而影响表面质量、流动性和光吸收性,其最接近形状是球形
熔体黏度	黏度小,易于清洁且强度高,但热影响区大
熔点	熔点低时,易于烧结成型;反之,则易于减少热影响区,提高分辨率
模量	模量高时不易发生变形
玻璃化转变温度	若是非晶体材料,其影响作用与熔点相似
结晶温度与速率	在一定的冷却速率下,结晶温度越低,速率越慢,则更有利于成型工艺的控制
堆积密度	影响着成型制件的强度和收缩率
热吸收性	由于 CO_2 激光的波长为 $10.6\mu m$,因此要求成型材料在此波段内有较强的吸收特性,从而使粉末材料在较高的扫描速度下进行熔化和烧结
热传导性	若材料的热导率小,减少热影响区,就能保证成型制件的尺寸精度;但成型效率低
收缩率	要求材料的膨胀系数、相变体积收缩率尽量小,以减少成型制件的内应力和变形
热分解温度	一般情况下,SLS 材料具有较高的分解温度
阻燃及抗氧化性	SLS 材料要求不易燃且不易氧化

7.2.4.2　SLS 材料的种类及其特性

SLS 材料均为粉末材料,SLS 技术用材料既可选用热固性塑料,也可选用热塑性塑料。SLS 技术用材料的种类主要有以下几种。

① 高分子材料。在高分子材料中,SLS 技术经常使用的材料有 ABS、尼龙（聚酰胺）与玻璃微球的共混物、蜡粉聚碳酸酯（PC）、聚苯乙烯粉末（PS）等。目前,已商品化的 SLS 技术用高分子材料主要是由美国 DTM 生产与制造的,包括聚碳酸酯,其特点是热稳定性良好,可用于精密铸造;聚苯乙烯,采用此材料需要用铸造蜡处理,以提高成型制件的强度和降低表面粗糙度,其工艺可与失蜡铸造兼容;尼龙（聚酰胺）,其特点是热化学稳定性优良,如图 7-22 所示。添加玻璃珠的尼龙（聚酰胺）粉末,其特点是热化学稳定性优良,并且成型制件的尺寸小,精度也很高。

图 7-22　尼龙（聚酰胺）粉末

② 金属材料。采用以金属为主体的合成材料制成的成型制件硬度较高,能在较高的工作温度下使用,因此此种模型制件可用于复制高温模具。目前常用的金属基合成材料主要是由两

种材料组成：金属粉末材料（例如铜粉、锌粉、铝粉、不锈钢粉末、铁粉等）和黏结剂（主要是高分子粉末材料）。

SLS 技术用金属粉末材料可分为直接与间接成型两种金属粉末材料。商品化的直接成型材料是德国 EOS 的 DirectSteel 20-V1（其中主要为钢粉）；间接成型金属粉末主要是美国 DTM 研发的 LaserForm ST-100（不锈钢粉末）和 RapidSteel 2.0（金属粉末）。

③ 陶瓷粉末材料。陶瓷粉末材料与金属合成材料相比，具有更高的硬度，并且成型制件能在更高的温度环境中使用，也可用于成型高温模具。此外，陶瓷粉末具有很高的熔点，因此在陶瓷粉末里可加入低熔点的黏结剂。在激光烧结时黏结剂首先熔化，熔化的黏结剂将陶瓷粉末粘接后成型，再通过后处理工艺来提高陶瓷制件的性能。目前，常用的陶瓷粉末材料有 Al_2O_3、SiC、ZrO_2 等，其黏结剂有无机黏结剂、有机黏结剂和金属黏结剂。

中北大学研发的覆膜陶瓷粉末（CCPi）各方面性能较好，粒度也较小（160～300 目），并且烧结制件变形很小、尺寸稳定。

④ 覆膜砂粉末材料。SLS 技术用的覆膜砂表面涂敷有黏结剂，例如相对分子质量低的酚醛树脂等。目前已商品化的覆膜砂粉末材料有：美国 DTM 研发的 LandForm Si（石英砂）、SandForm ZRⅡ（锆石），以及德国 EOS 研发的 EOSINT S700（高分子覆膜砂）。覆膜砂粉末材料主要用于加工制作精度要求不高的成型制件，也可用于汽车制造业及航空工业等砂型铸造模型及型芯的制作，适合单件、小批量砂型铸造金属铸件的生产，尤其适用于借助传统加工制造技术难以加工出来的金属铸件。

一般情况下，SLS 技术用材料要有一定的导热性、良好的热固性以及经激光烧结后足够的粘接强度。此外，粉末材料的颗粒直径一般应在 0.05～0.15mm 内，否则会降低成型制件的表面精度。当采用覆膜陶瓷粉或覆膜砂制作铸造用型芯时，其材料应具有良好的涂挂性以及较小的发气性等，便于浇注出合格的成型铸件。

7.3 发展趋势

目前，快速成型材料的研究与发展趋势有以下几个方面。

① 快速成型材料的研发正向多样化与专业化方向发展，许多设备制造商与材料专业公司在不断地开发多种适用于快速模具制造、金属零部件的直接加工制造用系列化成型材料，这也将推动快速成型技术的飞速发展。

② 随着我国快速成型技术的不断发展，将会出现各种商品化、系列化成型材料。

③ 进一步完善和提高各种成型材料的性能，不断开发出各种低成本、低污染、高性能的新型快速成型材料。

④ 快速成型材料的研发应向着直接加工制造出高精度、高强度以及表面质量好的金属等半功能性、功能性制件的方向发展，这也是目前快速成型领域研究的热点。它将推动快速成型技术的发展与广泛应用。

⑤ 新型快速成型技术用材料的研发与新型 RP 技术的研究是相辅相成的，密不可分。需根据快速成型的用途和要求的不同开发出不同类型的成型材料，如金属树脂复合材料、生物活性材料、功能梯度材料等。

⑥ 快速成型加工的每一个环节都会对最后成型制件的精度产生影响，因此成型制件的成型精度是快速成型技术在工业产品应用中的关键问题之一，也是快速成型技术研究的重点

之一。

思考题

1. 简述光固化成型材料的特点以及选用的原因。
2. 选择性激光烧结材料的性能及特点是什么？
3. 熔融沉积制造快速成型技术对材料的要求是什么？影响材料挤出过程的主要因素有哪些？
4. 浅谈快速成型材料今后的发展方向。

第**8**章

快速成型技术的精度控制技术

8.1 光固化快速成型技术工艺参数的控制

光固化快速成型制件除了受到材料特性的影响外，还取决于成型过程的工艺参数，尤其是对精度的影响。这些参数包括：数据转换和分层处理、机器本身误差、光斑直径大小、加工参数（扫描速度、扫描间距、扫描方式等）设置、后处理等。为了提高光固化快速成型系统的成型精度和速度，保证成型的可靠性，需要结合材料的特性对系统的工艺参数进行整体优化。

8.1.1 数据转换对成型精度的影响

STL 文件的数据格式是采用小三角形来近似逼近三维 CAD 模型的外表面，小三角形数量的多少直接影响着近似逼近的精度。显然，精度要求越高，选取的三角形应该越多。一般三维 CAD 系统在输出 STL 格式文件时都要求输入精度参数，也就是用 STL 格式拟合原 CAD 模型的最大允许误差。这种文件格式可将 CAD 连续的表面离散为三角形面片的集合。当实体模型表面均为平面时，不会产生误差。但对于曲面而言，不管精度如何高，也不能完全表达原表面，这种逼近误差不可避免地存在。如制作一圆柱体，当沿轴线方向成型时，如果逼近精度不高，则明显地看到圆柱体变成棱柱体，如图 8-1 所示。

8.1.2 分层处理对成型精度的影响

（1）分层方向尺寸误差

分层切片是在选定了制件（堆积）方向后，需对 CAD 模型进行一维离散，以获得每一薄层片截面轮廓及实体信息。通过一簇平行平面沿制件方向与 CAD 模型相截，所得到的截面轮廓交线就是薄层的轮廓信息，而实体信息是通过一些判别准测来获得的。平行平面之间的距离就是分层的厚度，也就是成型时堆积的单层厚度。在这一过程中，由于分层破坏了切片方向 CAD 模型表面的连续性，不可避免地丢失了模型的一些信息，导致零件尺寸及形状

图 8-1　圆柱体成型化的形状

误差的产生。

（2）阶梯误差分析

由于快速成型采用分层叠加制造原理，CAD 模型的切片由上下水平面及中间曲面组成，上下水平面的轮廓并不相同；而在成型制造中，却是由上层的层面信息构成的柱体完成一个厚度为 t 的层面制作，用柱面替代任意曲面。如图 8-2 所示，其在加工过程中必然会产生所谓的"阶梯效应"现象。因此，层层堆积产生的阶梯效应是一种原理误差，特别是相对成型方向倾斜的表面，由于"阶梯效应"的存在，曲面精度明显降低，从而造成成型精度误差。

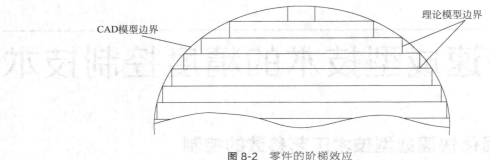

图 8-2　零件的阶梯效应

8.1.3　机器误差对成型精度的影响

机器误差是导致成型精度的原始误差，工作台 Z 向运动误差影响层片叠加过程中的层厚精度，从而导致 Z 方向的尺寸误差；扫描机构在水平面内的运动宏观上表现为成型件的形状、位置误差，微观上则由于层片的"滑移"导致粗糙度增大。机器误差在成型系统的设计及制造过程中应尽量减小，因为它是提高制件精度的硬件基础。

（1）工作台 Z 方向运动误差

工作台 Z 方向运动误差直接影响堆积过程中的层厚精度，最终导致 Z 方向的尺寸误差；而工作台在垂直面内的运动直线度误差宏观上产生制件的形状、位置误差，微观上导致粗糙度增大。

（2）X-Y 方向同步带变形误差

X-Y 扫描系统采用 X-Y 二维运动，由步进电机驱动同步带并带动扫描镜头运动。在定位时，由于同步带的变形，会影响定位的精度，常用的方法是采用位置补偿系数来减小其影响。

（3）X-Y 方向定位误差

在扫描过程中，X-Y 扫描系统通常存在以下问题。

① 系统运动惯性力的影响。对于采用步进电机的开环驱动系统而言，步进电机本身和机械结构都影响扫描系统的动态性能。X-Y 扫描系统在扫描换向阶段，存在一定的惯性，使得扫描头在零件边缘部分超出设计尺寸的范围，导致零件的尺寸有所增加；同时，扫描头在扫描时，始终处于反复加速减速的过程中。因此，在工件边缘，扫描速度低于中间部分，光束对边缘的照射时间要长一些，并且存在扫描方向的变换，扫描系统惯性力大，加减速过程慢，致使边缘处树脂固化程度较高。

② 扫描机构振动的影响。在成型过程中，扫描机构对零件的分层截面作往复填充扫描，如图 8-3 所示。扫描头在步进电机的驱动下本身具有一个固有频率。由于各种长度的扫描线都可能存在，所以在一定范围内的各种频率都有可能发生。当发生谐振时，振动增大，成型零件将产生较大误差。

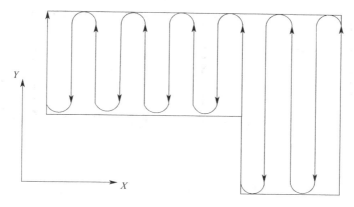

图 8-3　分层截面的往复填充扫描

8.1.4　光斑直径大小对成型精度的影响

光斑直径是指在树脂液面上聚焦光斑的大小，它的大小决定了可制作零件的精细程度。在光固化过程中，由于成型用的光点是一个具有一定直径的光斑，因此实际得到的零件是光斑运行路径上一系列固化点的包络线形状，如图 8-4 所示。

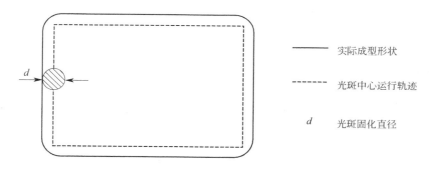

实际成型形状

光斑中心运行轨迹

d　光斑固化直径

图 8-4　光斑直径对制件的影响

图 8-4 中虚线部分为光斑的运动轨迹，在成型过程中光斑中心沿虚线运动，实线部分为实际成型零件，它是由固化点的包络线形成的。在零件的拐角处零件形状钝化，形成圆角，零件的轮廓形状变差。

从图 8-5 可以看出，如果不采用光斑补偿，制件的实际尺寸要比设计尺寸大一个光斑直径的尺寸。为了消除此误差，在实际的成型过程中采用光斑补偿，使光斑扫描路径向实体的内部缩进一个光斑半径。

在固化成型过程中，激光照射是成型的重要手段和能量来源。但在实际成型过程中，光斑并非为没有大小的一个光点，若将其视为一个没有大小的光点将影响成型精度，通常成型过程中采用光斑补偿的办法来弥补由光斑大小引起的成型误差。如图 8-5（a）所示，在成型中成型工件的理论边界为光斑的中心，工件完成后成型尺寸与理论尺寸存在光斑直径的差距；如图 8-5（b）所示，工件完成后成型尺寸与理论尺寸一致，成型误差较小。

8.1.5　加工参数对成型精度的影响

SLA 系统采用的扫描方式多种多样，如图 8-6 所示。

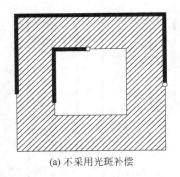 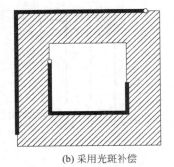

(a) 不采用光斑补偿   (b) 采用光斑补偿

图 8-5   不采用光斑补偿和采用光斑补偿

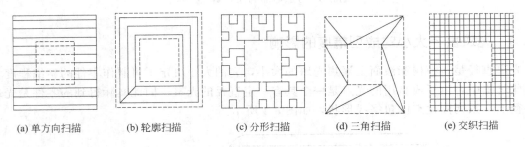

(a) 单方向扫描   (b) 轮廓扫描   (c) 分形扫描   (d) 三角扫描   (e) 交织扫描

图 8-6   多种固化扫描方式

多种固化扫描方式比较见表 8-1。

表 8-1   多种固化扫描方式比较

固化扫描方式	优点	缺点	零件变形程度
单方向扫描	数据处理简单、可靠	空行程多,成型时间长	零件变形大
轮廓扫描	空行程少	算法复杂,成型时间较长	零件变形较小
分形扫描	空行程少	控制复杂,零件精度不高	零件变形较小
三角扫描	算法简单	数据处理量大	零件变形小
交织扫描	算法简单	成型时间长,数据处理大	零件变形较小

成型加工时,扫描方式的选择视具体的成型要求及零件结构由控制软件自动设置,必要时由人工设置。各扫描方式可相互组合,也可单独实施。扫描固化深度由激光功率、扫描速度和扫描宽度决定;分层厚度的选择设定依据扫描固化深度,分层厚度一定要小于扫描固化深度;扫描间距和扫描速度设置要适量,搭配不合理的扫描间距和扫描速度容易出现应力集中或二次固化而出现变形。

8.1.6   后处理对成型精度的影响

从成型机上取出已成型的工件后,需要去除支撑结构,有的还需要进行后固化、修补、打磨、抛光和表面处理等,这些工序统称为后处理。这类误差可分为以下几种。

① 工件成型完成后,去除支撑时,可能会对表面质量产生影响,所以支撑设计时要合理,不多不少,一般支撑间距为 6mm。如果大于 6mm 将不能很好地起到支撑作用,底面会发生变形;如果小于 6mm 则比较浪费树脂。支撑设计与成型方向的选取有关,在选取成型方向时,要综合考虑添加支撑要少,并便于去除等。

② 由于温度、湿度等环境状况的变化,工件可能会继续变形并导致误差,并且由于成型

工艺或工件本身结构工艺性等方面的原因，成型后的工件内或多或少地存在残余应力。这种残余应力会由于时效的作用而全部或部分消失，这也会导致误差。因此，设法减小成型过程中的残余应力将有利于提高零件的成型精度。

③ 制件的表面好坏和机械强度等方面还不能完全满足最终产品的要求。例如，制件表面不光滑，其曲面会存在因分层制造引起的小台阶、小缺陷，制件的薄壁和某些小特征结构可能会强度不足、尺寸不够精确、表面硬度或色彩不够令人满意。采用修补、打磨、抛光是为了提高表面质量，表面涂敷则是为了改变制品表面颜色以提高其强度和其他性能。但是，在此过程中若处理不当则会影响原型的尺寸及形状精度，同时会产生后处理误差。

8.2　三维打印快速成型工艺参数的控制

三维打印快速成型制件除了受到材料特性的影响外，还取决于成型过程的工艺参数。这些参数包括：喷头到粉末层的距离；每层粉末的厚度；喷射和扫描速度；辊子运动参数；每层成型时间等。为了提高三维打印快速成型系统的成型精度和速度，保证成型的可靠性，需要结合材料的特性对系统的工艺参数进行整体优化。

（1）喷头到粉末层的距离

微压电按照需要落下喷射模式的喷头直径很小，约为 $40\mu m$。其喷射的液滴值为 $20\sim50\mu m$，液滴的喷射速度约为 $10m/s$。为了保持成型的精度和可靠性，需要选择合适的喷头直至粉末层的距离。该距离太远会导致液滴发散，不能准确到达粉末层上，影响成型精度；反之，粉末在液滴的冲击作用下容易溅射到喷嘴上，或由于铺粉辊子的运动使部分粉末扬起，落到喷头上，造成微小喷嘴的堵塞，导致成型失败，影响喷头的寿命。

（2）每层粉末的厚度

每层粉末的厚度等于工作平面下降一层的高度，即层厚。当要求有较高的表面精度或较高的制件强度时，层厚应取较小值。在三维打印快速成型中，黏结溶液与粉末孔隙体积之比，即饱和度对成型制件的性能影响很大。饱和度的增加在一定范围内可以明显提高制件的密度和强度。但是，饱和度过大容易导致变形量的增加，使层面翘曲变形，甚至无法成型。除了与喷射模式有关外，饱和度与层厚成反比，层厚越小，饱和度越大，层与层的粘接强度越高。但是，会导致成型的总时间成倍增加，还有可能产生变形和翘曲。单层打印效果如图 8-7 所示。

图 8-7　单层打印效果

（3）喷射和扫描速度

SLA、FDM、SLS 和三维打印快速成型等成型扫描的目的是使截面轮廓内部成型，主要有交叉扫描、单轴扫描、单方向扫描、边界填充扫描等，如图 8-8 所示。单轴或单方向扫描模式是一种常用的扫描填充方式，运动速度快，因为只沿单轴运动，不需要两轴联动，控制器不作插补运算。但是，对于 SLS、SLA 和 FDM 等采用单点激光/热喷头的快速成型方式来说，由于扫描方向单一，扫描开始和停止导致的启停误差可能导致制件内部微观组织形态产生各向异性，甚至在扫描启停点造成材料的结瘤现象，从而影响制件的精度和宏观力学性能。

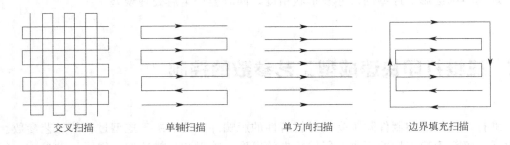

图 8-8　几种典型的扫描模式

三维打印快速成型通常采用多喷嘴结构，喷嘴在无堵塞的工作状态下可于 $80\sim200\mu s$ 内形成液滴，具有很高的快速响应能力，不会由成型头扫描启停点而产生材料的结瘤现象。此外，液滴黏结粉末无明显热量产生，不必考虑因热传递不均匀而使制件产生内应力的问题，因此可采用单方向扫描模式。这种扫描模式既能够提高成型速度，简化结构，又不会导致制件各异性的缺点。

在成型过程中，喷头的喷射模式和扫描速度直接影响成型的精度。不同喷射轨迹和扫描速度的成型效果如图 8-9 所示。

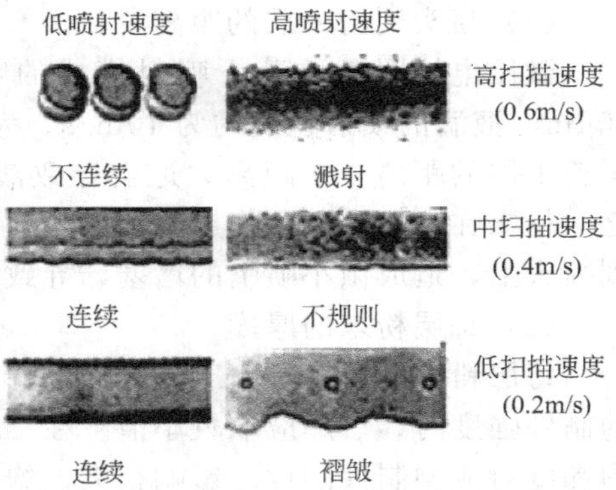

低的喷射速度和扫描速度对成型精度的提高是以成型时间的增加为代价的，需要综合考虑三维打印快速成型工艺参数的选择。

图 8-9　不同喷射轨迹和扫描速度的成型效果

（4）辊子运动参数

铺粉过程直接影响着成型过程。在本系统中，粉末的供给是采用铺粉的方式，即通过辊子的平动将粉末从粉缸刮送至成型缸，将粉末均匀撒在工作平面上，每层铺撒的粉末量应大于相应层高所需的粉末量，然后辊子以一定的转动速度和平动速度铺平和压实松散粉末，如图 8-10 所示。

粉末在辊子的作用下，粉末体内的拱桥效应遭到破坏，粉末颗粒彼此填充孔隙，重新排列位置。粉末的运动过程分为 3 个区域：松散粉末区，粉末在推力和重力的作用下自由流动；密度增大区，粉末受到辊子的摩擦挤压作用而成为密度相对较高的局部区域；已铺平区，粉末在辊子的作用下由松散流动的状态成为一定密度的成型粉末层。松散粉末在受到辊子的推动时，粉末层受到剪切作用而相对滑动：一部分粉末在辊子推动下继续向前运动；另一部分粉末则通过辊子圆柱的底部受到压缩变为密度较高的粉末层。

为了使松散的粉末被压实，辊子除了平动外，还有绕其自身轴线的转动。转动有两种方式，即顺转和逆转。顺转时，辊子从松散的堆积粉末中切入，从已铺覆好的成型粉末层切出；逆转时，辊子从已铺覆好的粉末层切入，从堆积粉末中切出，粉末体中的空气受到挤压，从松散的粉末中逸出。

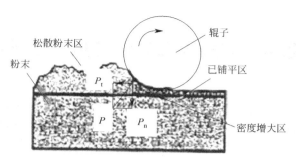

图 8-10　辊子运动分析

辊子顺转时，粉末中的空气在辊子的挤压作用下从已铺覆好的粉末层逸出，造成粉末层的松动。此外，由于辊子与粉末间的摩擦，导致已铺覆好的粉末层向后移动，在粉末层间形成剪切应力，使粉末体积发生变化。因此，粉末铺平运动大都采用辊子逆转的方式。为了得到均匀、无缺陷且具有较高密度的粉末层，辊子运动有以下要求。

① 较大的辊子半径 R 和光滑的辊子表面有利于提高粉末层密度。此外，辊子表面还要求耐磨损、耐腐蚀和防锈蚀。

② 采用辊子逆转的形式。

③ 提高辊子平动速度可以缩短铺粉时间，提高生产率，但过快的平动速度会使变形区的粉末被迅速压缩，粉末颗粒间的空气来不及全部从松散粉末区排出，而从已铺覆好的粉末层中排出，造成粉末层平整度和致密度的破坏。此外，过快的逸出气流阻碍了自由区粉末的流入，可能造成供粉不足，使粉末层的密度下降。

④ 辊子的半径 R、平动速度 v、转动角速度 ω 的大小及方向是辊子表面某一点运动轨迹方程函数的参变量，它们对粉末层的密度及平整度有至关重要的影响，其组合优化需要根据理论分析进一步由试验来确定。

（5）每层成型时间

三维打印快速成型一层截面的过程为：均匀铺撒粉末；辊子压平粉末；喷射扫描成型；系统返回初始位置；Z 轴下降一层。每层成型时间是上述各个动作所需时间之和。每层成型时间的增加会导致总成型时间成倍增加，喷头因较长时间停滞而造成局部堵塞，还容易导致成型截面的翘曲变形，并随着辊子的运动而产生移动，造成 Y 方向尺寸变化，影响成型精度。因此，必须有效地控制每层成型的时间。

由于提高喷射扫描速度会影响成型的精度，且喷射扫描时间只占每层成型时间的 1/3 左右，而均匀铺撒粉末和辊子压平粉末时间约占每层成型时间的 1/2，要想缩短每层成型时间必须提高粉末铺覆的速度。过高的辊子平动速度不利于产生平整的粉末层面，而且会使有微小翘曲的截面整体移动，导致错层等缺陷，甚至使已成型的截面层整体破坏。因此，通过提高辊子的移动速度来减少粉末铺覆时间会存在很大的限制。综合上述因素，每层成型速度的提高需要较大的加速度并能有效地提高均匀铺撒粉末、系统回初始位置等辅助运动的速度。目前本系统每层成型时间为 30～60s，相比其他快速成型的方式要快很多。

（6）其他工艺参数

其他工艺参数还包括环境温度、清洁喷头间隔时间、补粉时间间隔等。环境温度对液滴喷射和粉末的粘接固化都会产生影响。温度的降低会延长固化时间，导致变形增加，一般环境温度控制在 10～40℃ 是较为适宜的。清洁喷头间隔时间应根据粉末性能而有所区别，一般每喷射 50 层后需要清洁一次，以减少喷头堵塞的可能性。补粉时间间隔可根据供粉缸的容积和粉末铺覆的速率来确定。

8.3　选择性激光烧结技术工艺参数的控制

影响 SLS 工艺成型质量的因素较多，如图 8-11 所示，包括设备性能、材料特性、工艺参数以及烧结气氛等因素。当实验所用的材料和设备等因素确定后，成型工艺参数会直接影响成型件的尺寸精度、力学性能和表面粗糙度，并且改变任一参数时都会影响成型质量。

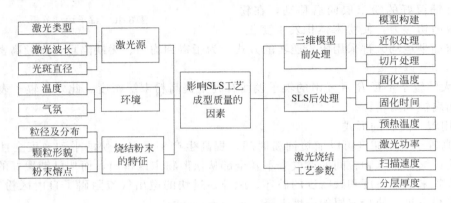

图 8-11　影响 SLS 工艺成型质量的因素

在同一台设备上针对同一成型材料采用不同的成型参数进行粉末烧结实验时，其成型件的性能存在较大的差异。因此，国内外许多学者都将工艺参数的研究作为 SLS 工艺的一项重要工作。工艺参数的选取与设备操作者的实际经验有很大关系。因此，工艺参数也成为国内外学者的研究重点。在前期成型烧结过程中遇见的各类缺陷，也会严重影响成型质量。故本节将重点研究各个工艺参数之间的匹配，从而来改善 SLS 成型质量。在保证大尺寸成型件具有较高尺寸精度的同时，还具有一定的强度。

（1）预热温度

预热是粉末烧结前非常重要的一个环节。缺少预热环节或粉末内部的预热温度过低，都会增加成型烧结的时间，导致 SLS 成型件的性能不佳，甚至还会直接影响整个烧结过程能否顺利进行。烧结前对粉末材料进行合理的预热还可以有效地减小成型烧结过程中成型件内部的热应力，进而防止翘曲和错层的产生，从而达到提高成型精度的目的。

材料的预热温度由材料性能决定。预热温度设置过低时，激光烧结区域和周围未烧结区之间的温度梯度越大，SLS 成型件在加工过程中的翘曲倾向也会越大。预热温度设置过高时，有利于减小成型件的翘曲，但会增加粉末"结块"的倾向。若粉末结块程度比较严重，还会引起粉末床的表面上出现结块裂缝现象，如图 8-12 所示。这严重地影响铺粉辊的往复铺粉，甚至会使烧结过程无法完成。

粉末结块会导致 SLS 成型件后处理时清粉困难；同时，粉末的烧结性能会有所下降，需要重新球磨筛分并加入一定比例的新粉进行混合补偿。因此，通过合理设置预热温度，可以减小成型件的收缩和翘曲变形，提高成型精度和成型效率。对于非晶态聚合物而言，预热温

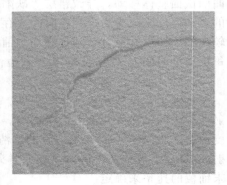

图 8-12　粉末床结块裂缝现象

度一般应稍低于材料的玻璃化转变温度。本实验预热温度设定为 65～95℃。

（2）激光功率

激光功率是 SLS 工艺中最为重要的成型工艺参数之一，应确保实现连续可调。当其他工艺参数不变时，激光功率越大，作用在成型粉末材料表面激光能量密度就越大，可获得较大的烧结深度，收缩也越大；容易造成每一层烧结截面附近的粉末熔融烧结在一起，从而影响 SLS 成型件的尺寸精度。当激光功率较小时，成型粉末会因吸收的激光能量密度较小而熔融不足，每一烧结层会因线间和层间粘接不佳，而难以获得高强度的成型件。

（3）扫描速度

SLS 工艺激光束在粉末床表面的移动扫描速度较快，可一次成型多个大尺寸的零件，因而成型效率较高；同时，扫描速度的大小还会影响激光扫描照射烧结区域成型粉末时间的长短，进而影响成型区域内粉末材料吸收的激光能量多少。当激光功率和扫描间距恒定时，扫描速度选择越高，成型效率就越高。但是，激光与成型粉末之间的作用时间变短，粉末熔融状态变化较小，引起的 SLS 成型件收缩变形就小，因而成型精度也较好。因为粉末吸收的激光能量较低，熔融烧结不够充分，所以成型件强度也较低；扫描速度选择越低，则激光与成型粉末之间的作用时间就变长，成型粉末吸收的激光能量也相对提高。但扫描速度过低时，成型粉末容易产生过烧结，会因热效应致使多余的未烧结粉末粘接在成型件周围，降低尺寸精度，严重时还会导致烧结层表面炭化，影响成型件的成型质量。当激光束的光斑直径一定时，激光功率和扫描速度之间应存在一定的匹配关系，激光能量的合理匹配有助于温度场的均匀分布，同时也可提高成型质量。

（4）扫描间距

扫描间距是指两条相邻的激光束扫描线光斑中心点间的垂直距离，扫描间距的设置与光斑直径大小无关。如果扫描间距选择过大，相邻的两条激光束扫描线的重叠区域就越小，导致"搭接率"较低，扫描线间存在部分粉末未被烧结，易造成 SLS 成型件的线间连接强度不高甚至无法成型；随着扫描间距的减小，两条相邻的激光束扫描线之间会出现一个重叠的区域，激光束扫描线的能量分布较为均匀，可近似看成为线性叠加，所获得 SLS 成型件的性能也基本一致。随着扫描间距的进一步减小，相邻的两条激光束扫描线之间会出现更多的重叠部分。该区域内的粉末会多次重复烧结，容易产生热分解和炭化现象，进而导致成型件的表面凹凸不平整。

（5）分层厚度

分层厚度的大小会影响 SLS 成型件的成型效率和成型精度。从理论上分析，三维 CAD 模型的分层厚度越小，烧结件 Z 向堆积的精度就越高，表面粗糙度也越小。但这会使部分已烧结过的粉末重复烧结，SLS 成型件表面易产生过烧现象，引起翘曲变形和制件的移动；同时，成型件的加工时间也越长，降低其生产效率。分层厚度过大，可以提高成型效率，缩短烧结时间，但是"阶梯效应"较严重，如图 8-13 所示。

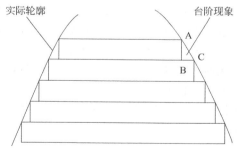

图 8-13　阶梯效应示意图

分层厚度选择时要综合考虑粉末粒径、材料的热学性能与烧结的工艺参数。为了保证良好的铺粉性能，分层厚度应为粉末平均粒径的 2 倍以上。

（6）扫描方式

扫描路径是指激光束点光源在粉末床表面上根据零件轮廓截面信息按照逐点逐线的方式进行扫描烧结时所移动的路径。扫描方式选择的合适与否对于 SLS 工艺成型区域温度场的分布和成型效率有着直接的影响，通过选择合适的扫描方式来控制 SLS 成型件翘曲变形是一个简单可行的方法。SLS 成型系统提供了多种扫描方式，如 X 向扫描、Y 向扫描、X-Y 向交替扫描以及（外）螺旋线扫描等，如图 8-14 所示。

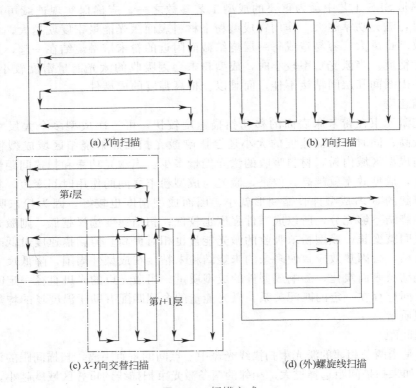

(a) X向扫描 (b) Y向扫描

第i层

第i+1层

(c) X-Y向交替扫描 (d) (外)螺旋线扫描

图 8-14 扫描方式

采用 X 向或 Y 向扫描方式时，激光扫描线相互平行且分别平行于 X 轴或 Y 轴。如果 CAD 轮廓截面上存在孔洞特征，相邻的两条激光扫描线之间会存在频繁的"空跳"，造成成型区域上激光能量分布不均匀，这就加大了 SLS 成型件产生翘曲变形的倾向，从而降低其成型精度。

X-Y 向交替扫描方式是将 X 向扫描和 Y 向扫描结合起来的一种综合扫描方式，且第 $i+1$ 层截面扫描方向与第 i 层相比旋转 90°，这样既能保证扫描效率又能使每一烧结层内的体积收缩和热应力均匀分散在两个不同方向上，从而更好地改善成型件的成型质量。（外）螺旋线扫描方式是指按照螺旋的方式完成每一截面轮廓的扫描，此过程中相邻扫描线之间相互平行。根据激光束点光源起始扫描位置的不同，可分为由轮廓边界向截面中心的内循环和由截面中心逐步向轮廓边界的外循环两种方式。与内循环螺旋线扫描方式相比，外循环螺旋线扫描方式是先对截面中心区域进行扫描，随后按照螺旋的方式由内向外逐步完成扫描烧结，如图 8-14（d）所示，这样有助于温度场均匀分布，进而降低轮廓边界的翘曲变形的可能性。由于该扫描方式在扫描过程中扫描线的方向经常发生变化导致成型效率较低，因此不适于截面尺寸较大零件的成型加工。

8.4 数控渐进成型工艺参数的控制

渐进成型技术是一种综合多学科领域的新型先进板料成型技术，它涵盖了计算机技术、数控技术、快速成型技术和塑性成型技术等。在渐进成型加工过程中，需要考虑多种因素对制件成型质量的影响。其中，主要因素有成型工具头（尺寸 r、形状）、轴向进给量（h）、工具头进给速度（v）、成型半锥角（a）、成型温度、摩擦与润滑等；而且每个加工参数对渐进成型加工质量的影响不一样，因此本节将会对每个加工参数的影响规律进行具体介绍。

（1）成型工具头的影响

对于成型工具头对渐进成型质量的影响主要有两个方面，即工具头的尺寸和工具头的形状。一般可用于渐进成型加工的金属工具头形状有半球体、大半球冠和平头带圆角三种。一般而言，在尺寸相同的前提下，各形状工具头的成型性能依次是半球体优于平头带圆角，最差的是大半球冠。

工具头的尺寸是渐进成型加工的重要影响因素。在加工过程中，工具头尺寸越大，加工效率越高，加工时间越少，可以提高渐进成型的加工效率；同时，选择尺寸较大的工具头进行加工，可以增加工具头与板料的接触面积，减小板料单位面积的受力，可避免出现应力集中的现象，而且随着工具头尺寸增大，加工过程中相邻加工轨迹的重叠面积增加，可以大幅度提高制件的表面质量。但是，太大的工具头尺寸无法加工某些局部小区域，这时需要选择小尺寸工具头。因此，对于形状复杂的制件，首先选择尺寸较大的工具头进行加工，以提高效率，并且可以提高制件成型质量，对于局部小部位可以单独选用小尺寸工具头进行加工。但是，如果工具头半径太小，会在加工过程中产生应力集中，对板料产生切削现象，大幅度降低板料表面质量，同时会导致板料减薄甚至破裂。根据经验，运用渐进成型加工制件时，一般选择的工具头半径尺寸约为 5 倍板厚。

（2）轴向进给量 h 的影响

在渐进成型技术中，轴向进给量 h 是指生成工具头轨迹时，工具头在相邻轨迹垂直方向的差值，又称为 Z 轴进给量，如图 8-15 所示。轴向进给量 h 是一项重要的成型工艺参数，它的大小对成型制件的尺寸精度、表面质量以及板料减薄等都有很大影响，具体影响规律如下所示。

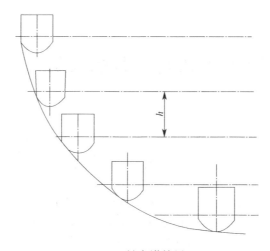

图 8-15 轴向进给量 h

① 在渐进成型加工过程中，选择更大的轴向进给量，则工具头对板料的作用力越大，板料更容易出现应力集中，而对板料产生切削现象，从而大幅度降低板料表面质量；同时，会导致板料减薄甚至破裂。

② 轴向进给量越大，工具头在板料表面的加工轨迹深度越深，工具头与板料之间的摩擦

越大，降低制件表面质量。

③ 轴向进给量越大越可以提高制件加工效率，减少加工时间。

④ 随着轴向进给量增大，两层轨迹之间的重叠面积减小，使得材料塑性变形小，零件容易发生回弹，导致零件尺寸精度减小。因此，对于轴向进给量的选取需考虑材料性能以及零件大小等多个因素，一般取 0.3～1.5mm。

（3）成型半锥角 α 的影响

一般情况下，单道次成型零件，其成型半锥角是一定的，并且成型角小于板料成型极限角时，就可以加工出质量合格的零件。其中，渐进成型加工制件壁厚与半锥角之间满足以下关系，即正弦定律：

$$t = t_0 \sin\alpha$$

式中，t 为变形之后板料厚度，mm；t_0 为变形之前板料厚度，mm；α 为成型角，（°）。根据正弦定理，如果加工制件成型角大于板料最大成型极限角，就需要用多道次渐进成型技术进行加工。对于多道次渐进成型，各道次成型角大小的设定不易过大，否则会导致变形量过大，造成板料减薄严重甚至出现破裂现象。

（4）工具头进给速度 v 的影响

工具头的进给速度 v 是影响渐进成型加工效率的主要影响因素。对于形状复杂的大制件，一般选用较大的进给速度，可以大幅度提高加工效率。对于局部小部位或者小制件，应该选用小的进给速度，同时进给速度的选择还需要考虑渐进成型机主轴的承受能力，否则会导致机床的损坏。根据经验，渐进成型加工一般制件进给速度通常设定为 1500～2500mm/min。

（5）摩擦与润滑

渐进成型加工制件主要是通过工具头在板料表面运动，因此两者之间的摩擦必然对成型质量有很大影响。其中最主要是对制件表面质量的影响。为了减小两者之间的摩擦，需要运用润滑剂。常用润滑剂有蜡、机油以及蜡与机油的混合物和肥皂与机油的混合物，其中选用的润滑剂为易获得的机油，它具有安全和易去除的优点。

8.5　熔融沉积制造技术工艺参数的控制

（1）材料性能及影响因素

FDM 材料的性能将直接影响模型的成型过程及成型精度。FDM 材料在加工工艺过程中要经历固体—熔体—固体的两次相变过程。因此，在冷却成固体的过程中材料会发生收缩，产生应力变形，这将直接影响成型制件的精度。如 ABS 丝束在 FDM 的工艺过程中，主要产生两种收缩，即热收缩、分子取向的收缩。热收缩即材料因固有的热膨胀率而产生的体积收缩，它是 ABS 丝束产生收缩的最主要原因。在成型过程中，熔融状态下的 ABS 丝束在纵向上被拉长，又在冷却中产生收缩，而分子的取向作用会使 ABS 丝纵向的收缩率大于横向的收缩率。

为了提高模型制件的成型精度，应减小 FDM 丝束的收缩率，目前有关单位正在研究通过改进材料的配方来实现较小的收缩率。在当前的数据处理软件中，可以采用在设计时就考虑收缩量，提前进行尺寸的补偿，即在 X、Y、Z 三个方向使用"收缩补偿因子"的方法，针对不同的零件形状、结构特征，根据经验值来设定不同的"收缩补偿因子"。通过这种方法设计出的零件的实际尺寸稍大于 CAD 模型的尺寸。随后当其冷却成型时，模型制件的尺寸就会按照预定的收缩量收缩到 CAD 模型的实际尺寸。

（2）喷头温度的恰当设定及影响因素

喷头温度决定了 FDM 材料的丝材流量、挤出丝宽度、粘接性能及堆积性能等。若喷头温度太低，材料黏度就会加大，丝束的挤出速度变慢，丝束流动太慢有时还会造成喷嘴堵塞；同时，丝束的层与层之间的粘接强度也会相应降低，有时甚至还会引起层与层之间的相互剥离。

此外，若喷头温度太高，材料趋于液态，黏性系数变小，流动性增强，可能会造成挤出速度过快，无法形成可精确控制的丝束。在加工制作时，可能会出现前一层的材料还未冷却成型时，后一层就铺覆在前一层的上面，使得前一层材料可能会出现坍塌现象。因此，喷头温度的设定非常重要，应根据每种丝束的性质在一定范围内进行恰当选择，保证挤出的丝束呈正常的熔融流动状态。

（3）挤出速度的合理选择与影响因素

挤出速度是指喷头内熔融状态的丝束从喷嘴挤出时的速度，在单位时间内挤出的丝束体积与挤出速度成正比。若挤出速度增大，挤出丝的截面宽度就会逐渐增加。当挤出速度增大到一定值时，挤出的丝束黏附于喷嘴外圆锥面，形成"挤出涨大"现象，在此情况下就不能进行正常的 FDM 快速成型工艺的加工。

（4）分层厚度的合理选择

分层厚度是指在模型成型过程中每一层切片截面的厚度，由此也造成了模型成型后的实体表面会出现台阶现象，这将直接影响成型后模型的尺寸误差、表面粗糙度。对于 FDM 快速成型工艺，由于分层厚度的存在，就不可避免出现台阶现象。在通常情况下，分层厚度的数值越小，模型表面产生的台阶的高度就越小，表面质量就越高，但所需的分层处理和成型时间就会相应延长，从而降低了加工效率。反之，分层厚度的数值越大，模型表面产生的台阶的高度也就越大，表面质量就会越差，但加工效率相对较高。此外，为了提高模型制件的成型精度，可在模型制件加工完毕后，进行一些后处理工序，如打磨、抛光等后处理。

（5）扫描方式的合理选择

FDM 成型方法中的扫描方式有多种，如回转扫描、偏置扫描、螺旋扫描等。回转扫描指的是按 X、Y 轴方向进行扫描与回转。回转扫描的特点是路径生成简单，但轮廓精度较差。偏置扫描指的是按模型的轮廓形状逐层向内偏置进行扫描，偏置扫描的特点是成型的轮廓尺寸精度容易保证。螺旋扫描指的是扫描路径从模型的几何中心向外依次扩展。

在通常情况下，可以采用复合扫描方式，即模型的外部轮廓用偏置扫描，模型的内部区域填充用回转扫描，这样既可以提高表面精度，又可以简化整个扫描过程，也可以提高扫描的效率。

思考题

1. STL 格式对成型精度有哪些影响？
2. 三维打印中的扫描模式对制件的精度和宏观力学性能有哪些影响？
3. 总结与归纳选择性激光烧结技术精度控制方法。
4. 描述数控渐进成型加工参数的影响规律。
5. 介绍丝材流量、挤出丝宽度在熔融沉积技术中的选择情况。

第**9**章

快速成型工艺中的数据处理

由前面章节介绍可知，快速成型技术采用材料逐层增加的工艺方法，即经由 RP 设备加工制作的三维实体模型是由一层层材料逐层堆积叠加形成的。因此，在快速成型制造之前，首先应从 CAD 系统、逆向工程、CT 等获得几何数据，用快速成型分层软件能接受的数据格式进行保存；然后对三维数据模型进行二维处理，包括对三维数据模型的工艺处理、STL 等文件的处理、层片文件的处理等，即把复杂的三维数据信息转变成为一系列二维的层面信息；再根据 RP 设备能够接受的数据格式输出到相应的快速成型系统。快速成型系统再根据二维的层片信息，逐层进行堆积叠加，最终形成三维实体产品或模型。快速成型技术的数据处理流程如图 9-1 所示。

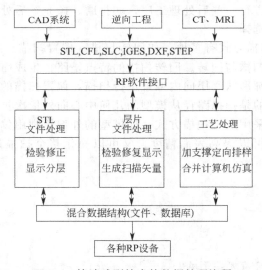

图 9-1　快速成型技术的数据处理流程

9.1　CAD 三维模型

RP 快速成型技术的数据来源主要有以下两大类。

（1）三维 CAD 数据

这是最重要、应用最广泛的数据来源。由三维实体造型软件（Pro/E、SolidWorks、AutoCAD 等）生成产品的三维 CAD 数据模型，然后对数据模型直接分层得到精确的截面轮廓。最常用的方法是将三维 CAD 数据模型转换为三角网格形式的数据资料，然后对其进行分层，从而得到 RP 系统专用加工路径。

（2）逆向工程数据

此类数据的来源主要是借助逆向工程相关软件，借助逆向工程测量设备（如三维扫描仪）对已有零件进行三维实体扫描，从而获得实体的点云数据资料。再对这些点云数据资料进行相关处理：对数据点进行三角网格化生成 STL 文件，再进行分层数据处理或对三维点云数据点直接进行分层处理。图 9-2 所示为当前快速成型系统采用的主要数据接口格式。从图 9-2 中可以看出，目前快速成型系统常用的数据接口格式有以下两种：一种基于几何模型的数据接口格式，例如 STL、IGES、STEP 等类型，可以从外界（如 RE、CAD 系统等）直接接收；另一种是基于快速成型系统切片的数据接口格式，例如 CLI、HP/QL、CT 等数据格式。由于快速成型系统的零件成型方式是采用分层叠加制造，因此以几何模型作为接口格式时，快速成型系统在成型前须对零件的几何模型进行切片处理，将其转化成为片层类的数据格式，以便供给快速成型系统生成 NC 代码。其中，STL 文件格式结构较为简单，并且易于实现，因而已成为目前快速成型系统普遍采用的接口格式。

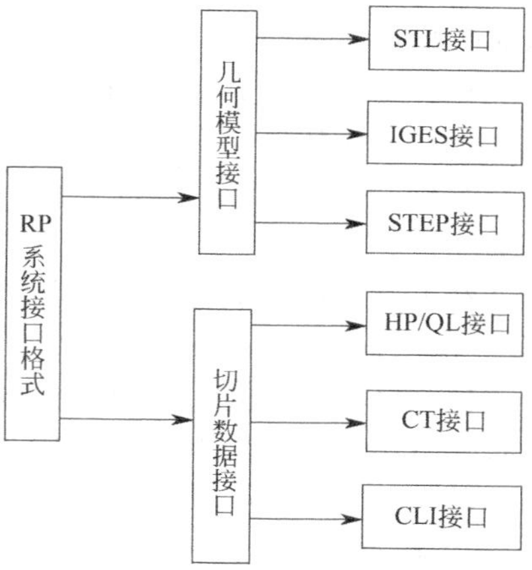

RP 系统除了采用图 9-2 中描述的主要数据接口格式外，常用的数据格式还有以下几种：DXF、LMI、SLC、HPGL 等。以下详细介绍 RP 技术系统中几种常用格式的数据预处理方法。

图 9-2　快速成型系统采用的主要数据接口格式

9.1.1　IGES 标准

IGES（initial graphics exchange specification，初始图形交换规范）是在美国国家标准局的倡导下，由美国国家标准协会（ANSI）于 1980 年公布的国际上最早的标准，是 CAD/CAE/CAM 系统之间图形信息交换的一种规范。它由一系列产品的几何、绘图、结构和其他信息组成，可以处理 CAD/CAE/CAM 系统中的大部分几何信息。目前几乎所有的 CAD/CAE/CAM 系统均配有 IGES 接口。我国针对 IGES 颁布的更新标准为 GB/T 14213—2008。

IGES1.0 版本偏重于几何图形信息的描述；IGES2.0 版本扩大了几何实体范围，并增加了有限元模型数据的交换；1987 年公布的第三版本，能处理更多的制造用的非几何图形信息；1989 年公布的第四版本，增加了实体造型的 CSG 表示；1990 年公布的第五版本，又增加了实体造型的 B-rep 表示，每一版本的功能都有所加强，压缩了数据格式、扩充了元素范围、扩大了宏指令功能、完善了使用说明等，可以支持产品造型中的边界表示和结构的实体几何表示，并在国际上绝大多数商品化 CAD/CAE/CAM 系统中得到采用。

（1）IGES 描述

IGES 采用单元和单元属性描述产品几何模型。单元是基本的信息单位，分为几何、尺寸标注、结构和属性四个单元。IGES 的每一个单元由两部分组成：第一部分称为分类入口或条目目录，具有固定长度；第二部分是参数部分，为自由格式，其长度可变。

几何单元包括点、线、面和各种类型的曲线、曲面、体以及结构相似的实体所组成的集合。尺寸标注单元有字符、箭头线段和边界线等，能标注角度、直径、半径和直线等尺寸。结构单元用来定义每个单元之间的关系和意义。属性单元描述产品定义的属性。

（2）IGES 的文件格式

IGES 的文件格式分为 ASCII 格式和二进制格式。ASCII 格式便于阅读，分为定长和压缩两种形式；二进制格式适用于传送大容量文件。在 ASCII 格式中，数据文件中的数据按顺序储存，每行 80 个字符，称为一个记录。整个文件按功能划分为 5 个部分，记为起始段、全局段、目录段、参数段、结束段。

起始段：存放对该文件的说明信息，格式和格数不限。第 73 列标志符为 "S"。

全局段：提供和整个模型有关的信息，如文件名、生成日期，以及前处理器、后处理器描述所需信息。第 73 列标志符为 "G"。

目录段：记录 IGES 文件中采用的元素目录。每个元素对应一个索引，每个索引记录有关元素类型、参数指针、版本、线型、图层、视图等 20 项内容。第 73 列标志符为 "D"。

参数段：记录每个元素的几何数据，记录内容随元素不同而各异。第 73 列标志符为 "P"。

结束段：标识 IGES 文件的结束，存放该文件中各段的长度。第 73 列标志符为 "T"。

（3）数据交换过程

IGES 实现数据交换过程的原理：通过前处理器把发送系统的"内部产品定义"文件翻译成符合 IGES 规范的"中性格式"文件，再通过后处理器将"中性格式"文件翻译成接收系统的内部文件。前、后处理器一般由下列 4 个模块组成。

① 输入模块：读入由 CAD/CAM 系统生成的产品模型数据或 IGES 产品模型数据。

② 语法检查模块：对读入的模型数据进行语法检查并生成相应的内存表。

③ 转换模块：该模块具有语义识别功能，能将一种模型的数据映射成另一模型。

④ 输出模块：把转换后的模块转换成 IGES 格式文件或另一个 CAD/CAM 系统的产品模型数据文件。

（4）IGES 应用中存在的问题与解决途径

在实际工作中，由 CAD/CAE/CAM 系统的数据格式转换成 IGES 格式时，一般不会产生问题；而由 IGES 格式转换成 CAD/CAE/CAM 系统的数据格式时常会出现问题。下面介绍几种经常发生的问题及解决办法。

① 变换过程中经常会发生错误或数据丢失现象，最差的情况是因一个或几个实体无法转换，使整个图形都无法转换。如仅因一个 B 样条曲线无法转换，导致全部不能转换。这时可通过另一个 CAD/CAE/CAM 系统来进行转换，如欲把某 IGES 文件转换成 CATIA，可先把该 IGES 文件转换成 UGⅡ，再通过 UGⅡ的 IGES 转换器转换成 IGES 格式，然后经 CATIA 的后处理器转换成 CATIA 的数据格式。

② 在转换数据的过程中经常发生某个或某几个小曲面丢失的情况，这时可利用原有曲面边界重新生成曲面；但当子图形丢失太多时，则可通过前述第一种类似方式进行转换。

③ 某些小曲面（face）在转换过程中变成大曲面（surface），此时可对曲面进行裁剪。

（5）IGES 的作用和文件构成

CAD/CAM 技术在工业界的推广应用，使得越来越多的用户需要把有关的数据在不同 CAD/CAM 系统之间交换。IGES 正是为了解决数据在不同的 CAD/CAM 间进行传递的问题，它定义了一套表示 CAD/CAM 系统中常用的几何和非几何数据格式，以及相应的文件结构，用这些格式表示的产品定义数据可以通过多种物理介质进行交换。

如数据要从系统 A 传送到系统 B，必须由系统 A 的 IGES 前处理器把这些传送的数据转换成 IGES 格式, 然后由系统 B 的 IGES 后处理器把实体数据从 IGES 格式转换成该系统内部的数据格式。把系统 B 的数据传送给系统 A 也需相同的过程。

标准的 IGES 文件包括固定长 ASCII、压缩的 ASCII 及二进制三种格式。固定长 ASCII 格式的 IGES 文件每行为 80 个字符, 整个文件分为 5 段。段标识符位于每行的第 73 列, 第 74~80 列指定为用于每行的段的序号。序号都以 1 开始, 且连续不间断, 其值对应于该段的行数。

① 开始段, 代码为 S, 该段是为提供一个可读文件的序言, 主要记录图形文件的最初来源及生成该 IGES 文件的相同名称。IGES 文件至少有一个开始记录。

② 全局参数段, 代码为 G, 主要包含前处理器的描述信息及为处理该文件的后处理器所需要的信息。参数以自由格式输入, 用逗号分隔参数, 用分号结束一个参数。主要参数有文件名、前处理器版本、单位、文件生成日期、作者姓名及单位、IGES 的版本、绘图标准代码等。

③ 目录条目段, 代码为 D, 该段主要为文件提供一个索引, 并含有每个实体的属性信息, 文件中的每个实体都有一个目录条目, 大小一样, 由 8 个字符组成一域, 共 20 个域, 每个条目占用两行。

④ 参数数据段, 代码为 P, 该段主要以自由格式记录与每个实体相连的参数数据, 第一个域总是实体类型号。参数行结束于第 64 列, 第 65 列为空格, 第 66~72 列为含有本参数数据所属实体的目录条目第一行的序号。

⑤ 结束段, 代码为 T, 该段只有一个记录, 并且是文件的最后一行, 它被分成 10 个域, 每域 8 列。第 1~4 域及第 10 域为上述各段所使用的表示段类型的代码及最后的序号（即总行数）。

9.1.2　STEP 标准

产品模型数据交换标准 STEP（standard for the exchange of product model data）, 是由国际标准化组织（ISO）于 1983 年专门成立的技术委员会 TC184 下设的制造语言和数据分委员会 SC4 所提出的。STEP 采用统一的产品数据模型以及统一的数据管理软件来管理产品数据, 各系统间可直接进行信息交换, 它是新一代面向产品数据定义的数据交换和表达标准。它的目标是提供一个不依赖于任何具体系统的中性机制, 规定了产品设计、开发、制造, 甚至于产品生命周期中所包含的诸如产品形状、解析模型、材料、加工方法、组装分解顺序、检测测试等必要的信息定义和数据交换的外部描述。因而 STEP 是基于集成的产品信息模型。

产品数据指的是全面定义一零部件或构件所需要的几何、拓扑、公差、关系、性能和属性等数据。产品信息的交换指的是信息的储存、传输和获得。交换方式的不同会导致数据形式的差异。为满足不同层次用户的需求, STEP 提供了 4 种产品模型数据交换方式, 即文件交换、应用程序界面访问、数据库交换和知识库交换。

产品信息的表示包括零件和装配体的表示、产品数据的中性机制。这个机制的特点是它不仅适合中性文件交换, 而且可以作为实现共享产品数据库、产品数据库存档的基础。STEP 标准中包括以下方面内容。

（1）产品数据描述方法

STEP 的体系结构分为三层。底层是物理层, 给出在计算机上的实现形式; 第二层是逻辑层, 包括集成资源, 是一个完整的产品模型, 从实际应用中抽象出来, 与具体实现无关; 最上层是应用层, 包括应用协议及对立的抽象测试集, 给出在计算机上的具体实现形式。

集成资源和应用协议中的产品数据描述要求使用形式化的数据规范语言以保证描述的一致性。形式化语言即具有可读性, 使人们能够理解其中的含义, 又能被计算机理解。EXPRESS

就是符合上述要求的数据规范语言，它能完整地描述产品数据上的数据和约束。EXPRESS 用数据元素、关系、约束、规则和函数来定义资源构件，对资源构件进行分类，建立层次结构。资源构件可以通过 EXPRESS 的解释功能，对原有构件进行修改，增加约束、关系或属性，以满足应用协议的开发要求。有关 EXPRESS 语言的详细内容见 ISO 10303-11 EXPRESS 语言参考手册。

数据模型可以用图示化表达来进一步说明标准数据定义。STEP 中用到的图示化表示方式有 EXPRESS-G、IDEF、IDEF1X 和 NIAM。

（2）集成资源

集成资源提供 STEP 中每个信息元素的唯一表达。集成资源通过解释来满足应用领域的信息要求。集成资源分为两类：一般资源，此类与应用无关；应用资源，此类针对特定的应用范围。

STEP 中介绍的一般资源的内容有：产品描述基础和支持，几何和拓扑表示，表达结构，产品结构配置，视觉展现。

产品描述基础和支持包括：①一般产品描述资源，提供 STEP 集成资源的一种整体结构，如产品构造定义、产品特性定义和产品特性表达；②一般管理资源，它所描述的信息用以管理和控制集成产品描述资源涉及的信息；③支持资源，它是 STEP 集成资源的底层资源，例如一些国际标准计量单位的描述。

几何和拓扑表示：用于产品外形的显示表达，包括几何部分（参数化曲线曲面的定义及与此相关的定义）、拓扑部分（涉及物体之间的关系）；几何形体模型提供物体的一个完整外形表达（包括 CSG 和 B-rep）。

表达结构：描述了几何表达的结构和控制关系；利用这些结构可以区别什么是几何相关，什么不是几何相关，包括表达模式（定义了表达的整体结构）、扫描面实体表达模式（定义了区别扫描面实体中不同元素的一种机制）。

产品结构配置：支持管理产品结构和管理这些结构的配置所需的信息。应根据修改过程的需求以及产品开发生命周期的不同阶段，保存多个设计版本和材料单，产品结构配置模型主要围绕产品生命周期中产品详细设计接近完成的阶段。

视觉展现：可以是工程图纸，也可以是屏幕上显示的图纸。它是一个从产品模型产生图形的拓扑信息模型，当产品的展现数据从一个系统传到另一个系统时，它又是一个从产品模型产生图形的拓扑变成图形。这部分内容与绘图、图形标准、文本等有紧密关系。

STEP 中介绍的应用资源包括有关绘图、船舶结构系统、有限元分析等。

关于集成资源标准的详细内容见 ISO 10303-41、ISO 10303-48、ISO 10303-101、ISO 10303-105。

（3）STEP 标准层次概念

整个 STEP 系统分为三个层次：应用层、逻辑层和物理层，其关系如图 9-3 所示。

最上层是应用层，包括应用协议及对象的抽象测试集，这是面向具体应用的一个层次。第二层是逻辑层，包括集成通用资源和集成应用资源及由这些资源建造的一个完整的产品信息模型。它从实际应用中抽象出来，并与具体实现无关。它总结了不同应用领域中的信息相似性，使 STEP 标准的不同应用间具有可重用性，达到最小化的数据冗余。最低层是物理层，包括实现方法，用于实际应用标准的软件的开发，给出具体在计算机上的实现形式。

三层中所对应的标准由三个不同的委员会负责制定。每一层采用了不同的信息建模工具，应用层采用了 IDEF0，IDEF1X，NIAM，EXPRESS；逻辑层则采用了 EXPRESS。

EXPRESS 是一种面向对象的非编程语言，用于信息建模，既能为人所理解，又能被计算机处理（通过 EXPRESS 编译程序）。EXPRESS 主要用来描述应用协议或集成资源中的产品

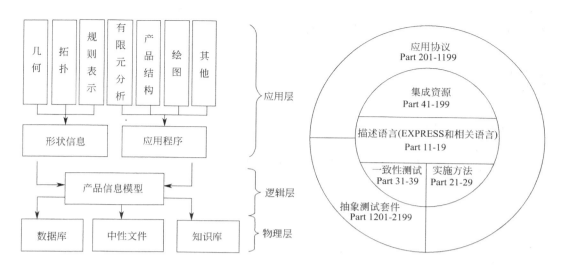

图 9-3 STEP 的标准组成结构（左）与层次组织结构（右）

数据，使描述规范化，它是 STEP 中数据模型的形式化描述工具。EXPRESS 语言采用模式（schema）作为描述数据模型的基础。标准中每个应用协议、每种资源构件都由若干个模式组成。

每个模式内包含类型（type）说明、实体（entity）定义、规则（rule）、函数（function）和过程（procedure）。实体是重点，实体由数据（data）和行为（behavior）定义。数据说明实体的性质，行为表示约束与操作。

作为一种形式化描述语言，EXPRESS 吸收了 Ada，C，C++，Modula-2，Pascal，PL/1，SQL 多种语言的功能，有强大的描述信息模型的能力，但又不同于编程语言，不具有输入与输出语句。简述如下。

① 丰富的数据类型。EXPRESS 规定了丰富的数据类型，常见的有如下类型。

·简单数据类型。包括 NUMBER，REAL，INTEGER，STRING，BOOLEAN，LOGICAL，BINARY。

·聚合数据类型。有数组（ARRAY）、表（LIST）、集合（SET）和包（BAG）。

·命名数据类型。由用户定义，包括实体（ENTITY）和类型（TYPE）。

·构造数据类型。包括枚举（ENUMERATION）和选择（SELECT）。

② 模式中的各种说明。模式（schema）是 EXPRESS 描述对象的主体，即概念模式。所以，首先应进行模式说明，然后在模式中再通过各种说明来进行描述。这些说明包括类型说明、实体说明、常数说明、函数说明、过程说明、规则说明，这些说明是相互并列的，其中重要的是对实体的说明。

一个实体说明的结构如下：

ENTITY 实体标识符；

［子类，超类说明］；

［显式属性］；

［导出属性］；

［逆向属性］；

［唯一性规则］；

［值域约束］；

END-ENTITY;

【例1】定义圆为实体，使用了导出属性。

ENTITY circle;

center：point;

radius：REAL;

DERIVE

area：REAL：=PI * radius * * 2;

END-ENTITY;

【例2】定义单位向量为实体，使用值域约束，即单位向量长度必须为1。

ENTITY Unit-vector;

a，b，e：REAL;

WHERE

length：a * * 2+b * * 2+c * * 2=1.0;

END-ENTITY;

【例3】定义实体A2及它的超类B2，C2。

ENTITY A2;

SUPERTYPE OF（B2，C2）;

END-ENTITY;

③ 表达式。可进行算术运算（加、减、乘、除、乘方、取模等）、关系运算（等于、小于、大于等）、BINARY运算（索引与连接）、逻辑运算（逻辑与、或、非、异或）、字符串运算（比较、索引、连接）、聚合运算（索引、交、和、差、子集、超集等）、实体运算（关系比较、属性访问、组访问、复杂实体构成等）。

④ 执行语句。如赋值、case、if—then—else、ESCAPE、过程调用、REPEAT、RETURN和SKIP语句等，和一般程序设计语言一样丰富。

⑤ 各种内部常量、函数和过程。如常量PI、SELF、函数SIN、COS、…、EXITS、H-INDEX、SIZE OF、TYPE OF等、过程INSERT等。

⑥ 接口语句。常用语句有USE FROM，即使用另一模式中的类型或实体名，效果等于在本模式中说明一样；还有REFERENCE FROM，即使引用另一模式中的实体、类型等，但在本模式内它们不能独立实例化。

STEP的三层组织结构、参考模型及形式化定义语言EXPRESS一起构成了STEP方法学。

STEP标准具有简便、可兼容性、寿命周期长和可扩展性的优点，能够很好地解决信息集成问题，实现资源的最优组合，实现信息的无缝连接。

（4）应用协议

STEP标准支持广泛的应用领域，具体的应用系统很难采用标准的全部内容，一般只实现标准的一部分。如果不同的应用系统所实现的部分不一致，则在进行数据交换时，会产生类似IGES数据不可靠的问题。为了避免这种情况，STEP计划确定了一系列应用协议。所谓应用协议，是一份文件，用以说明如何用标准的STEP集成资源来解释产品数据模型文本，以满足工业需要。也就是说，根据不同的应用领域的实际需要，确定标准的有关内容，或加上必须补充的信息，强制要求各应用系统在交换、传输和储存产品数据时应符合应用协议的规定。

一个应用协议应包括应用的范围、相关内容、信息的定义、应用解释模型、规定的实现方式、一致性要求和测试意图。STEP中介绍的应用协议有：第201项——显示绘图；第

203 项——配置控制设计协议；第 202 项——相关绘图；第 204 项——边界模型机械设计；第 205 项——曲面模型机械设计。关于应用协议的标准详细内容见 ISO 10303-202～ISO 10303-208。

（5）实现方式

产品数据的实现方式有四级，包括文件交换、应用程序界面访问、数据库实现、知识库交换。对于 CAD/CAE/CAM 系统，可以根据对数据交换的要求和技术条件选取一种或多种形式。

文件交换是最低一级。STEP 文件有专门的格式规定，利用明文或二进制编码，提供对应用协议中产品数据描述的读和写操作，是一种中性文件格式。各应用系统之间的数据交换是经过前置处理或后置处理程序处理为标准中性文件进行交换的。某种 CAD/CAE/CAM 系统的输出经前置处理程序映射成 STEP 中性文件，STEP 中性文件再经后置处理程序处理传至另一 CAD/CAE/CAM 系统。在 STEP 应用中，由于有统一的产品数据模型，由模型到文件只是一种映射关系，所以前后处理程序比较简单。

通过应用程序界面访问产品数据是第二级，可利用 C、C++等通用程序设计语言调用内存缓冲区的共享数据。这种方法的存取速度最快，但是要求不同的应用系统采用相同的数据结构。

第三级数据交换方式是通过共享数据实现的。产品数据经数据库管理系统 DBMS 存入 STEP 数据库。每个应用系统交换方式示意可以从数据库取出所需的数据，运用数据字典，应用系统可以向数据库系统直接查询、处理、存取数据。

第四级知识库交换是通过知识库来实现数据交换的。各应用系统通过知识库管理向知识库存取产品数据，它们与数据库交换级的内容基本相同。

（6）一致性测试和抽象测试

一个 STEP 实现的一致性是指实现符合应用协议中规定的一致性要求。若两个实现符合同一应用协议的一致性要求，两者应该是一致的，两方数据可以顺利交换。应用协议对应的抽象测试集规定了对该应用协议的实现进行一致性测试的测试方法和测试题。以一致性测试方法论和框架可提出一致性测试的方法、过程和组织结构等。应用协议需指定一种或几种实现方式。抽象测试集的测试方法和测试题与实现方式无关。关于一致性测试和抽象测试的详细内容见 ISO 10303-31～ISO 10303-34。

IGES 处理数据是以图形描述数据为主，或者说是以线框或简单的面形数据为中心。通过对产品数据结构的分析，不难发现以 IGES 为代表的当前流行的数据交换标准已不能适应信息集成发展的需要。而 STEP 的目标是研究完整的产品模型数据交换技术，最终实现在产品生命周期内对产品模型数据进行完整一致的描述和交换。产品模型数据可以为生成制造指令、直接质量控制测试和进行产品支持功能提供全面的信息，它是一条实现 CAD/CAE/CAM 集成的充满希望的可行途径。许多 CAD 软件公司已着手开发基于 STEP 标准的新一代 CAD/CAE/CAM 集成系统。STEP 广泛应用于机械 CAD、CAE、电子 CAD、制造过程软件工程以及其他专业领域。使用 STEP 交换标准的主要优点如下。

① 得到广泛的国际开发组织的支持。

② STEP 定义了一个开放的产品数据库组织结构。

③ 有形式化的语言 EXPRESS 作为逻辑规范的描述，由 EXPRESS 语言定义约束以及数据结构。这些约束描述了工程数据集的正确标准。

④ STEP 的前后处理器的开发，可以使用格式化的规范。可通过自动的软件生成器来完成，即由 CAD 数据产生 STEP 的前处理器，由 STEP 数据产生 CAD 应用的后处理器。

⑤ STEP 提供了大量的工程数据定义。这些定义包括机械 CAD、电子 CAD、制造过程、

软件工程以及其他专业领域。

⑥ 由 STEP 标准提供的一些与技术无关的定义，可以编译成任何数据库系统可用的数据结构，无论是面向对象数据库还是关系数据库系统。

9.1.3 STL 文件格式

9.1.3.1 STL 发展经过

STL 是为快速成型制造 RPM（rapid prototype manufacturing）服务的文件格式，是由美国 3D Systems 公司于 1988 年制定的一个接口协议，被工业界认为是目前的准标准。RPM 技术问世后，各商用 CAD 软件公司纷纷推出了带有 STL 文件输出格式的软件包，包括基于工作站与微型计算机的软件系统，例如 CATIA、Pro/E、UG、SolidWorks、SolidEdge，甚至 AutoCAD 都可提供 STL 接口。可以说 STL 接口目前已成为三维 CAD 系统的标准配置。

STL 文件格式类似于有限元的网格划分，它将物体表面划分成很多小三角形，用这些空间三角形小平面来逼近原 CAD 实体。文件的数据结构非常简单，而且独立于 CAD 系统。STL 有文本格式及二进制两种形式。在 STL 文件中，保存有三角形小平面的矢量信息，用于表达物体表面的内外指向。每个小平面必须有一个单位矢量从实体内部指向实体外部。"右手法则"规定物体的内腔，它确定每个小平面顶点的次序，并检验法矢的指向。

9.1.3.2 STL 的文本格式

① STL 的文本格式。STL 文件的结构如下。

solid ＜ part name ＞
facet normal ＜ float＞ ＜ float＞ ＜ float＞ //第一个小三角面的法向矢量
  outer loop
    vertex ＜ float＞ ＜ float＞ ＜ float＞ //第一个小三角面的第一点坐标
    vertex ＜float＞ ＜float＞ ＜ float＞ //第一个小三角面的第二点坐标
    vertex ＜float＞ ＜float＞ ＜ float＞ //第一个小三角面的第三点坐标
  endloop
endfacet
facet normal ＜float＞ ＜ float＞ ＜ float＞ //第二个小三角面的法向矢量
  outer loop
  vertex ＜float＞ ＜float＞ ＜ float＞ //第二个小三角面的第一点坐标
  vertex ＜float＞ ＜ float＞ ＜ float＞ //第二个小三角面的第二点坐标
  vetex ＜float＞ ＜float＞ ＜float＞ //第二个小三角面的第三点坐标
  endloop
  endfacet
   ……
  endsolid ＜ part name ＞

其中 solid，facet normal，outer loop，vertex，endloop，endfacet，endsolid 为关键字，用于标识 STL 文件的各个数据区域单元。

② STL 的二进制格式。文本格式虽简单明了，但数据量大，二进制格式则与之相反，数据含义不直观但结构紧凑。例如，表示同一个实体时，二进制 STL 文件的大小只有文本文件大小的 1/5。

二进制 STL 文件的结构如表 9-1 所示。

表 9-1　二进制 STL 文件的结构

偏移地址	长度	类型	描述
0	80	字符型	文件头信息
80	4	无符号长整型	文件包含面的个数
84	4	浮点数	第一个面法向矢量的 X 分量
88	4	浮点数	第一个面法向矢量的 Y 分量
92	4	浮点数	第一个面法向矢量的 Z 分量
96	4	浮点数	第一个顶点坐标的 X 分量
100	4	浮点数	第一个顶点坐标的 Y 分量
104	4	浮点数	第一个顶点坐标的 Z 分量
108	4	浮点数	第二个顶点坐标的 X 分量
112	4	浮点数	第二个顶点坐标的 Y 分量
116	4	浮点数	第二个顶点坐标的 Z 分量
120	4	浮点数	第三个顶点坐标的 X 分量
124	4	浮点数	第三个顶点坐标的 Y 分量
128	4	浮点数	第三个顶点坐标的 Z 分量
132	2	无符号短整型	属性字(一定为零)
……			第二个面的定义……

9.1.3.3　STL 的应用

与 IGES、STEP 相比，STL 的格式非常简单，某种意义上来讲 STL 并不是一个完善的数据交换标准。与其说是一个交换标准，不如说它是一个简单的三维几何形状的描述标准。但也正是因其简洁的特点，在很多领域得到广泛应用，特别是材料加工中的 RPM、CAE 等系统，大多采用 STL 文件交换格式。利用 STL 接口，从三维 CAD（如 Pro/E、UG、SolidWorks 等）获得三维对象的描述数据，再进行各领域所特需的处理，如 RPM 剖片、CAE 的网格剖分等，使得 CAD 与 CAE 及 RPM 的集成变得非常简单、方便，大幅度降低了集成的难度和成本。这也是目前 STL 接口在工业界，特别是在材料加工领域得到广泛应用的根本原因。另外，STL 的三维形体描述方式与目前流行的 OpenGL 技术非常容易配套，也进一步促进了 STL 技术的推广应用。以材料液态成型模拟仿真系统为例，几乎所有的模拟软件，包括 MAGAMA、PROCAST、PAMCAST、华铸 CAE 等都无一例外地采用 STL 接口技术。

当然 STL 也存在着信息不完备、有时数据有错误等问题，针对具体的应用还需要开展诸如 STL 容错、STL 数据修复等工作。

图 9-4 所示为采用 UG 设计的某型号发动机排气管铸件及工艺的三维实体图，与之对应的 STL 格式描述的图形如图 9-5 所示。

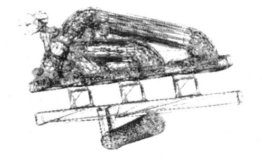

图 9-4　发动机排气管铸件及工艺的三维实体图　　图 9-5　STL 格式描述的铸件及工艺图

STL 文件格式简单且容易输出，因此许多计算机辅助设计（CAD）系统能输出 STL 文件格式。虽然输出简单，但一些联结性信息却被丢弃！例如：A 和 B 在 CAD 系统是相异，但坐标恰好相同的两点。STL 只输出点的坐标，因此点 A 和 B 在 STL 就有相同的表示。另外，还存在其他问题。

许多计算机辅助制造（CAM）系统必须是三角形化的模型。STL 文件格式不是储存器和计算上最有效转换数据的方法，但 STL 常被 CAM 系统用于输入三角化的几何。该格式随手可得，所以 CAM 系统也用到它。为了能使用数据，CAM 系统可能要重建连接性，重建时会导致误差。

STL 也能在 CAD、CAM 和计算环境（如 Mathematica）间交换数据。STL 被广泛应用的原因也在于此。

9.1.3.4 STL 数据文件及处理

（1）STL 数据格式

STL 数据格式属于三维面片型的数据格式。目前，国际市场上的大多数 CAD 软件几乎都配有 STL 数据文件的接口，STL 文件也是大多数 RP 系统使用最多的数据接口格式，它已成为 RP 领域公认的行业标准。STL 数据文件在 RP 系统中的作用如图 9-6 所示。STL 数据格式的出发点就是用小三角形面片的形式去逼近三维实体的自由曲面，即它是对三维 CAD 实体模型进行三角形网格化得到的集合。在每个三角形面片中，都可由三角形的一个顶点、指向模型外部的三角面片的法矢量组成，即 STL 的数据格式是通过给出三角形法矢量的三个分量及三角形的三个顶点坐标来实现的。STL 文件实体模型的所有三角形面，如图 9-7 所示。图 9-8 所示为采用 STL 数据格式描述的 CAD 模型。

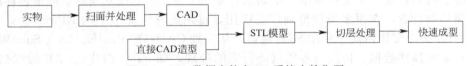

图 9-6　STL 数据文件在 RP 系统中的作用

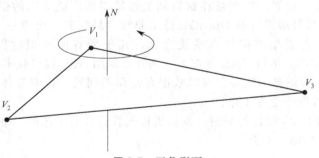

图 9-7　三角形面

STL 文件是目前 RP 技术中应用最广的数据接口格式，它具有以下显著优点：输入文件广泛，几乎所有的三维几何数据模型都可以通过三角面片化生成 STL 文件；生成方法简单，大部分三维 CAD 软件都具备直接输出 STL 文件的功能，且能初步控制 STL 的模型精度；分层算法较为简单。但当所制作的模型体积较大不能一次成型时，易于分割。

STL 文件格式也有自身的缺点：数据量极大；有冗余现象；在数据的转换过程中有时会出现错误；由于是采用三角形面片的格式

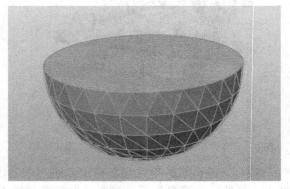

图 9-8　采用 STL 数据格式描述的 CAD 模型

去逼近整个实体，因此存在逼近误差。总之，STL 文件格式在数据处理速度、准确性和稳定性方面有待提高。

（2）STL 文件的精度

前面讲到过，STL 文件的数据格式是采用小三角形面片的形式去逼近三维实体模型的外表面，因此小三角形数量的多少将直接影响模型的成型精度。选取的三角形面片越多，则制作出来的模型制件的精度就越高。但是过多的小三角形面片会造成 STL 文件过大，会加大计算机的储存容量，从而增加了 RP 系统用于切片的处理时间。因此，当从一维 CAD/CAM 软件输出 STL 格式文件时，应该根据模型的复杂程度、快速成型的精度要求等各方面因素进行综合考虑，以选取最恰当的精度指标和控制参数。

输出 STL 格式文件的精度控制参数与 RP 成品制件的质量密切相关。STL 文件逼近 CAD 模型的精度指标实质上就是小三角形数量的多少，也即三角形平面逼近曲面时的弦高的大小，弦高是指三角形的轮廓边与曲面之间的径向距离。用多个小三角形面进行组合来逼近 CAD 模型表面，这只是原始模型的一阶近似，它不包含邻接关系信息，不能完全、彻底地表达出原始设计的意图。因此，它距离真正的模型表面有一定的误差。图 9-9 所示为一球体输出 STL 文件时的三角形划分，从图中可

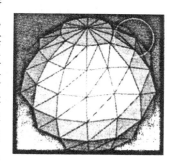
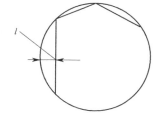

(a) 球体输出STL文件时的三角划分　　　　　(b) 弦高

图 9-9　STL 数据格式描述的 CAD 模型

以看出，弦高的大小决定着三角形的数量，也将直接影响输出成型制件的表面质量。

9.2　CAD 切片软件

切片软件是一种 3D 软件，它可以将数字 3D 模型转换为 3D 打印机可识别的打印代码，从而让 3D 打印机开始执行打印命令。

具体的工作流程是：切片软件可以根据选择的设置将 STL 等格式的模型进行水平切割，从而得到一个个的平面图，并计算打印机需要消耗多少耗材及时间；随后将这些信息统一存入 GCode 文件中，并发到用户的 3D 打印机中。简单介绍一下市面上常用的 6 种切片处理软件。

（1）Cura

Cura 是由 Ultimaker 所开发的切片软件。在首次安装软件时，用户首先需要对机型进行设置。界面的功能分布是比较清晰明确的，工具栏统一在左边，右边的是模型的显示界面。然而操作选项较多，对于首次使用的用户来说不容易使用（图 9-10）。

（2）Makerware

Makerware 的主界面相当简洁直观。左侧的按钮主要是对模型进行移动和编辑，上方的按钮主要是对模型进行载入保存和打印。但 Makerware 的操作界面是英文的，对于国内用户来说增加了操作难度（图 9-11）。

（3）Flashprint

Flashprint 是闪铸科技针对 Dreamer（梦想家）机型专门研发的软件。自 Dreamer 机型开

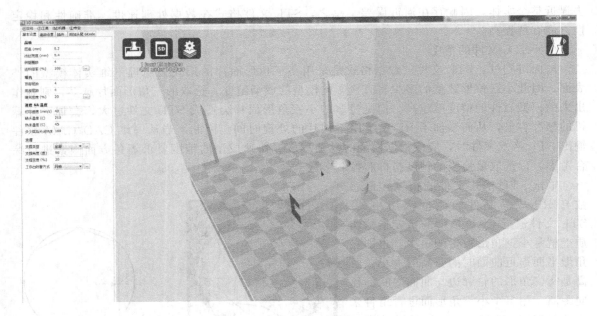

图 9-10　Cura 界面

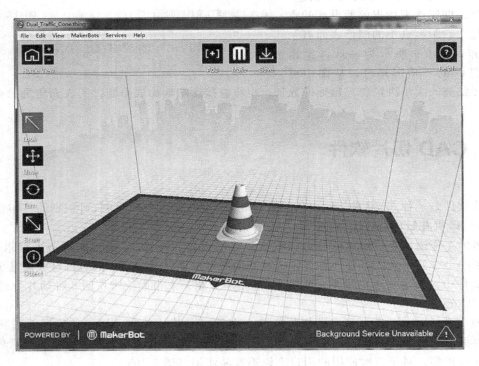

图 9-11　Makerware 界面

始，闪铸科技在新品上均开始使用软件，现在覆盖机型包括 Dreamer、Finder、Guider。在首次启动 Flashprint 的时候，用户需要根据提示对所用机型进行选择。Flashprint 的主界面沿用了闪铸 LOGO 的蓝白相间的主色调。整个界面包括菜单和 7 个按钮，显得十分简洁、干净。闪铸科技的界面多增加了支撑选项，这对于初次使用的用户而言，操作上更简便。

（4）HORI 3D Cura

弘瑞是国产 3D 打印机中不错的品牌之一，针对国内用户，开发的操作软件 HORI 3D Cura 充分考虑了用户体验。虽然是英文界面（老版本 Cura 14.07 仍为英文界面，新版本 Cura 15.04.2 已汉化），但把鼠标放在上面时就会有汉语提示，而且还根据使用规律设置好了最佳数值的高级参数，用户基本不需要怎么改动就可以使用，所以非常方便。此外，模型预览功能也很多，用户可随意挑选。调整好的模型切片可直接保存在 SD 卡内。

（5）XYZware

XYZware 是全球领先的 3D 打印设计与制造商三纬国际开发的一款 3D 打印软件，整个操作界面看起来比较简洁，很容易上手。软件起到查看、调整、保存 3D 模型的作用，并且对 3D 模型切片以转换为 3D 打印机识别的数字格式，发送到打印机进行打印。可以导入 STL 格式的 3D 模型文件，并导出为三纬 daVinci 1.0 3D 打印机的专有格式 3W。3W 格式是经过 XYZware 切片后的文件格式，可以直接在三纬 daVinci 1.0 上进行打印，从而省去了每次打印需要对 3D 模型做切片的步骤。XYZware 左侧一列为查看和调整 3D 数字模型的操作选项。可以设置顶部、底部、前、后、左、右 6 个查看视角。

（6）DaYinLa

Iceman 3D 的打印软件 DaYinLa，是瑞安市麦田网络科技有限公司开发的一款针对国内用户的 3D 打印软件。该软件看起来比较卡通，界面也是非常简洁实用，即便是初学者也能轻松掌握。软件自带多种模型，让用户有了更多选择。3D 打印切片软件在设置时需要注意以下问题。

① 层高。层高可以被视为 3D 打印中的分辨率，此设置是指定每层耗材的高度。如果每一层的高度很小，那么将会打印出表面平滑的成品。但这也有一个缺点：将消耗更多的时间。如果把层高数值调得较大，那么较厚的图层将会形成粗糙的表面，从而使层次感提升，这种做法有利于提升打印速度，而这种设置比较适用于不需要细节的模型。如果想打印具有细节的模型，那么建议采用较薄（层高较低的数值）的高度打印。

② 外壳厚度。外壳指的是在开始打印中空部分之前，3D 打印机根据设置所打印的外墙参数。该设定是调整外墙厚度，从而成为最影响成品强度的参数之一。通过增加数量，3D 打印机将打印出更厚、更结实的外墙。

③ 抽丝。此功能主要是 3D 打印机需要越过中空部分时，将耗材回拉并停止挤出耗材的过程。如果在打印过程中始终开启此功能，那么将有可能导致耗材在喷嘴中堵塞，这时则需要对该功能进行关闭。

④ 填充密度。填充密度是指模型外壳内的空间密度。该功能通常用"％"作为单位，如果设置的是"100％"填充，那么该模型内部将被完全填充。填充的比例增大，物体的强度、重量也会一同增加，同时带来的是长时间打印和更多的耗材损耗。通常情况下，填充密度是 10％～20％，如果需要更坚固的产品，也可以选择 75％以上的填充密度。

⑤ 打印速度。打印速度是指挤出机在挤出耗材并行进时的速度。最佳设置就是在挤出机和移动速度中寻找最佳平衡点，这里涉及耗材、层数、温度等多个原因。如果单一地追求速度，会导致最终模型出现垂丝等杂乱的现象。而较慢的速度可以为用户提供高质量的打印效果，一般推荐速度是 40～60mm/s。在打印过程中，也可以根据用户的要求随时改变打印速度。

⑥ 支撑。当打印的模型超过 45°角时，3D 打印机挤出的耗材将无法正常平铺在原有层面中，如果长时间进行超过 45°的打印度数，将会导致模型出现外表粗糙、垂丝等现象。而通过添加支撑的方式，可以为最终模型创造一个没有下垂的高质量环境。常见的支撑类型有"树状""网格"等多个形状，用户可以根据自己的需求进行选择。

⑦ 首层粘接。部分用户在进行 3D 打印时，会发现第一层打印无法有效地贴在平台上，这种情况通常是由平台的附着力不够引起的。在切片软件中，可以通过两个设置来增加耗材对平台的附着力。压边（Brim）：在物体底面周围增加一层环绕，对减少底面边角的卷曲变形有较大的帮助，在打印后也比较容易去除。底垫：在物体下打印单独的一层支架，如果打印特别小的物体，或者底面不平时，支架会改进物体底面结合。但打印后移除支架会影响底面打印质量。

⑧ 初始层厚度。初始层厚度是指 3D 打印机在平台上打印的第一层厚度。如果想给模型一个更坚固的打印底座，可以增加初始层的厚度。通常切片软件中默认的厚度在 0.3～0.5mm，这个数值可以较为快速地构建坚固的底座，并且会很稳定地贴在平台上。

9.3 实例操作

FDM 打印机的原理为层层堆积形成实体。每一层的路径是在计算机中生成的，那么这些路径是怎么生成的呢？首先必须知道每一层的形状，即用水平面去切割模型，得到轮廓的形状。这个形状一般是一些多边形线条，如图 9-12 所示。而这些线条并不足以去构成打印机路径，Cura 就是要根据这些多边形去构建打印机路径。对于一个物体来说，如果只是打印表面的话，那么该模型的外壳可以分为水平外壳（顶部和底部）和垂直外壳（环侧面）。垂直外壳一般来说需要一个厚度，即所谓的壁厚。而对于每一层来说，将轮廓线重复打印几圈，即可构建一个比较厚的圈线。为了使模型具有一定的强度，需要对模型壳包围的里面打印一些填充物，具体操作就是在每一层的多边形内部加上一定比例的填充材料。最后，很多层堆积起来构建了一个实体，如图 9-13 所示。然后把每一层的路径组合起来就得到了打印整个模型的路径，即所谓的 GCode 文件。可见，模型打印有一些最基本的参数，包括层厚、壳厚、填充密度。同时 Cura 也有一些特殊处理，对于模型来说顶部和底部一般要求比较结实，因此 Cura 默认对顶部和底部的几层打印实心（100% 填充）。而打印模型就像盖房子一样，在空气中打印，对于悬空的地方是不能直接打印出来的。盖房子需要脚手架，3D 打印也需要支撑结构。Cura 在生成路径文件时，也会自动生成支撑结构，帮助成功打印模型。以下以一个工件为实例进行处理，制成的工件如图 9-14 所示。

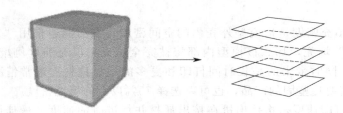

图 9-12 由模型得到轮廓线

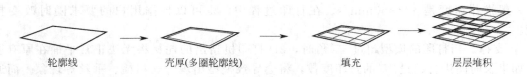

轮廓线　　　　　壳厚(多圈轮廓线)　　　　　填充　　　　　层层堆积

图 9-13 由轮廓线构建模型

（1）Cura 功能详解

完成之后首次运行向导时，首先是选择语言，有中文选项。然后是选择打印机类型，如果不是 Ultimaker、Printbot 或选项中的其他 3D 打印机，那么就选择 Other，选择机器示意如图 9-15 所示。然后下一步选择打印机详细的信息，如果不是选项中已经有的 RepRap 类 3D 打印机，那么选择 Custom。然后设置打印机参数，包括打印机名称、打印空间尺寸、打印机喷头尺寸、是否有热床、平台中心位置。打印机名称可以随便取，比如笔者就取名为 ABACI，笔者打印机 X 轴范围为 128mm，Y 轴范围为

图 9-14　制成的工件

120mm，Z 轴范围是 128mm，即打印机宽度为 128mm，深度为 120mm，高度为 128mm，喷头直径为 0.4mm，勾选热床。

图 9-15　选择机器示意

（2）Cura 详解之主界面

初始化配置完成之后，就打开了主界面，如图 9-16 所示。主界面主要包括菜单栏、参数设置区域、视图区和工具栏。菜单栏中可以改变打印机的信息，打开专家设置。参数设置区域是最主要的功能区域，在这里用户输入切片需要的各种参数，然后 Cura 根据这些参数生成比较好的 GCode 文件。视图区主要用来查看模型、摆放模型、管理模型、预览切片路径、查看切片结果。

（3）Cura 功能之 3D 打印机设置

如果只使用一台打印机，那么在"首次运行"选项中对机器设置一次就可以了。如果打印机、打印尺寸或结构发生变化或者增加了一台新的打印机，则需要对机器属性进行一些修改。

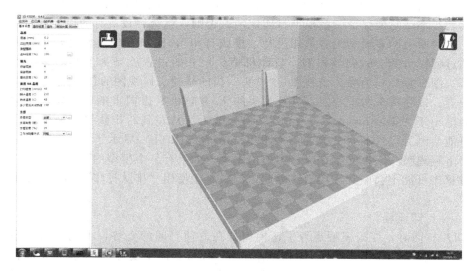

图 9-16　Cura 主界面

如果拥有多台打印机，而尺寸类型又各有不同，则每次都去改变机器尺寸就会很麻烦。进

入"机器"（Machine）菜单，然后进入"机器设置"（Machine Setting），如图 9-17 所示。

图 9-17　打印机设置

在此可以设置打印宽度（Maximum width）、打印深度（Maximum depth）和打印高度（Maximum height）；如果打印机是多喷头，则将喷头数目（Extruder count）改为对应的数量；如果打印机包含热床（有些打印机不带热床），那么勾选热床（Heated bed）。对于一般的方形打印机来说，打印平台中心坐标都不是（0，0），而应该是打印尺寸的一半，那么就不要勾选"机器中心（0，0）"［Machine Center(0,0)］选项。而对于 Rostock 型打印机（圆形打印机），平台中心坐标为（0，0），那么就勾选此选项。平台形状（Build area shape）要根据打印机平台形状进行设置；G Code 类型（G Code Flavor）要根据打印机使用的固件进行设置。一般的开源打印机使用的都是 Marlin 固件，选择 RepRap（Marlin/Sprinter）即可。

关于打印机喷头的尺寸设置，可参见图 9-18。这个设置对于"排队打印"来说非常重要。"排队打印"是指将平台上的多个模型逐一打印，而不是一起打印。这样的好处是，如果打印中途遇到问题，那么总能保证一些模型打印成功；否则，就会导致所有的模型都打印失败。

但并不是对所有的多模型组合都能进行"排队打印"，比如有些模型比较大，那么在"排队打印"的过程中可能会碰到该模型。打印机喷头尺寸的设置就是为了判断多模型是否适合"排队打印"。图 9-19（a）为喷头俯视图，"喷头"指的是喷头俯视图的包围矩形，"喷嘴"指的是喷嘴的位置。以喷嘴头为中心点，计算喷头的 X 方向和 Y 方向上的四个距离，假如两个模型的左右间隙小于"size towards x_min"，那么就无法从左到右排队打印，因为在打印右侧模型时有可能会碰到已经打印完成的左侧模型。而图 9-19（b）显示了"gantry height"的含义，即喷嘴下端离喷头支撑光轴在竖直方向的距离。如果有某个模型的高度大于这个尺寸，那么在打印过程中可能不会碰到该模型。因此，如果希望使用"排队打印"的话，最好正确设置这几个参数。

（4）Cura 打印流程

Cura 切片打印时，变换模型是为了让模型处在方便打印的姿势，不同的摆放姿势对打印时间、打印稳定性会产生很多影响。Cura 有很多切片参数需要设置，不同的参数对打印时间、打印质量都有很大影响。预览切片结果并判断是否进行打印是很重要的。对于复杂的模型，需要返回修改切片参数或改变模型摆放姿势，然后重新切片，有时候甚至需要将模型进行分割。切片完成之后，就可以上传文件，离线打印或者联机打印。

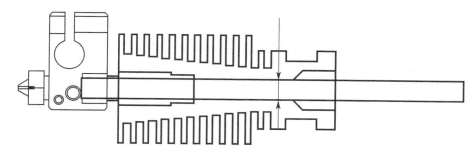

图 9-18 喷头尺寸示意

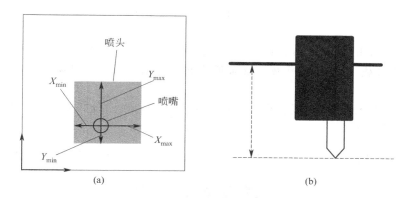

图 9-19 喷头俯视图及尺寸

（5）Cura 功能之模型摆放

与 Repetier-Host 类似，Cura 也可以载入多种格式的 3D 模型（图 9-20），比如 STL、OBJ、DAE 及 AMF 格式。点击工具栏中的载入（Load）工具![icon]，或者使用文件（File）菜单下的载入模型文件（Load model file），也可以使用快捷键 Ctrl＋L。Cura 可以对该模型进行一些变换，比如平移、旋转、缩放、镜像。首先选中模型，即在模型表面单击鼠标，当模型变成亮黄色时，就选中了该模型。

① 平移。视图区中的棋盘格就是打印平台区域，模型可以在该区域内任意摆放，鼠标左键旋转模型之后，按住左键拖动即可改变模型的位置。

② 旋转。选中了模型之后，会发现视图左下角出现 3 个菜单，左边的是旋转菜单，中间的是缩放菜单，右端的是镜像菜单，如图 9-21 所示。点击"旋转"（Rotate），然后发现模型表面出现 3 个环，颜色分别是红①、绿②、黄③，表示 XY 轴、XZ 轴、YZ 轴（图 9-22）。把鼠标放在一个环上，按住拖动即可使模型绕相应的轴旋转一定的角度，需要注意的是 Cura 只允许用户旋转 15 的倍数角度。如果希望返回原始的方位，可以点击旋转菜单的"重置"（Reset）按钮。而"放平"（Lay flat）按钮则会自动将模型旋转到底部比较平的方位，但不能保证每次都成功。

③ 缩放。选中模型之后，点击"缩放"（Scale）按钮，然后会发现模型表面出现 3 个方块，分别表示 X 轴、Y 轴和 Z 轴。点击并拖动一个方块可以将模型缩放一定的倍数。也可以在缩放输入框内输入缩放倍数，即"Scale ＊"右边的方框。也可以在尺寸输入框内输入准确的尺寸数值，即"Size ＊"右边的方框，这时需要注意弄清楚每个轴向上的尺寸表示模型的哪些尺寸。

另外，缩放分为"均匀缩放"和"非均匀缩放"。Cura 默认使用均匀缩放，即缩放菜单（图 9-23）中的锁处于上锁状态。若希望使用"非均匀缩放"，只需要点击这个锁，"非均匀缩放"可以将一个正方体变成一个长方体。"重置"（Reset）会将模型回归原形，"最大化"（To Max）会将模型缩放到打印机能够打印的最大尺寸。

　　④ 镜像。选中模型之后，点击"镜像"（Mirror）按钮，就可以将模型沿 X 轴、Y 轴或 Z 轴镜像。比如左手模型可以通过镜像得到右手模型。

　　⑤ 将模型放在平台中心，选中模型之后，按右键，则弹出右键菜单，如图 9-24 所示。第一项就是将模型放到平台中心（Center on platform）。

　　⑥ 删除模型。可以通过右键菜单删除（Delete object），也可以选中模型之后按 Del 键删除。

　　⑦ 克隆模型。即将模型复制几份。通过右键菜单，使用克隆模型（Multiply object）功能即可。

　　⑧ 分解模型（Split object to parts）会将模型分解为很多小部件，删除所有模型（Delete all objects）会删除载入的所有模型，重载所有模型（Reload all objects）会重新载入所有模型。

　　⑨ Cura 载入多个模型的时候，会自动将多个模型排列在比较好的位置。不同模型之间会存在一些距离以便于打印。

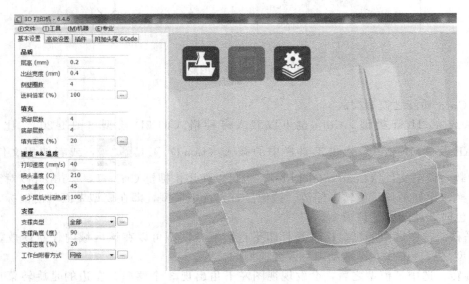

图 9-20　载入 3D 模型

图 9-21　变换菜单

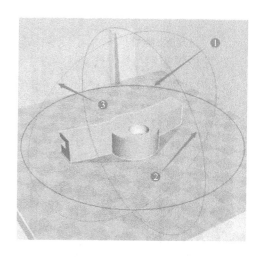

图 9-22　旋转菜单

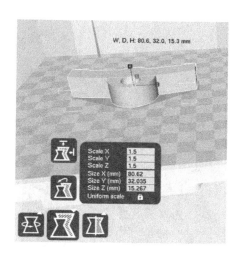

图 9-23　缩放菜单

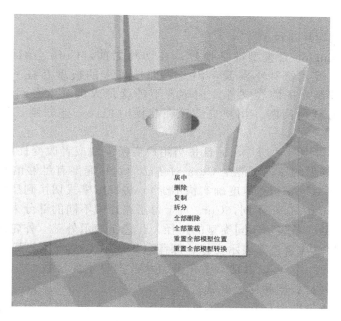

图 9-24　右键菜单

（6）Cura 功能之查找悬空部分

Cura 允许用户从不同模式去观察载入的模型，包括普通模式（Normal）、悬空模式（Overhang）、透明模式（Transparent）、X 光模式（X-Ray）和层模式（Layers）。可以通过点击视图区右上角的"视图模式"（View Mode）按钮调出"视图选择"菜单，然后就可以在不同视图模式间切换。

比较常用的是普通模式、悬空模式和层模式。普通模式就是默认的、查看 3D 模型的模式，悬空模式显示模型需要支撑结构的地方，在模型表面以红色显示。

关于支撑，就像盖房子一样，在悬空的地方需要加脚手架（图 9-25），否则房顶也盖不出来。Cura 会自动计算打印模型需要支撑的地方，计算原理是模型表面的斜度（与竖直方向的夹角）大于某一角度时（通常为 60°，和材料有关），就需要加支撑，图中水绿色部分表示支撑结构（图 9-26）。

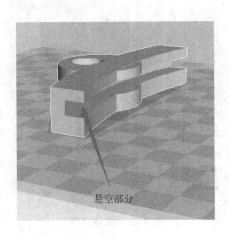

图 9-25　悬空视图

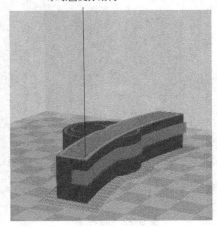

图 9-26　切片结果预览（一）

（7）Cura 功能之切片路径预览

Cura 使用 CuraEngine 对模型进行切片。在切片之前，Cura 会对载入的 3D 模型做一些处理，比如修复法线及修补小漏洞，因此，即使载入的模型存在一些问题，Cura 多数时候也可以生成比较满意的路径文件。但笔者不建议每次都载入有问题的模型，因为 Cura 不能保证能修复好任何问题。用户更应该在建模时把握一些原则，使 3D 模型尽量满足可打印的要求。

Cura 会对载入的模型自动切片，而且每当用户变换模型或者改变任何参数时，Cura 就会对模型重新切片。这样做的原因可能是 Cura 对自己的切片速度有足够信心，可以做到实时切片（诚然，相比 Slic3r，Cura 切片速度确实快不少）。将视图模式切换到层模式，用户就可以预览切片路径。和 Repetier-Host 不同，Cura 对于每层路径中不同的部分采用不同颜色的线条进行可视化，不同颜色的线条表示不同类型的路径，红色①表示外壁（外轮廓线）路径，绿色②表示内壁（内轮廓线），浅蓝色③表示支撑，深蓝色④表示空驶路径，黄色⑤表示支撑结构或黏附结构，如图 9-27 所示。可以滑动右下角的滑块改变显示的层数，左上角可以查看切片结果，包括打印时间、耗材长度和耗材重量。

预览切片结果可以帮助用户判断打印时间是否合适，支撑结构有没有添加充分或者添加过多。要是打印时间太长，就要返回修改切片参数，重新切片。如果支撑结构没有添加充分，那么可能需要借助其他软件甚至通过建模软件添加支撑。还可以帮助用户理解 Cura 切片原理，了解打印过程。Cura 每一层路径的顺序为外壁—内壁—填充。

（8）Cura 功能之切片参数设置

Cura 支持快速设置，可以通过"专家"（Expert）菜单切换到"快速设置"（Switch to quickprint）。那么选择"使用耗材""打印质量"以及"是否需要支撑"即可进行切片。笔者建议用户使用"详细设置"（Switch to full settings），这也是大多数用户使用的模式。在这个模式下，Cura 的切片参数包括 5 个部分，即基本设置、高级设置、插件、附加头尾 G Code 及专家设置。

基本设置包括层高、壁厚、填充密度、耗材、温度及辅助材料等设置，如图 9-28 所示。

层高（Layer height）指的是切片每一层的厚度，层高越小，模型会打印得越精细，同时层数也会增多，从而打印时间也会延长。一般来说，0.1mm 是比较精细的层厚，0.2mm 的厚度比较常用，0.3mm 的层厚用于打印要求不太精细的模型。当然，打印模型的精细程度也与打印机性能有关。

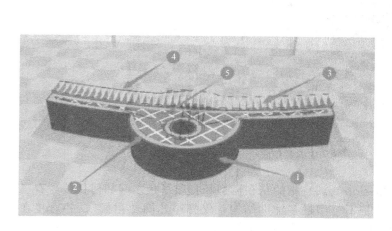

图 9-27　切片结果预览（二）

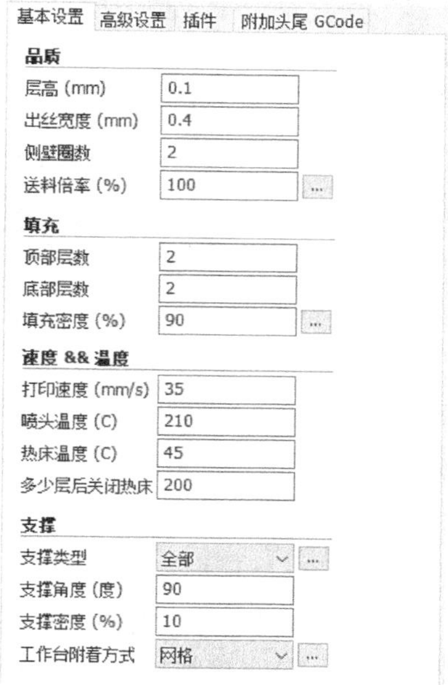

图 9-28　基本设置

壁厚（Shell thickness）指的是模型表面厚度，壁厚越厚模型越结实，打印时间也越长。需注意，壁厚一般不能小于喷嘴直径。如果模型存在薄壁部分，那么不一定能够打印出来。一般对于 0.4mm 的喷嘴，设置为 0.8mm 壁厚即可。若希望打印结实一些，可设置为 1.2mm。

顶/底部厚度（Top/Bottom thickness）是指模型底下几层和上面几层采用实心打印（因此，这些层也被称为实心层）。这也是为了打印一个封闭的模型而设置的，通常叫所谓的"封顶"。一般来说，0.6～1mm 就可以。

填充密度（Fill density）的意思比较直观，Cura 会对每一层生成一些网格状的填充，其疏密程度就是由填充密度决定，0 表示空心，100％表示实心。

打印速度（Print speed）指的是吐丝速度。当然打印机不会一直以这个速度打印，因为需要加速减速，所以这个速度只是个参考速度。速度越快，打印时间越短，但打印质量会降低。对于一般的打印机，40～50mm/s 的速度是比较合适的速度。如果希望打印快些，可以把温度提高 10℃，然后把速度提高 20～30mm/s。在高级设置里面有更加详细的速度设置选项。

喷头温度（Nozzle temperature）是指打印时喷头的温度，这个要根据使用的材料来设置。笔者使用 PLA 温度为 210℃，ABS 温度为 240℃。温度过高会导致挤出的丝有气泡，而且会有拉丝现象，温度过低会导致加热不充分，可能会导致堵喷头。

热床温度（Bed temperature）是指热床的温度（如果有的话）。笔者使用 PLA 热床温度为 40℃，ABS 温度为 60℃。

支撑类型（Support type）是指让用户选择添加支撑结构的类型。是否需要添加支撑完全由用户决定，有时候软件计算出来的结果需要添加支撑，但可能非常难以剥离，那么用户可以选择不加支撑结构，即选择 None。当用户认为也需要添加支撑的时候，有两种模式可以选择，接触平台支撑（Touching build platform）和全部支撑（Everywhere）。二者的区别是接触平台支撑不会从模型自身上去添加支撑结构，而仅仅添加从平台上添加起来的支撑结构，如图

9-29 中的①和②。全部支撑则对任何地方都添加支撑。

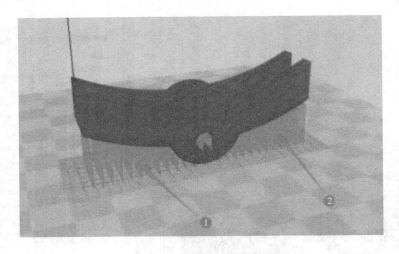

图 9-29 支撑类型解析

工作台附着方式（Platform adhesion type）指的是在模型和打印平台之间如何粘接，有三种办法。一是直接粘接（None），就是不打印过多辅助结构，仅打印几圈"裙摆"，并直接在平台上打印模型，这对于底部面积比较大的模型来说是个不错的选择。二是使用压边（Brim），相当于在模型第一层周围围上几圈篱笆，防止模型底面翘起来。三是使用底垫（Raft），这种策略是在模型下面先铺一些垫子，一般有几层，然后以垫子为平台再打印模型，这对于底部面积较小或底部较复杂的模型来说是比较好的选择。关于压边和底垫的区别，图9-30 给出了比较。

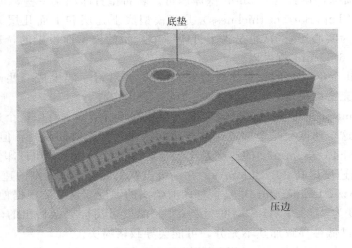

底垫

压边

图 9-30 平台黏附类型

耗材直径（Filament diameter）指的是所使用的丝状耗材的直径，一般来说有 1.75mm 和 3.0mm 两种耗材。而对于 3.0mm 的耗材，直径都达不到 3mm，一般来说为 2.85～3mm 。

流量倍率（Flow）是为了微调出丝量而设置的，实际的出丝长度会乘以这个百分比。如果这个百分比大于 100%，那么实际挤出的耗材长度会比 G Code 文件中的长，反之变短。

（9）Cura 切片参数之高级设置

在 Cura 的高级设置中，主要设置速度、回抽及冷却，这三个方面是影响打印物体表面的重要因素。

喷头直径（Nozzle size）就是喷嘴的直径。

回抽（Retraction）对模型表面的拉丝影响很大。回抽不足，则会导致打印模型表面拉丝现象严重；回抽过多，则会导致喷头在模型表面停留时间过长，导致模型表面有瑕疵。回抽发生在 $G_1 \rightarrow G_0$ 时，由于喷头此时离开打印模型表面，喷头中如果有剩余耗材，就会渗漏出来，粘在模型表面，造成拉丝现象。如果在喷头离开之前，将耗材往回抽取一部分，那么可以有效防止喷头中有过多的熔融耗材，从而减少甚至消除拉丝现象。一般来说，回抽速度会高一些，长度不能太长。笔者使用 0.4mm 喷嘴，回抽速度为 60mm/s，长度为 6mm。在基本设置中需要使用回抽（Enable retraction）。蓝线回抽如图 9-31 所示。

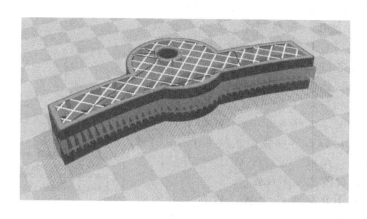

图 9-31　蓝线回抽

有时候模型底部不是很平整，或者用户希望从某一个高度而不是底部开始打印，那么就可以使用切除对象底部（Cut off object bottom）功能将模型底部切除一些。但应注意并非真的将模型切掉一部分，只是从这个高度开始切片而已。

初始层厚度（Initial layer thickness）就是模型的第一层厚度。为了使模型打印更加稳定，可使第一层厚度稍厚一些。一般来说，设置为 0.3mm。需要注意，初始层和底部并不是一回事，底部包含初始层，但不止一层，而初始层只是一层而已。

初始层线宽（Initial layer line width）是以百分比的形式改变第一层线条的宽度，如果希望改变第一层的线宽，改变这个百分比即可。

Cura 还允许用户对不同的路径设置不同的速度，空驶速度（Travel speed）一般可以设置得比较高，笔者一般使用 150mm/s 的空驶速度。初始层速度（Bottom layer speed）最好设置比较低，以便第一层和平台更容易粘接，笔者一般使用 20mm/s。填充速度（Infill speed）就是打印填充物的速度。如果不关注模型内部的话，这个速度可以比打印速度高 10mm/s 左右，而外壁速度（Outer shell speed）和打印速度相等即可。内壁速度（Inner shell speed）就是打印内侧轮廓的速度，一般比打印速度快 5mm/s 即可。如果设置为 0 的话，就和打印速度相同。

层最短打印时间（Minimal layer time）是指打印每一层的最短时间。为了让每一层打印完之后有足够的时间冷却，Cura 要求打印每一层至少花费这个时间。如果某一层路径长度过小，那么 Cura 会降低打印速度。这个时间通常需要根据经验来修改。

允许用户在打印的过程中使用冷却风扇（Enable cooling fan），具体冷却风扇的速度如何控制可以在"专家设置"中进行设置。

（10）Cura 切片参数之插件

Cura 软件集成了两个插件可以修改 G Code，在指定高度停止（Pause at height）和在指定高度进行调整（Tweak At Z 3.1.1）。如图 9-32 所示，选中一个插件，然后点击"使用插件"按钮，就可以在下面设置参数并使用该插件。

在指定高度停止：这个插件会让打印过程在某个高度停止，并且让喷头移动到一个指定的位置，并且回抽一些耗材。"Pause height"就是停止高度，"Head park X"和"Head park Y"就是喷头停止位置的 X 坐标和 Y 坐标。Retraction amount 则是回抽量。

在指定高度调整：这个插件会使打印过程在某个高度调整一些参数，如速度、流量倍率、温度及风扇速度。这些插件都会改变 G Code。

（11）Cura 参数之 G Code

Cura 生成 G code 会在开头和结尾加上一段固定的 G Code，即开始 G Code（Start G Code）和结束 G Code（End G Code），如图 9-33 所示。如果对 G-M 代码比较熟悉的话，可以很容易读懂这些 G Code 的意思并且可以进行修改。可以参见"G-M 代码详解"。

（12）Cura 参数设置之专家设置

Cura 还有一部分更高级的设置，放在"专家设置"。可以通过"专家"（Expert）菜单，打开"专家设置"（Open expert settings）。如图 9-34 所示，专家设置包括回抽、裙摆（图中名称为"外廓"）、冷却、填充、支撑、黑魔法、压边、底垫（图中未显示）和修正。

回抽（Retraction）。最小触发距离是指需要回抽的

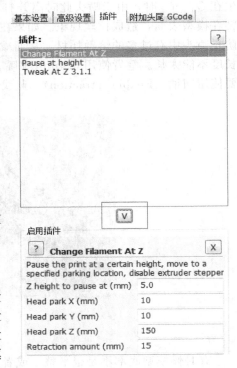

图 9-32　插件

最小触发距离，即如果一段触发距离小于这个长度，那么便不会回抽而直接移动。使用梳理（Enable combing）是让打印机在空驶前梳理一下，防止表面出现小洞，一般来说都需要勾选上。回抽前最小挤出长度（Minimal extrusion before retracting）是防止回抽前挤出距离过小而导致一段丝在挤出机中反复摩擦而变细，即如果空驶前的挤出距离小于该长度，那么便不会回抽。回抽时喷头升起高度是打印机喷头在回抽前抬升一段距离，这样可以防止喷头在空驶过程中碰到模型。

裙摆（Skirt）（在图 9-34 中名称为"外廓"）是在模型底层周围打印一些轮廓线，即"打着玩的"。当使用了 Brim 或 Raft 时，则裙摆无效。外廓线圈数（Line count）是裙摆线的圈数，距离（distance）是最内圈裙摆线和模型底层轮廓的距离，要求裙摆线的长度（Length）不能太小，否则 Cura 会自动添加裙摆线数目。

冷却（Cooling）就是在控制冷却风扇，风扇全速高度（Fan full on height）指定在某个高度，冷却风扇全速打开。标准风扇速度（Fan speed norm）和最大风扇速度（Fan speed max）是为了调整风扇速度去配合降低打印速度冷却。如果某一层没有降低速度，那么为了冷却，风扇就会以这个标准风扇速度冷却。如果某一层把速度降低 200% 去冷却，那么风扇也会把速度调整为最大速度去辅助冷却。

最小速度（Minimum speed）（图 9-34 中名称为"允许最小打印速度"）就是打印机喷头

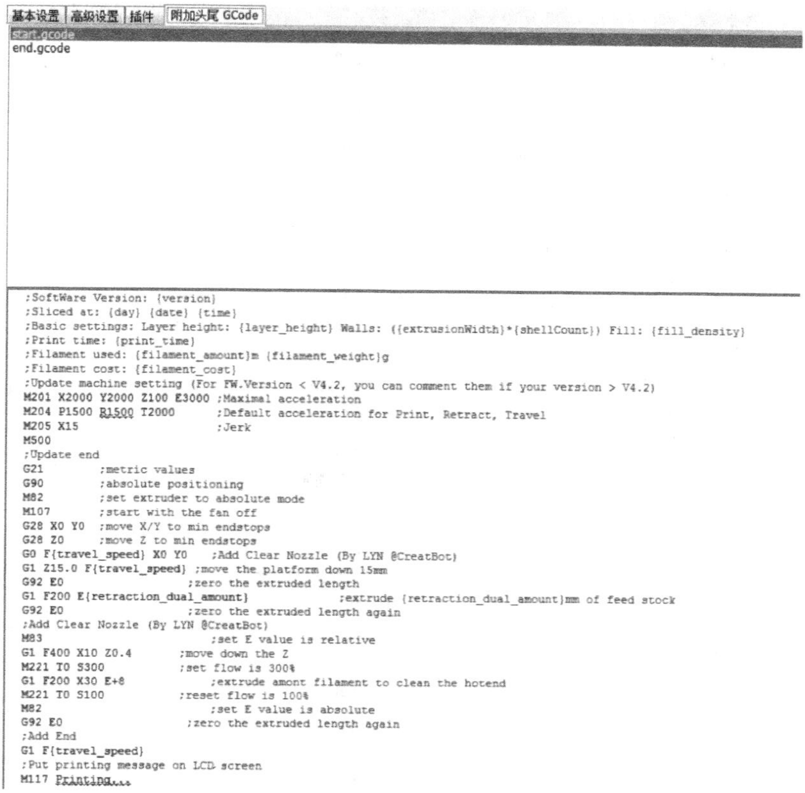

```
基本设置 高级设置 插件 附加头尾 GCode
start.gcode
end.gcode

;SoftWare Version: {version}
;Sliced at: {day} {date} {time}
;Basic settings: Layer height: {layer_height} Walls: ({extrusionWidth}*{shellCount}) Fill: {fill_density}
;Print time: {print_time}
;Filament used: {filament_amount}m {filament_weight}g
;Filament cost: {filament_cost}
;Update machine setting (For FW.Version < V4.2, you can comment them if your version > V4.2)
M201 X2000 Y2000 Z100 E3000 ;Maximal acceleration
M204 P1500 R1500 T2000      ;Default acceleration for Print, Retract, Travel
M205 X15                    ;Jerk
M500
;Update end
G21          ;metric values
G90          ;absolute positioning
M82          ;set extruder to absolute mode
M107         ;start with the fan off
G28 X0 Y0    ;move X/Y to min endstops
G28 Z0       ;move Z to min endstops
G0 F{travel_speed} X0 Y0     ;Add Clear Nozzle (By LYN @CreatBot)
G1 Z15.0 F{travel_speed} ;move the platform down 15mm
G92 E0       ;zero the extruded length
G1 F200 E{retraction_dual_amount}          ;extrude {retraction_dual_amount}mm of feed stock
G92 E0       ;zero the extruded length again
;Add Clear Nozzle (By LYN @CreatBot)
M83          ;set E value is relative
G1 F400 X10 Z0.4    ;move down the Z
M221 T0 S300        ;set flow is 300%
G1 F200 X30 E+8          ;extrude amont filament to clean the hotend
M221 T0 S100        ;reset flow is 100%
M82          ;set E value is absolute
G92 E0       ;zero the extruded length again
;Add End
G1 F{travel_speed}
;Put printing message on LCD screen
M117 Printing...
```

图 9-33 开始 G Code

为了冷却而降低速度可以达到的速度下限，即打印速度无论如何不能低于这个速度。如果没有选择"升起喷头冷却"（Cool head lift），那么即使该层打印时间大于层最小打印时间也无所谓。如果勾选"升起喷头冷却"，那么打印机喷头会移动到旁边等待一段时间，直到消耗层的最小打印时间，然后回来打印。

填充（Infill）部分可以对顶部和底部进行特殊处理。有时候用户不希望顶部或底部实心填充，就可以不勾选"先打印侧壁再打印填充"。填充与壁厚重叠量是指表面填充和外壁有多大程度的重叠，这个值如果太小就会导致外壁和内部填充结合不太紧密。

支撑（Support）可以设置支撑结构的形状及与模型的结合方式。支撑类型（Structure type）就是支撑结构的形状，有格子状（Grid）和线条（Line）两种类型。格子状表示支撑结构内部使用格子路径填充，这种结构比较结实，但难于剥离。线条表示支撑结构内部都是平行直线填充，这种结构虽然强度不高，但易于剥离，实用性较强。笔者一般使用线条。填充挤出量是支撑结构的填充密度，Cura 的支撑为一片一片分布，每一片的填充密度就是这个填充挤出量。显然，这个填充挤出量越大，支撑越结实，同时也越难于剥离，15% 是个比较平均的值。

支撑距离 X/Y（Support distance X/Y）和支撑距离 Z（Support distance Z）是指支撑材料在水平方向和竖直方向上的距离，是防止支撑和模型粘接到一起而设置的。需要注意竖直方向的距离，太小了会使模型和支撑粘接太紧，难以剥离；太大了，会造成支撑效果不好。一般来说一层的厚度比较适中。

黑魔法（Black magic）给出了两种特殊的打印形式：螺旋打印（Sprialize the outer con-

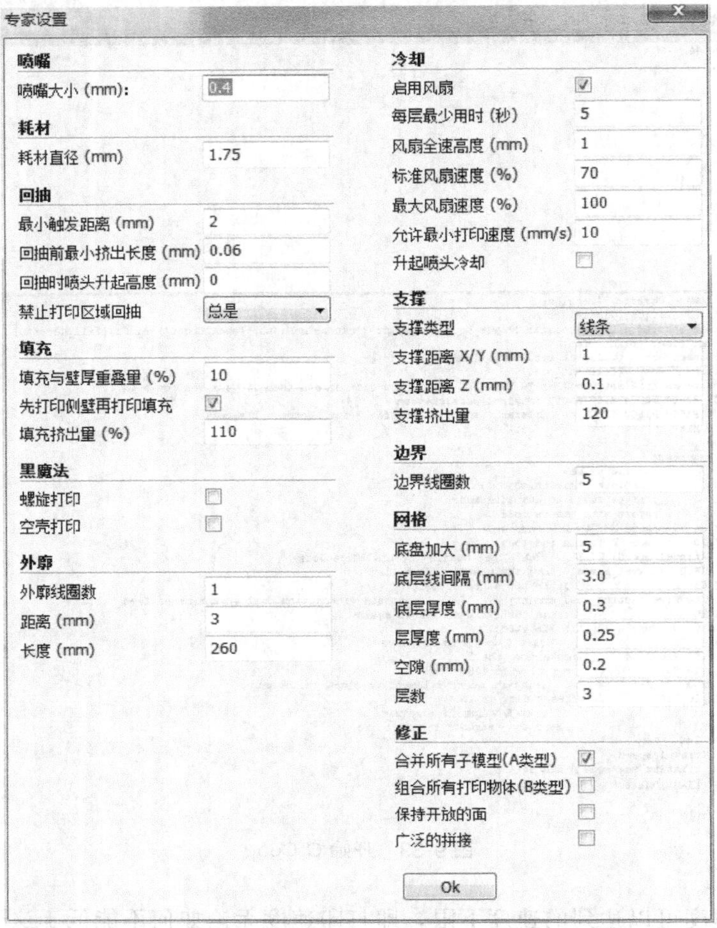

专家设置

喷嘴
喷嘴大小 (mm): 0.4

耗材
耗材直径 (mm) 1.75

回抽
最小触发距离 (mm) 2
回抽前最小挤出长度 (mm) 0.06
回抽时喷头升起高度 (mm) 0
禁止打印区域回抽 总是

填充
填充与壁厚重叠量 (%) 10
先打印侧壁再打印填充 ☑
填充挤出量 (%) 110

黑魔法
螺旋打印 ☐
空壳打印 ☐

外廓
外廓线圈数 1
距离 (mm) 3
长度 (mm) 260

冷却
启用风扇 ☑
每层最少用时 (秒) 5
风扇全速高度 (mm) 1
标准风扇速度 (%) 70
最大风扇速度 (%) 100
允许最小打印速度 (mm/s) 10
升起喷头冷却 ☐

支撑
支撑类型 线条
支撑距离 X/Y (mm) 1
支撑距离 Z (mm) 0.1
支撑挤出量 120

边界
边界线圈数 5

网格
底盘加大 (mm) 5
底层线间隔 (mm) 3.0
底层厚度 (mm) 0.3
层厚度 (mm) 0.25
空隙 (mm) 0.2
层数 3

修正
合并所有子模型(A类型) ☑
组合所有打印物体(B类型) ☐
保持开放的面 ☐
广泛的拼接 ☐

Ok

图 9-34 专家设置

tour）和空壳打印（Only follow mesh surface）。前者是以螺旋上升的线条打印模型外表面，包括底面。而后者仅仅打印模型的单层侧面，并不打印底面和顶面。底垫（Raft）包含了关于底垫的详细设置，留白（Extra margin）是控制底垫大小的参数。底垫的形状和模型底层的形状类似，只是比底层大。底垫边线和底层边线的距离就是留白的大小。线距（Line spacing）是指打印底垫时，线条之间的距离，这可以控制底垫的疏密程度。底垫底下两层是基础层（Base layer）和接口层（Interface layer），这两层的线宽和层厚都可以分别设置，基础层线宽（Base line width）一般比较大，基础层厚（Base thickness）也稍厚一些，以保证底垫和平台有良好的粘接性。接口层线宽（Interface line width）一般细一些，接口层厚（Interface thickness）和层厚相同即可。

新版本的 Cura 还添加了空气沟（Airgap）和表面层（Surface layers）两个参数。其中，第一个参数是控制底垫上面和模型底面的间隙，在这个间隙中不打印任何填充物，因此称为"空气沟"。这个空气沟的存在有利于模型和底垫的分离。表面层是存在于空气沟和接口层之间的实心层，这些层都是实心填充。

（13）Cura 之首选项

进入工具（Tool）菜单，然后找到首选项（Preference），就可以设置耗材的信息，见图

9-35。在右上角可以设置耗材的密度及价格，左上角可以设置打印窗口的风格，包括两种风格，即基本界面和高级界面。

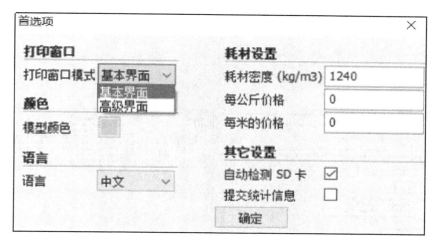

图 9-35　首选项

（14）Cura 其他功能（图 9-36）

① 排队打印。打印机喷头尺寸设置正确后，就可以选择排队打印。所谓排队打印，就是把平台上的多个模型逐一打印。进入"工具"（Tool）菜单，然后选择"排队打印"（Print one at a time）即可，然后 Cura 就会判断平台中的模型是否适合排队打印。如果不适合，则默认使用同时打印（Print all at once）。

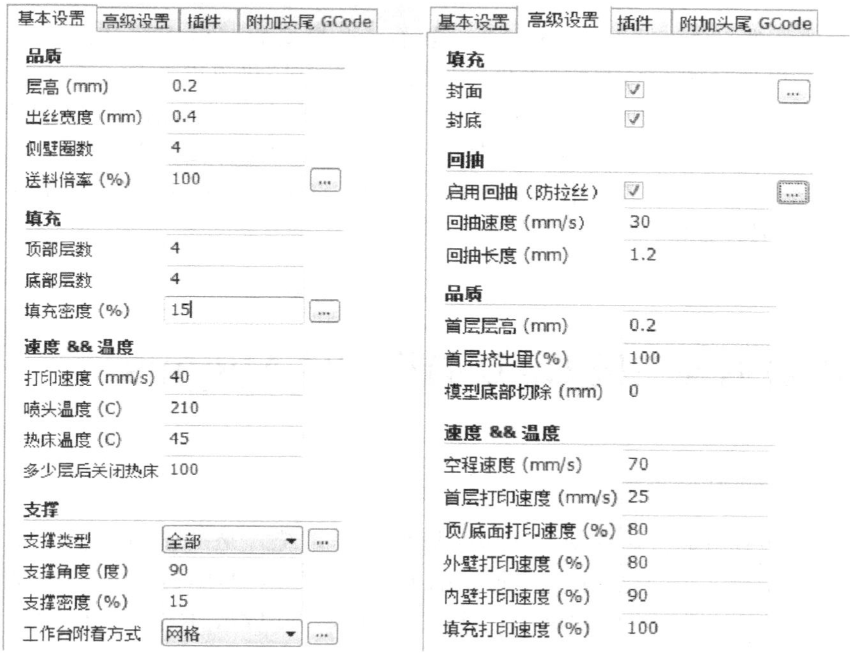

基本设置	高级设置	插件	附加头尾 GCode
品质			
层高 (mm)	0.2		
出丝宽度 (mm)	0.4		
侧壁圈数	4		
送料倍率 (%)	100	...	
填充			
顶部层数	4		
底部层数	4		
填充密度 (%)	15	...	
速度 && 温度			
打印速度 (mm/s)	40		
喷头温度 (C)	210		
热床温度 (C)	45		
多少层后关闭热床	100		
支撑			
支撑类型	全部	...	
支撑角度 (度)	90		
支撑密度 (%)	15		
工作台附着方式	网格	...	

基本设置	高级设置	插件	附加头尾 GCode
填充			
封面	✓	...	
封底	✓		
回抽			
启用回抽（防拉丝）	✓	...	
回抽速度 (mm/s)	30		
回抽长度 (mm)	1.2		
品质			
首层层高 (mm)	0.2		
首层挤出量(%)	100		
模型底部切除 (mm)	0		
速度 && 温度			
空程速度 (mm/s)	70		
首层打印速度 (mm/s)	25		
顶/底面打印速度 (%)	80		
外壁打印速度 (%)	80		
内壁打印速度 (%)	90		
填充打印速度 (%)	100		

(a) 基础设置和高级设置

图 9-36

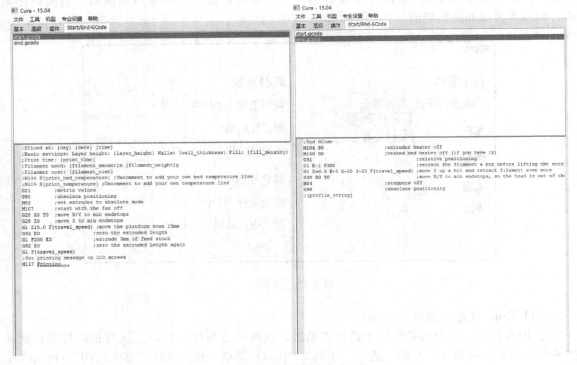

(b) 起始代码和结束代码

图 9-36　其他功能

② 烧写固件。进入"机器"（Machine）菜单，选择安装其他固件（Install custom firmware），然后就可以选择相应的 HEX 文件，最后上传到打印机里面。

③ 配置文件。Cura 允许用户把所有的配置以配置文件的形式保存起来，然后就可以直接打开配置文件使用。进入"文件"（File）菜单，然后点击"保存配置"（Save profile）就可以把当前所有参数配置保存到一个文件（INI 格式）中，点击"打开配置"（Open profile）就可以载入某文件中的配置参数。

9.4　医学数据与三维 CAD 转换软件 Mimics

9.4.1　Mimics 软件

Mimics 是 Materialise 公司的交互式医学影像控制系统，是一套高度整合而且易用的 3D 图像生成及编辑处理软件。它能输入各种扫描的数据（CT，MRI），建立 3D 模型进行编辑，然后输出通用的 CAD（计算机辅助设计）、FEA（有限元分析）、RP（快速成型）格式，可以在 PC 机上进行大规模数据的转换处理。

Mimics 基础模块如图 9-37 所示。

Mimics FEA 模块可以将扫描输入的数据进行快速处理，输出相应的文件格式，用于 FEA（有限元分析）及 CFD，用户可用扫描数据建立 3D 模型；然后对表面进行网格划分以应用在

FEA 分析中。

MedCAD 模块是医学影像数据与 CAD 之间的桥梁，通过双向交互模式进行沟通，实现扫描数据与 CAD 数据的相互转换。

RP-Slice 模块是在 Mimics 与多数 RP 机器之间建立 SLICE 格式的接口，RP-Slice 模块能自动生成 RP 模型所需的支撑结构。

Mimics STL＋模块通过三角片文件格式在 Mimics 及 RP（快速成型）技术间进行交互，以二元及中间面插值算法保证快速成型件的最终精确度。

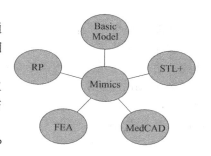

图 9-37　Mimics 基础模块

Mimics 手术模拟模块是手术模拟应用的平台，可用人体测量分析模板进行细致的数据分析，对骨切开手术及分离手术以及植入手术进行模拟；或对解释植入手术的过程，有很大帮助。

快速成型技术经过 20 多年的发展，已经发展得相当成熟。目前 CT、MRI 等断层扫描技术在诊断方面的应用相当广泛。但是，这些断层扫描的图片有其本身的局限性，二维图片往往让外科医生不能很好地对病理进行分析。翻阅大量的序列断层图片，不及将这些图片三维建模，将实体模型拿在手上进行分析得到的信息多。而 Mimics 这款软件是连接断层扫描图片与快速成型制造的桥梁。

（1）图片的导入

利用图像导入功能将 CT 或 MRI 断层图像导入 Mimics 软件中，Mimics 提供了自动的导入功能。用户只需要在导入的指引下就可以导入整个目录下的文件或是部分文件；同时，还可以通过半自动的方式导入 BMP 和 TIFF 文件，以手动的方式导入其他文件，软件将会根据横断面图像自动生成矢状面和冠状面图像。

（2）轮廓的提取与三维重建

图片导入后生成矢状面和冠状面图像，Mimics 用三个视图来显示这三个位置的图片，并且这三个视图是相互关联的。进入三视图可编辑操作界面。利用阈值设定工具提取轮廓，在保证重建组织被选取的情况下，尽量不使重建组织以外的结构出现轮廓阴影。通过看图观察，将轮廓的清晰度调节到合适的程度，界定阈值在合适的范围，最后形成蒙面。之后利用软件中的区域增长工具进行热区选择，对每层图像都要进行边缘分割、去除冗余数据、选择性编辑及补洞处理，这一过程要非常仔细地完成。最后利用软件的三维计算工具，可将二维图像直接转化成三维模型，将重建好的三维模型以 STL 格式输出保存，即可得到重建的三维可视化模型。

9.4.2　医学数据与 Mimics

在医学诊断中，CT 扫描、磁共振扫描和超声波扫描都是医疗诊断有力的手段。运用三维重建技术对二维图像进行处理，构建三维数字模型，医生可以对病理部位进行不同方向的观察、剖切，从而对病理组织大小、形状和空间位置有定性的认识，同时还可进行定量分析。

在模拟外科手术中，外科医生在三维模型上可以进行手术过程的分析，设计模拟多种手术方案，通过对各方案的比较进行研究、训练，提高手术的成功率。医生可以利用患者的病理组织等建立三维模型，在此虚拟模型的基础上，模拟整个手术的过程，并预测手术后的病理组织变化，帮助医生确定最佳的手术方案；同时，患者也能在术前直观地了解整个手术过程和术后的预测外貌模型，有利于医患之间的交流，为患者提供安全保障。

利用三维重建技术与 RP 技术结合，可以满足个性化假体制造快速性、复杂多样性的特点，为个性化植入体的设计与制造提供有效的途径。利用 Mimics 软件构建破损区植入体的模型，还能大幅度地提高植入体的精度，保障患者的安全。

重建的人体组织结构三维模型还可应用于医学教学，有助于学生客观地理解并记忆各解剖结构，也能清楚地观察到各结构的毗邻关系，可以作为学习人体组织器官等解剖结构的一种方法。利用 Mimics 对人体各个组织结构进行三维重建，并将重建模型应用于学生的理论教学中，重建的三维模型形态逼真，解剖结构显示清楚，对于各种病理原因的理解更加容易，从而提高了学习效率。

随着 CT、MRI 等设备广泛应用于临床，利用 CT、MRI 设备进行人体组织结构的三维重建也相当普遍。Mimics 软件可以实现个人计算机上的医学图像三维重建，重建的模型已应用于诊断、教学、生物力学分析、外科手术等多个领域，随着重建技术的日渐成熟，利用人体骨的三维模型进行力学分析研究（即人体的力学分析研究）将是一个新的方向。其主要目的是建立人体的运动力学模型，这将对人体仿生、运动功能修复等具有深远的意义。

 思考题

1. RP 技术在前处理阶段主要工作有哪些？
2. RP（快速成型）技术的数据来源一般分为哪两大类？简述其过程。
3. 简述 IGES 格式文件及其规则。
4. 简述 STL 格式文件及其规则。
5. 简述 STEP 格式文件及其规则。
6. 简述快速成型的主要切片方式。
7. 简述 CAD 切片软件的使用流程。
8. 你对层高、出丝宽度与送料倍速的配合有什么理解？

第10章

4D 打印技术及其发展现状

3D 打印技术具有能够方便、廉价地实现从 3D 虚拟模型到实体化的优点，在产品设计、快速成型、先进材料等领域得到了广泛应用。近年来，"4D 打印"概念的提出引起了社会和学术界广泛的关注。4D 打印技术是在 3D 打印的基础上引入时间维度，在一定外界刺激的作用下，4D 打印刺激响应材料的形状、结构和功能能够随着时间的推移而不断变化。本书在最后一章对 4D 打印进行了简要介绍，着重介绍了 4D 打印材料及其形状记忆效应，总结了 4D 打印技术在各个领域的应用前景，并结合 4D 打印研究现状探讨了 4D 打印技术的发展趋势。

3D 打印技术起源于 20 世纪 80 年代，因其具有快速成型复杂形状 3D 制品等优点，在生物医学、高分子科学、空间科学等领域得到了广泛应用。4D 打印技术是近几年来基于 3D 打印而发展起来的一种新颖的快速成型技术，随着刺激响应材料、3D 打印机和 3D 模型设计技术的快速发展，通过在 3D 打印的基础上引入第四维度——时间，能够实现 3D 制品在时间维度上的变化。4D 打印最初的定义为 4D 打印＝3D 打印＋时间，如图 10-1 所示，其指的是 3D 打印形态、性质、结构或功能能够随着时间的推移而发生变化。随着研究和技术的不断发展，4D 打印的定义将更加全面，它是 3D 打印结构在形状、结构和功能上的一种有目的性的进化，从而能够有效地实现自组装、变形和自我修复。

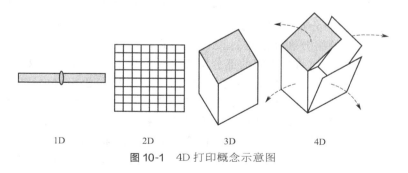

1D   2D   3D   4D

图 10-1 4D 打印概念示意图

10.1 4D 打印原理

4D 打印能够制造出具有可调形状、性能以及功能性的产品，这种能力主要依赖于刺激响应材料在 3D 空间中的适当组合，以及对具有多重分布材料结构的设计；而 3D 打印仅仅只能通过 3D 模型设计出静态结构的产品。4D 打印可以看成是在 3D 打印技术和刺激响应材料之间诞生出的一种新技术，它通过外界刺激和相互作用机制，并且借助 3D 模型的设计能够制造出可改变的动态结构。因此，4D 打印技术的核心组成部分包括 3D 打印设备、刺激响应材料、外界刺激、相互作用机制和 3D 模型的设计。第一，4D 打印结构是在 3D 打印的基础上构建起来的，通过结合几种适当比例的材料制造出一个 3D 立体结构，材料性能的差异会导致理想的形状变形行为，因此 3D 打印设备是制作简单几何多维材料结构的基础条件；第二，刺激响应材料是 4D 打印中最重要的组成部分之一，它们能够在外界刺激作用下改变形状或体积，也可以改变自身的性能，如弹性模量、刚度、阻力等；第三，外界刺激的作用，比如光、温度、湿度、pH 值、磁性等外界条件发生变化能导致材料内部的结构随着时间发生改变；第四，在某些情况下，刺激响应材料在相应的外界刺激下才能实现 4D 打印结构所需的形状，它们之间有一定的相互作用机制，需要在一定的时间内按照一定的顺序来施加刺激因素；第五，3D 模型的设计是 4D 打印的必要条件，利用 3D 模型设计所需的材料分布和结构，以实现形状、结构或功能的理想变化，即利用理论模型来建立材料结构、期望的最终形状、材料性能和刺激特性这四者之间的联系。

10.2 4D 打印材料

为了构建 3D 立体结构，普通的塑料、金属、陶瓷等材料被广泛应用于 3D 打印中，但这些材料对外界刺激的响应较差，不适用于 4D 打印。因此，选择合适的材料是 4D 打印的重要内容。在 4D 打印中，材料通常被分为刺激响应材料（智能）和常规（非智能）材料。

10.2.1 4D 打印材料的特点

在 4D 打印结构中，可以将材料按照不同的方式进行分类。从材料是否具有激励响应特性的角度，可以分为传统材料（非智能材料）和智能材料。从不同材料结构的连接方式角度，可以分为有无接头和铰链的结构。从材料的组分种类，材料结构分为单一材料结构和多材料结构。多材料结构可以进一步分为非连续多材料、复合材料和多孔材料，也可以根据多材料的组分分布情况，将其分为均匀分布、梯度分布和特殊模式。为了实现所需设计的变化，需要利用数学建模对 4D 打印结构的组分和性能进行设计。因此，可以将 4D 打印的材料定义为数字材料，将材料中的每一个性能和结构相同的部分定义为一个像素，则每一个像素具有自己独特的属性，不同像素集合到一起就可以实现多材料结构。对 4D 打印数字材料来说，4D 打印结构的 3 个最重要的分类是均匀分布、梯度分布和特殊模式。其中，梯度分布可分为从中心到边缘的梯度分布和单方向的梯度分布，特殊模式主要是指两种材料线状交替排列。材料组合可以是单层、双层或多层结构，材料的数量可以超过两个。对 4D 打印过程中的材料有两个要求：可打印性和智能性。可打印性是实现制造 4D 结构的前提。可以利用流变改性剂为基于挤出的打印工艺提供合适的材料黏度。光引发剂、交联剂以及牺牲剂也是可打印性需要考虑的重要方面。智能性主要包括单向响应或双向响应、自感知、自驱动、结构变化的临界速率等。

10.2.2 4D 打印材料的研究进展

形状记忆聚合物和合金等对温度敏感的一类材料是众所周知的 4D 打印材料，因为它们能够随着温度的变化而发生宏观变形行为。当形状记忆材料的温度高于形状变化的临界温度时，临时形状能够恢复到初始状态。光敏或光响应材料也可用于 4D 打印材料，它可以在经受电磁辐射时表现出宏观的变化。引发光诱导的机制转化是多种多样的，有顺反异构化、自组装和表面等离子体共振效应。此外，紫外线照射或阳光可以触发光响应聚合物中的颜色反应，通过引起聚合物链结构的变形，即聚合物链从有序向列相向无序相的移动，从而引发颜色的变化。pH 值响应聚合物材料是另一种重要的智能材料，在临界 pH 值以上或以下时材料的形状呈现球状到线圈的转变，它们属于多酸或多碱基的高分子材料，具有可电离的官能团，会发生可逆的质子化和去质子化。当这些官能团被充电时，聚合物链会由于静电斥力而伸展到线圈的形状；当官能团的电荷被中和时，它们会折叠成球状。

最近，美国麻省理工学院（MIT）的一个研究小组设计了一种基于水响应的 4D 打印材料。该小组使用两种具有不同孔隙率和吸水率的材料制造了具有双组分的 3D 立体结构，其一侧为多孔吸水材料，另一侧是硬质防水材料。当放入水中之后，吸水侧由于吸水而体积增大，而另一侧保持不变，导致向刚性的一侧弯曲。随着时间的推移，带有编程设计铰链的直线结构可以变形成 3D 立体结构。自修复材料是一类重要的智能材料，虽然 3D 打印的自修复材料引起了相当大的关注，但大多数工作几乎都是关于非共价交联凝胶材料的 3D 打印，这种凝胶主要是基于宿主-客体间的相互作用、疏水作用和氢键作用形成的。因此，3D 打印动态共价交联凝胶对扩展自修复材料的研究范围具有重要意义。

日益发展的 4D 打印技术（图 10-2）对新型智能材料的开发提出了新的挑战，智能材料的发展仍是该领域未来发展的主要障碍之一。目前，许多 4D 打印的应用由于材料性能不理想而受到限制。例如，4D 打印可以制造人造肌肉，然而现有的材料力学性能不足以产生实际生物肌肉所需的功能。因此，开发出具有与 3D 打印机兼容的理想性能的先进智能材料对于推动 4D 打印的应用至关重要，例如开发碳纤维、木材、纺织品等可编程材料对于 4D 打印在航空航天、汽车、服装、建筑、生物医疗等领域的应用具有深远影响。

图 10-2 Tibbits 在 TED 课堂展示的 4D 打印技术

10.3　4D 打印中的形状记忆效应

在 4D 打印中，最直观的变化是材料形状发生宏观变形行为，包括折叠、弯曲、扭曲、线性或非线性膨胀/收缩、表面卷曲，这些特征包括褶皱、折痕和扣环，因此形状记忆效应是 4D 打印中最为常见的形式。在 4D 打印中至少存在两种稳定的状态，也被称为双稳态。在相应的外界刺激下，结构可以从一种状态转变到另一种状态，例如材料形状可以从 1D 到 1D、1D 到 2D、2D 到 2D、1D 到 3D、2D 到 3D 和 3D 到 3D。4D 打印结构可以根据一个或多个外界刺激改变其形状、结构或功能，然而，还需要识别一种相互作用机制，即打印的多维结构能够以适当的方式响应刺激。4D 打印形状记忆材料作为一种智能材料，它能够在受到各种外界刺激，如光、热、溶剂、磁场等影响后改变形状，从而具有形状记忆效应。有学者利用炭黑的光热转换能力制备了具有光刺激响应特性的形状记忆复合材料，打印制品可以在短时间内有效实现在光刺激作用下的形状恢复，如图 10-3 所示。另外的研究还表明，材料的厚度和光的强度对材料形状记忆行为具有重要影响。

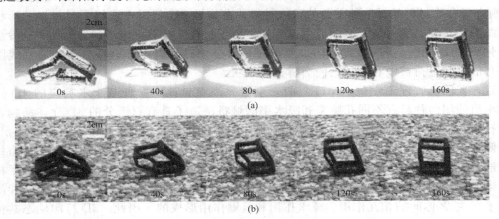

图 10-3　打印制件在白光（a）和太阳光（b）两种不同条件下的形状记忆

10.4　4D 打印的应用

4D 打印技术的出现使传统材料的制造发生了革命性的变化，其制造的目的性远远超出了简单的结构和性能。4D 打印的实现不仅使宏观复杂的 3D 立体结构的成型成为可能，同时还赋予了这种结构先进的智能性，它能够主动改变自身的形状或功能以响应外界刺激。因此，4D 打印技术在诸多领域中有广阔的应用前景（图 10-4）。

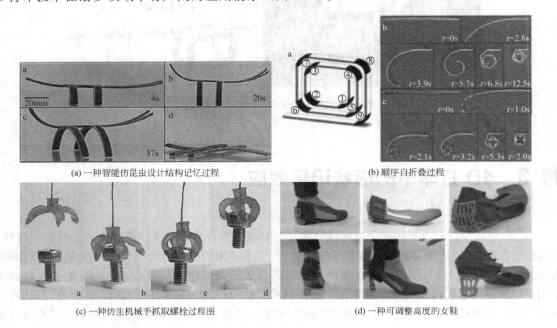

图 10-4　4D 打印的应用

10.4.1　生物医学领域

随着现代医疗技术的进步，对个性化治疗方案和医疗设备的需求，使得 4D 打印在生物医学应用领域有着巨大的发展潜力。目前，4D 打印技术在医疗器械、组织工程、药物释放等领域取得了一定的进展。心血管支架是用于扩张血管的重要医疗器械，要求支架具有复杂精密的几何形状和超高的分辨率。传统的成型工艺十分复杂且耗时，而基于 4D 打印技术和形状记忆材料特性的新思路，为心血管支架的制备开辟了新的发展道路。如利用热响应形状记忆材料制备出一系列不同直径、高度、空隙密度的心血管支架，有望应用于微创外科。该支架可编程并在临时形状下保持较小的直径，而在加热后恢复较大的直径以扩展血管。此外，利用 4D 生物打印技术直接将干细胞植入生物支架中是器官和组织创造领域的重大进步，干细胞分化的刺激可以为 4D 打印的生物支架提供变形行为。

10.4.2　机器人领域

4D 打印技术不仅具备复杂结构零件灵活的加工性能，而且赋予了材料结构独特的智能性，实现了结构和智能的一体化成型，因此 4D 打印技术在对结构复杂性和结构智能性有高要求的机器人领域有巨大的应用潜力和使用价值。有学者发明了智能钥匙锁连接器，连接器的边缘在膨胀前是扁平的；膨胀后，壁面出现凹凸变形，导致长方体内部尺寸减小，最终实现互锁。钥匙锁连接器可以用于身体部分之间的物理连接，如肌腱和肌肉。

10.4.3　军事领域

4D 打印的智能材料能够感知外界变化，响应外界刺激，从而实现与周围环境相适应的效果。由 4D 打印技术制造的自适应多功能纺织品与普通纤维制成的纺织品不同，自适应智能纺织结构能够自主改变自身尺寸，监测身体的水分或温度，还能够检查伤口，提供皮肤保护，预防恶劣气候，改变衣服的颜色。美国陆军部已经研发出具有隐身功能、防弹功能和自适应功能的"自适应伪装作战服"。这种作战服像变色龙一样，其迷彩斑斓的颜色与大小，能够随着光线的强弱以及周边植被或地形、建筑物的变化而自动调节，从而达到伪装的效果，极大地增强了行动的隐蔽性。除了打印防护服外，4D 打印在军事领域的其他方面也有很大的应用价值。比如，4D 打印还能够用于大型军事装备上，大型装备在打印过程中呈压缩或者折叠状，到达目的地后能够自动展开成预定的形状，大大简化了组装的过程和步骤，减少装配零件的成本。4D 打印自修复材料还可以在武器装备出现裂缝时通过结构和形状的变化实时对缝隙进行自动填充和固化。

10.4.4　建筑领域

建筑物的分层制造工艺也可以为建筑业做出重大贡献。4D 打印可以制造智能化建筑元素，以此作为构建块，在打印后实现自组装。在未来，自组装还将大规模地应用于恶劣的环境中，一些独立的部件可以在 3D 打印机中完成后组装成更大的结构，如空间天线和卫星。特别而言，在战争区或外层空间，建筑物的自组装可以在最少人力、物力参与的情况下完成建筑物的制造。因此，4D 打印技术和轮廓制作可以有效地相互补充，为今后的建筑业铺平道路。

10.4.5　文艺创作领域

4D 打印使得打印的物体具有"活性"，比如含苞待放的向日葵、自折叠飞机、可变形的埃菲尔铁塔等有趣的智能结构不断被发掘出来，实现了娱乐与功能的一体化设计。此外，4D打印在时装设计领域的应用将改变当前服装的格局，通过一台人体3D扫描仪和一台3D打印机，用户可以根据自己的风格与偏好自行设计不同的风格。通过控制打印过程中的层厚以及在智能织物上的程序编程，具有自动调节能力的服装可以产生重构并自动精确契合人体形态。

10.5　4D打印技术的发展趋势

虽然4D打印在诸多领域有着广阔的应用前景，但仍然是一项非常新颖的技术，需要面对的挑战很多，包括：具有可逆性的形状记忆材料的开发；形状记忆材料的可打印性，特别是可逆的形状记忆材料；4D打印制品的可重复性。目前，大多数4D打印形状记忆材料都是单向的，这意味着材料必须在每次恢复后重新编程，即需要手动设置一个临时形状。在4D打印中增加可逆性将允许重复驱动，并消除重新编程的需要。另外，可重复性是指在没有断裂或永久形状发生重大变化的情况下重复整个周期的能力。因此，开发具有可重复性的可逆形状记忆材料对推动4D打印的发展和应用具有重大的意义。生物智能材料的4D打印也是4D打印领域一个重要组成部分。

从刺激响应材料中得到启发，越来越多的研究者对生物支架的"智能"特性感兴趣，而不仅仅是对多孔的三维结构、生物相容性或降解性的简单工程。4D打印材料所具备的自修复性能越来越受到重视，自修复性能能够延长4D打印制品的保质期，并提高力学性能。在此方面，物理凝胶由于较低的分子间相互作用力而具有较好的加工性能；当形成共价键后，聚合物链只能在一定程度上变形和解缠，从而限制了挤出过程的顺应性，往往导致打印性能较差。尽管如此，共价键的形成与分子间的相互作用相比依然表现出更高的稳定性和强度。因此，4D打印动态共价交联材料的自修复性能正成为研究的热点。

总之，4D打印的出现将对我国高性能复杂结构的智能应用带来新的发展方向，在航空航天、深海探测、生物医疗等多个领域将有着无与伦比的应用，4D打印技术将迎来光明的发展前景。

 思考题

1. 什么是4D打印？它与3D打印有什么区别和联系？
2. 4D打印的原理是什么？
3. 4D打印常见的材料有哪些？
4. 4D打印的应用及其发展趋势如何？

参考文献

[1] 周海江.机械制造及自动化中的 3D 打印技术［J］.南方农机，2019，50（24）：157.

[2] 叶东东，汪焰恩，魏生民.三维印刷机控制系统设计与精度分析［J］.工具技术，2014，48（02）：38-43.

[3] Cooper K G. Rapid Prototyping Technology：Selection and Application［M］.New York：Marcel Dekker，Inc. 2001.

[4] Chua C K，Leong K F，Lim C S. Rapid Prototyping，Principles and Applications［M］.Singapore：World Scientific，2003.

[5] 罗军.中国 3D 打印的未来［M］.北京：东方出版社，2014.

[6] 吴怀宇.3D 打印：三维智能数字化创造［M］.北京：电子工业出版社，2014.

[7] 汪洋，叶春生，黄树槐.熔融沉积成型材料的研究与应用进展［J］.塑料工业，2005，33（11）：4-6.

[8] 胡立华，陈学永，吴乐异.激光直接制造金属零件技术综述［J］.机电技术，2014（3）：138-142.

[9] 杨恩泉.3D 打印技术对航空制造业发展的影响［J］.航空科学技术，2013（1）：13-17.

[10] 吴平.3D 打印技术及其未来发展趋势［J］.印刷质量标准化，2014（1）：8-10.

[11] 张学昌.逆向建模技术与产品创新设计［M］.北京：北京大学出版社，2009.

[12] 成思源，余国鑫，张湘伟.逆向系统曲面模型重建方法研究计算机集成制造系统［J］.广东工业大学机电工程学院，2008，14（10）：1934-1938.

[13] 余国鑫.逆向工程曲面重建技术的研究与应用［D］.广州：广东工业大学，2008.

[14] 柯映林，等.反求工程 CAD 建模理论、方法和系统［M］.北京：机械工业出版社，2005.

[15] 余国鑫，成思源，张湘伟.典型逆向工程 CAD 建模系统的比较［J］.机械设计，2006，23（12）：1-3，10.

[16] 杨红娟.基于变量化设计的逆向工程 CAD 建模技术研究［D］.济南：山东大学，2007.

[17] 成思源，张湘伟，张洪，等.反求工程中的数字化方法及其集成化研究［J］.机械设计，2005，22（12）：1-3.

[18] 张湘伟，成思源，熊汉伟.基于照片的实体建模方法的现状及展望［J］.机械工程学报，2003，39（11）：23-27.

[19] 成思源，张湘伟，张洪，等.基于视觉的三维数字化测量技术与系统［J］.机床与液压，2006，（5）：125-127.

[20] 杨雪荣，张湘伟，成思源，等.CMM 与线结构光传感器集成系统的测量模型［J］.中国机械工程，2009，20（9）：1020-1024.

[21] 邓劲莲.机械 CAD/CAM 综合实训教程［M］.北京：机械工业出版社，2008.

[22] 余国鑫，成思源，张湘伟，等.Imageware 逆向建模中特征边界曲线的构建方法［J］.机床与液压，2007，35（9）：24-27.

[23] 钟春华.基于 3D 扫描的质量检测与应用［D］.南昌：南昌大学，2006.

[24] 陈焱.逆向工程在曲面零件设计与检测中的应用研究［D］.秦皇岛：燕山大学，2007.

[25] 简正伟.逆向工程在车身覆盖件造型方法与检测中的应用研究［D］.秦皇岛：燕山大学，2007.

[26] Lee B H，Abdullah J，Khan Z A，et al. Optimization of rapid prototyping parameters for production of flexible ABS object［J］.Journal of Materials Processing Technology，2005，169（1）：54-61.

[27] 格布哈特.快速原型技术［M］.曹志清，丁玉梅，宋丽莉，等译.北京：化学工业出版社，2005.

[28] Goyanes A，Allahham N，Trenfield S J，et al. Direct powder extrusion 3D printing：Fabrication of drug products using a novel single-step process［J］.International Journal of Pharmaceutics，2019，567：118471.

[29] 郭天喜，陈道.用于光固化三维快速成型（SLA）的光敏树脂研究现状与展望［J］.杭州师范大学学报（自然科学版），2016，15（02）：143-148.

[30] 刘书田，李取浩，陈文炯，等.拓扑优化与增材制造结合：一种设计与制造一体化方法［J］.航空制造技术，2017，60（10）：26-31.

[31] 吴怀宇.3D 打印三维智能数字化创造［M］.第 2 版.北京：电子工业出版社，2015.

[32] 王广春.增材制造技术及应用实例［M］.北京：机械工业出版社，2014.

[33] 王运赣，王宣.3D 打印技术［M］.武汉：华中科技大学出版社，2014.

[34] 冷杰，许祥，陈宁，等.基于锥形螺杆挤出单元的熔融沉积成型 3D 打印机及实验研究［J］.中国塑料，2019，33（01）：48-52.

[35] 陈雪芳，孙春华，等.逆向工程与快速成型技术应用［M］.北京：机械工业出版社，2009.

[36] 王学让，杨占尧，等.快速成形与快速模具制造技术［M］.北京：清华大学出版社，2006.

[37] 张曙，陈越祥.产品创新和快速开发［M］.北京：机械工业出版社，2008.

[38] 刘光富，李爱平.快速成形与快速制模技术［M］.上海：同济大学出版社，2004.

[39] 刘伟军，等.快速成型技术及应用［M］.北京：机械工业出版社，2006.

[40] 杨文玉，尹周平，孙容磊，等.数字制造基础［M］.北京：北京理工大学出版社，2007.

[41] 于开平，周传月，等．HyperMesh 从入门到精通 [M]．北京：科学出版社，2005.

[42] 杜平安，等．有限元法——原理建模及应用 [M]．北京：国防工业出版社，2004.

[43] 士明军．求解不等式约束优化问题的移动渐近线算法 [D]．重庆：重庆师范大学，2013.

[44] HyperMesh, OptiStruct, Batch Mesher. Altair HyperWorks8.0 Help [CP/OL]．2006. http//www.altair.com.

[45] 焦洪宇，周奇才，李文军，等．刚度约束条件的周期性拓扑优化研究 [J]．机械科学与技术，2014，033（009）：1281-1286.

[46] 吴顶峰．基于变密度法的连续体结构拓扑优化研究 [D]．西安：西安电子科技大学，2010.

[47] 杨勇．几何约束条件下拓扑与形状统一优化方法研究 [D]．武汉：华中科技大学，2012.

[48] 卜鹤群．多工况下连续体结构拓扑优化的基结构方法 [D]．南京：南京航空航天大学，2012.

[49] 郭中泽，邓克文，陈裕泽．基于拓扑、形状和参数优化的集成设计研究 [A]．庆祝中国力学学会成立50周年暨中国力学学会学术大会．2007论文摘要集（下）[C]．2007.

[50] 刘庆，侯献军．基于 HyperMesh/OptiStruct 的汽车零部件结构拓扑优化设计 [J]．装备制造技术，2008（10）：42-44.

[51] 孙蓓，苏超．拓扑优化均匀化方法的改进迭代算法 [J]．河海大学学报（自然科学版），2010，38（1）：47-51.

[52] 李伟湘．基于二次规划法的连续体结构拓扑优化方法及其应用研究 [D]．长沙：长沙理工大学，2010.

[53] 季学荣，丁晓红．基于拓扑和形貌优化的汽车发动机罩板设计 [J]．机械设计与研究，2011，27（1）：35-38.

[54] 周克民，胡云昌．用可退化有限元进行平面连续体拓扑优化 [J]．应用力学学报，2002，19（1）：124-126.

[55] 赵飞．基于无网格和点密度方法的连续体与多相材料拓扑优化研究 [D]．西安：西安电子科技大学，2015.

[56] 王广春，赵国群，杨艳．快速成型与快速模具制造技术 [J]．新工艺新技术，2000（9）：30-32.

[57] Bohm J H. The Rapid Prototyping Resource Center. http//cadserv. cadlab. vt. edu/bohn/R P. html, 1997.

[58] Ashley S. Rapid Prototyping Coming to Age [J]. Mechanical Engineering, 1995, 117 (7)：63.

[59] 陈步庆，林柳兰，陆齐，等．三维打印技术及系统研究 [J]．机电一体化，2005，(4)：13-15.

[60] Sachs E, Cima M J. CAD-Casting: The Direct Fabrication of Ceramic Shells and Cores by Three Dimensional Printing. Manufacturing Review, 1992, 5 (2)：117-126.

[61] Grau J, Cima N J, Sachs E. Alumina Molds Fabricated by 3- Dimensional Printing for Slip Casting and Pressure Slip Casting [J]. Ceramic Industry, 1998, 23 (7)：22-27.

[62] Khalil S, Nam J, Sun W. Multi-nozzle deposition for construction of 3D biopolymer tissue scaffolds [J]. Rapid Prototyping Journal, 2005, 11 (1)：9-17.

[63] Jia M L, Meng Z, Yeong W Y. Characterization and evaluation of 3D printed microfluidic chip for cell processing [J]. Microfluidics and Nanofluidics, 2016, 20 (1)：1-15.

[64] 陈超，殷小玮．三维打印成型工艺制备陶瓷基材料的新进展 [J]．航空制造技术，2010，(2)：58-60.

[65] 伍咏辉．基于三维打印的粒状熔融材料成型试验研究 [J]．塑料，2008，37（3）：101-103.

[66] 黄秋实，李良琦，高彬彬．国外金属零部件增材制造技术发展概述 [J]．国防制造技术，2012，10（5）：26-29.

[67] 杨小玲，周天瑞．三维打印快速成型技术及其应用 [J]．浙江科技学院学报，2009，21（3）：186-189.

[68] 薛平，李尧，杨俊杰，等．Objet 三维快速成型技术的应用现状及展望 [J]．机电一体化，2013，19（2）：19-21.

[69] 刘厚才．光固化三维打印快速成型关键技术研究 [D]．武汉：华中科技大学，2009.

[70] Emami M M, Barazandeh F, Yaghmaie F. An analytical model for scanning-projection based stereolithography [J]. Journal of Materials Processing Technology, 2015, 219 (219)：17-27.

[71] Park S W, Jung M W, Son Y U, et al. Development of Multi-Material DLP 3D Printer [J]. Journal of the Korean Society of Manufacturing Technology Engineers, 2017, 26 (1)：100-107.

[72] 邹建锋，莫健华，黄树槐．用光斑补偿法改进光固化成形件精度的研究 [J]．华中科技大学学报（自然科学版），2004，32（10）：22-24.

[73] 路平，王广春，赵国群．光固化快速成型精度的研究及进展 [J]．机床与液压，2006（5）：206-209.

[74] 孙小英．立体光造型法用光固化树脂的研究述评 [J]．浙江科技学院学报，2002，14（4）：17-19.

[75] 储昭荣，徐国财．激光快速成型及其固化树脂 [J]．热固性树脂，2004，19（1）：32-34.

[76] 刘勇，任香会，常云龙，等．金属增材制造技术的研究现状 [J]．热加工工艺，2018（19）：15-19.

[77] 张阳军．金属材料增材制造技术的应用研究进展 [J]．粉末冶金工业，2018，28（1）：63-67.

[78] Campbell I, Bourell D, Gibson I. Additive manufacturing: rapid prototyping comes of age [J]. Rapid Prototyping Journal, 2012, 18 (10)：255-258 (4).

[79] 李昂，刘雪峰，俞波，等．金属增材制造技术的关键因素及发展方向 [J]．工程科学学报，2019（2）：159-173.

[80] 董云菊，李忠民．3D打印及增材制造技术在铸造成形中的应用及展望 [J]．铸造技术，2018（12）：2901-2904.

[81] 杨洁，王庆顺，关鹤．选择性激光烧结技术原材料及技术发展研究 [J]．黑龙江科学，2017，8（20）：30-33.

[82] Wang Y，Blache R，Xu X. Selection of additive manufacturing processes [J]．Rapid Prototyping Journal，2017，23 (2)：434-447.

[83] 李志超，甘鑫鹏，费国霞，等．选择性激光烧结 3D 打印聚合物及其复合材料的研究进展 [J]．高分子材料科学与工程，2017 (10)：170-173.

[84] Moser D，Pannala S，Murthy J. Computation of Effective Radiative Properties of Powders for Selective I aser Sintering Simulations [J]．Journal of the Minerals，2015，67 (5)：1194-1202.

[85] 修辉平，王宏松，徐敏．覆膜砂选择性激光烧结的精度分析与试验研究 [J]．热加工工艺，2015，44 (19)：120-122.

[86] 刘兆平，王宏松，修辉平．基于 BP 神经网络的覆膜砂选择性激光烧结件精度预测 [J]．热加工工艺，2016，45 (21)：91-93.

[87] 杨青，张国祥．选择性激光烧结制件翘曲变形问题研究 [J]．内燃机与配件，2018 (23)：121-123.

[88] 薄夫祥，何冰，蹤雪梅．覆膜砂选择性激光烧结工艺 [J]．激光与光电子学进展，2017，54 (9)：247-253.

[89] 蒲以松，王宝奇，张连贵．金属 3D 打印技术的研究 [J]．表面技术，2018，47 (3)：78-84.

[90] 许飞，黄筱调，等．STL 文件参数对熔融沉积成型过程的影响研究 [J]．现代制造工程，2018 (06)：58-63.

[91] 刘晓军，迟百宏，等．FDM 大型 3D 打印机的制作与工艺分析 [J]．机械设计与制造，2018，333 (11)：212-215.

[92] 范孝良，李传帅，等．FDM 快速成型工艺支撑结构参数的实验研究 [J]．中国工程机械学报，2016，14 (06)：520-524.

[93] 胡成武．LOM 型快速成型件精度的影响因素与改进措施 [J]．模具制造技术，2004 (1)：63-65.

[94] 郭黎滨，张忠林，王玉甲，等．先进制造技术 [M]．哈尔滨：哈尔滨工程大学出版社，2010.

[95] 冯小军，邱川弘，程毓．先进制造技术 [M]．北京：机械工业出版社，2008.

[96] 卢清萍．快速原型制造技术 [M]．北京：高等教育出版社，2006.

[97] 刘伟军，孙文玉，等．逆向工程：原理．方法及应用 [M]．北京：机械工业出版社，2009.

[98] 王霄．逆向工程技术及其应用 [M]．北京：化学工业出版社，2004.

[99] 黎震，朱江峰．先进制造技术 [M]．第 2 版．北京：北京理工大学出版社，2010.

[100] 单岩，谢斌飞．Imageware 逆向造型技术基础 [M]．北京：清华大学出版社，2006.

[101] 王运赣．快速成型技术 [M]．武汉：华中理工大学出版社，1999.

[102] 王广春，赵国群．快速成型与快速模具制造技术及其应用 [M]．北京：机械工业出版社，2003.

[103] 颜永年，崔福斋，胡蕴玉．组织工程材料的大段骨快速成形制造 [J]．Materials Review，2001，15 (2)：39-39.

[104] 金涛，童水光．逆向工程技术 [M]．北京：机械工业出版社，2003.

[105] 杨继全．三维打印设计与制造 [M]．北京：科学出版社，2013.

[106] 朱林泉，白培康，朱江森．快速成型与快速制造技术 [M]．北京：国防工业出版社，2003.

[107] 张建梅，赵立，党惊知，等．快速成型技术的应用及其发展方向 [J]．华北工学院学报，2002，23 (4)：301-305.

[108] Wohlers T T，Caffrey T，Wohlerss I. Wohlers report 2013：additive manufacturing and 3D printing state of the industry：annual worldwide progress report [M]．Wohlers Associates，2013.

[109] 杨孟孟，罗旭东，谢志鹏．陶瓷 3D 打印技术综述 [J]．人工晶体学报，2017 (46)：183-186，191.

[110] Ferrage L，Bertrand G，Lenormand P，et al. A review of the additive manufacturing (3DP) of bioceramics：alumina，zirconia (PSZ) and hydroxyapatite [J]．Journal of the Australian Ceramic Society，2016 (53)：11-20.

[111] 冯春梅，杨继全，施建平．3D 打印成型工艺及技术 [M]．南京：南京师范大学出版社，2016 (1)：1-13，131-135.

[112] Liu J，Tao S，Chen X，et al. 3D printing robot：model optimization and image compensation [J]．Journal of Control Theoryand Applications，2012：273-279.

[113] 刘强．选择性激光熔化设备和工艺研究 [D]．长沙：中南大学，2007：23-42.

[114] 王菊霞．3D 打印技术在汽车制造与维修领域应用研究 [D]．长春：吉林大学，2014：28-44.

[115] 张海荣，鱼泳．3D 打印技术在医学领域的应用 [J]．医疗卫生装配，2015：118-120.

[116] Nicholas M. Additive manufacturing of carbon fiber reinforced thermoplastic composites using fused deposition modeling [J]．Composites Part B：Engineering，2015 (80)：369-378.

[117] Huang Y，et al. Additive manufacturing：current state，future potential，gaps and needs，and recommendations [J]．Journal of Manufacturing Science and Engineering 137. 1 (2015)：014001.

[118] 金枫．基于粘结剂喷射的喷墨砂型三维打印技术新进展 [J]．机电工程技术，2018，47 (09)：122-127.

[119] 单忠德，杨立宁，刘丰，等．金属材料喷射沉积 3D 打印工艺 [J]．中南大学学报（自然科学版），2016 (11)：3642-3647.

[120] 于冬梅．LOM（分层实体制造）快速成型设备研究与设计 [D]．石家庄：河北科技大学，2011.

[121] Tumer N B，Strong R，Gold A S. A review of melt extusion addtive marufacturing processes：I. Process design and modeling [J]．Rapid Prototyping Journal，2014，20 (3)：192-204.

[122] Yadav K D, Srivastava R, Dev S, et al. Design and fabrication of ABS part by FDM for automobile application [J]. Materials Today: Proceedings, 2020 (26): 2089-2093.

[123] 唐通鸣, 张政, 邓佳文. 基于 FDM 的 3D 打印技术研究现状与发展趋势 [J]. 化工新型材料, 2015 (6): 228-230.

[124] Buj-Corral I, Domínguez-Fernández A, Durán-Llucià R. Influence of Print Orientation on Surface Roughness in Fused Deposition Modeling (FDM) Processes [J]. Materials. 2019, 12 (23): 3834.

[125] 纪良波. 熔融沉积成型有限元模拟与工艺优化研究 [D]. 南昌: 南昌大学, 2011.